China Agriculture
Research System
现代农业产业技术体系

中国现代农业产业可持续发展战略研究

绒毛用羊分册

国家绒毛用羊产业技术体系 编著

中国农业出版社

图书在版编目（CIP）数据

中国现代农业产业可持续发展战略研究．绒毛用羊分册／国家绒毛用羊产业技术体系编著．—北京：中国农业出版社，2016.9
ISBN 978-7-109-21847-5

Ⅰ.①中… Ⅱ.①国… Ⅲ.①现代农业—农业可持续发展—发展战略—研究—中国②毛用羊—畜牧业—产业发展—研究—中国 Ⅳ.①F323②F326.3

中国版本图书馆 CIP 数据核字（2016）第 148702 号

中国农业出版社出版
（北京市朝阳区麦子店街 18 号楼）
（邮政编码 100125）
责任编辑 刘 玮

中国农业出版社印刷厂印刷 新华书店北京发行所发行
2016 年 9 月第 1 版 2016 年 9 月北京第 1 次印刷

开本：787mm×1092mm 1/16 印张：15.25
字数：306 千字
定价：80.00 元
（凡本版图书出现印刷、装订错误，请向出版社发行部调换）

本书编委会

主　编　田可川

参　编　（按姓名笔画排序）

才学鹏　牛文智　石　刚　石国庆

付雪峰　乔海生　刘少卿　李金泉

肖海峰　张明新　张艳花　赵存发

柳　楠　洪琼花　贾志海　徐新明

出 版 说 明

为贯彻落实党中央、国务院对农业农村工作的总体要求和实施创新驱动发展战略的总体部署，系统总结"十二五"时期现代农业产业发展的现状、存在的问题和政策措施，进一步推进现代农业建设步伐，促进农业增产、农民增收和农业发展方式的转变，在农业部科技教育司的大力支持下，中国农业出版社组织国家现代农业产业技术体系对"十二五"时期农业科技发展带来的变化及科技支撑产业发展概况进行系统总结，研究存在问题，谋划发展方向，寻求发展对策，编写出版《中国现代农业产业可持续发展战略研究》。本书每个分册由各体系专家共同研究编撰，充分发挥了现代农业产业技术体系多学科联合、与生产实践衔接紧密、熟悉和了解世界农业产业科技发展现状与前沿等优势，是一部理论与实践、科技与生产紧密结合、特色突出、很有价值的参考书。

本书出版将致力于社会效益的最大化，将服务农业科技支撑产业发展和传承农业技术文化作为其基本目标。通过编撰出版本书，希望使之成为政府管理部门的政策决策参考书、农业科技人员的技术工具书及农业大专院校师生了解与跟踪国内外科技前沿的教科书，成为农业技术与农业文化得以延续和传承的重要馆藏书籍，实现其应有的出版价值。

中国既是羊毛和山羊绒生产大国，又是羊毛和山羊绒加工大国，同时还是羊毛制品和山羊绒制品的消费大国与出口大国。绒毛用羊业是我国畜牧业的重要组成部分。在草食家畜中，绒毛用羊对饲料的转化率较高、采食范围广，适应性强，可以充分利用其他家畜不能利用的饲料资源，提高我国农业资源的综合产出率。我国绵、山羊存栏约2.7亿只，其中70％为绒毛用羊。绒毛用羊主要分布于我国北部、西北和西南牧区、半农半牧区及高原地区，这些地区自然与经济条件较差，而绒毛用羊产业是这些地区经济发展的重要支柱产业，也是这些地区的特色产业，其产品是当地人民重要的生产资料和生活资料。绒毛用羊产业的可持续发展对这些地区的经济发展和社会稳定具有重大影响，直接关系到这些地区农牧户收入水平的提高和生活质量的改善。

为推动我国绒毛用羊产业健康可持续发展，由农业部统一部署，国家绒毛用羊产业技术体系组织岗位科学家，分析我国绒毛用羊产业发展现状、存在的问题，并借鉴世界绒毛用羊产业发展的成功经验，在对我国绒毛用羊产业政策进行深入系统分析的基础上，编写了《中国现代农业产业可持续发展战略研究/绒毛用羊分册》一书，本书提出中国绒毛用羊产业可持续发展的战略选择以及促进中国绒毛用羊产业可持续发展的政策建议，为政府制定中国绒毛用羊产业可持续发展战略及相关政策提供经验参考和决策依据，具有非常重要的现实意义。

前言

发展概况篇

战略研究篇

战略对策篇

导　言

第一节　研究意义

一、研究背景

绒毛用羊养殖主要集中于我国北部、西北和西南牧区、半农半牧区及高原地区，这些地区自然与经济条件较差，生态环境脆弱，而绒毛用羊产业是这些地区经济发展的重要支柱产业，也是这些地区的特色产业，其产品是当地人民重要的生产资料和生活资料。因此，绒毛用羊产业的可持续发展对这些地区的经济发展和社会稳定具有重大影响，直接关系到这些地区农牧户收入水平的提高和生活质量的改善。然而，目前中国绒毛用羊产业在养殖、生产管理、流通、贸易等方面以及政府扶持政策仍存在一些问题，制约了中国绒毛用羊产业的可持续发展。

从养殖与生产管理方面来看，中国绒毛用羊养殖目前仍以农牧户小规模分散养殖为主。这种养殖方式普遍存在以下几方面的突出问题：优良新品种缺乏，良种化水平比较低，部分地区甚至出现了品种退化现象，并导致羊毛和山羊绒质量出现下降；新型实用养殖技术较为缺乏，养殖技术水平不高；养殖的组织化程度比较低，养殖专业合作社发展滞后；养殖环境与养殖条件较差，相关牧业机械设备和设施缺乏。与此同时，中国绒毛用羊产业发展长期以来走的一直是通过扩大养殖规模和增加要素投入来提高羊毛和山羊绒产量的传统粗放式经营发展道路。目前，部分地区因为绒毛用羊与其他草食家畜无序养殖和超载放牧等原因而造成草原退化等生态问题已经开始得到重视，草原生态环境一旦被破坏，不仅治理成本高，而且短时期内难以恢复。

从流通方面来看，目前中国羊毛和山羊绒的流通模式主要是"农牧户—个体商贩—集散地—毛纺加工企业"，农牧户主要是通过个体商贩上门收购来销售毛、绒，并且双方往往只是经过简单的讨价还价来确定交易价格，仅有少部分农牧户与毛纺加工企业签订了销售协议，农牧户利益缺乏保障；羊毛和山羊绒分级标准滞后、羊毛和山羊绒质量检验制度执行不力等问题较为突出，羊毛和山羊绒大多没有按照国家标准进行分级打包、储存、销售，毛、绒销售过程中无序竞争、掺杂掺假等现象时有发生，羊毛和山羊绒流通秩序不畅。

从贸易方面来看，虽然中国羊毛总产量在 2011 年已经超过澳大利亚位居世界第一，但由于中国羊毛质量总体上不高，与澳大利亚、新西兰等其他羊毛主产国相比，中国羊毛的国际竞争力较弱，并且适合于毛纺工业中高端加工需求的国产羊毛产量在羊毛总产量中所占比重不高，因此，毛纺工业加工原料仍主要依靠从澳大利亚、新西兰等国进口的羊毛，中国羊毛进出口贸易总体上一直处于逆差状态。加入 WTO 以来，中国已经对羊毛、羊毛条等实施了进口关税配额管理并逐步削减了进口关税，2004 年 4 月和新西兰签署了中新自由贸易区协定，2015 年 6 月和澳大利亚签署《中华人民共和国政府和澳大利亚政府自由贸易协定》。可以预见，随着中国进一步扩大对外贸易开放，中国绒毛用羊产业特别是羊毛产业很可能会受到较大影响和冲击。中国还是世界最大山羊绒主产国，山羊绒具有较强国际竞争力，但长期以来山羊绒在市场上优质不优价，继而造成产量及质量不稳定，中国山羊绒产业的国际竞争力亟待进一步提升。

从消费方面来看，改革开放以来，随着中国国民经济的快速发展和居民收入水平的不断提高，居民消费能力的不断提升，绒毛制品走进千家万户。消费者对绒毛制品消费数量的不断增长和对绒毛制品质量要求的不断提高，也对中国绒毛用羊产业的养殖、生产管理、流通与加工等方面的发展提出了更高的要求。

从政府扶持政策方面来看，目前中国绒毛用羊产业扶持政策总体上还较少，政策扶持力度也较弱。从中央政府政策来看，2009 年开始实施的种公羊补贴政策的补贴范围虽然在逐渐扩大，补贴数量也有所增加，但目前仍未实现对所有养殖户的全覆盖，符合种公羊补贴政策发放要求并且能够获得种公羊补贴的养殖户还较少，补贴标准也仍远低于优质种公羊市场价格，无法调动养殖户购买优质种公羊的积极性；2011 年起实施的草原生态保护补助奖励政策也存在政策实施范围较小、补贴标准不高等问题。从地方政府政策来看，只有部分地方政府对绒毛用羊产业发展给予了较大的财政支持，大部分地方政府更侧重于扶持肉羊、肉牛等其他畜牧品种养殖业的发展，对绒毛用羊产业的扶持则很少。

因此，在当前形势下，对中国及世界绒毛用羊产业发展状况和中国绒毛用羊产业政策等进行深入系统的研究，并在此基础上，从养殖、生产管理、流通与加工等方面提出符合中国现实国情的中国绒毛用羊产业可持续发展战略及相关政策建议已显得非常紧迫。

二、研究意义

中国既是羊毛和山羊绒生产大国，又是羊毛和山羊绒加工大国，同时还是羊毛制品和山羊绒制品的消费大国与出口大国，因此，对中国绒毛用羊产业可持续发展战略进行深入系统的研究具有非常重要的理论意义和现实意义。

第一，对中国绒毛用羊产业可持续发展战略进行研究具有非常重要的理论意义。

绒毛用羊产业与其他畜牧业相比具有一定的特殊性，绒毛用羊产业提供的畜产品除羊肉产品外，最重要的畜产品就是羊毛和山羊绒，而羊毛和山羊绒是用于制作多种毛纺制品的重要的加工原料，这与其他畜牧业的畜产品主要以供给肉、蛋、奶为主相比存在显著差别。因此，不能简单地将其他畜牧产业的发展思路和发展战略套用于解决绒毛用羊产业的可持续发展问题。目前，国内还缺乏关于中国绒毛用羊产业可持续发展战略的深入系统研究，并导致对中国绒毛用羊产业发展概况、世界绒毛用羊产业发展概况、中国绒毛用羊产业政策等的整体了解和掌握还不够全面、深入。因此，本书对中国绒毛用羊产业可持续发展战略进行深入系统的分析，可以弥补现有研究存在的不足，具有非常重要的理论意义。

第二，对中国绒毛用羊产业可持续发展战略进行研究具有十分重要的现实意义。长期以来，中国绒毛用羊产业发展走的是一条传统粗放的经营发展道路，羊毛和山羊绒产量的提高主要依靠绒毛用羊养殖规模的扩大和各种生产要素投入的增加，然而，中国的现实国情以及资源要素缺乏和生态环境压力决定了这种传统粗放的经营发展道路已经难以继续。当前中国绒毛用羊产业的生产管理、流通与加工等方面以及中国绒毛用羊产业政策也存在一系列亟待解决的问题。加入 WTO 以来，中国对外贸易开放在进一步扩大，中国绒毛用羊产业受到各种国外因素的影响和冲击也越来越大。因此，本书在对中国与世界绒毛用羊产业发展概况和中国绒毛用羊产业政策进行深入系统分析的基础上，提出中国绒毛用羊产业可持续发展的战略选择以及促进中国绒毛用羊产业可持续发展的政策建议，可以为政府制定中国绒毛用羊产业可持续发展战略及相关政策提供经验参考和决策依据，具有非常重要的现实意义。

第二节　研究框架

为深入系统地研究中国绒毛用羊产业可持续发展战略及政策选择，本书框架共包括三篇、七章，具体如下：

第一篇：绒毛用羊产业发展概况研究

本篇先分析中国绒毛用羊产业发展历程及现状，然后研究世界绒毛用羊产业发展现状及特点，并进一步提出其对中国绒毛用羊产业发展的国际经验借鉴。具体包括两章内容：

第一章　中国绒毛用羊产业发展分析。分别对中国绒毛用羊产业的生产发展历程及现状、科技发展历程及现状、流通发展历程及现状、消费发展历程及现状、贸易发展历程及现状、供求平衡发展历程及现状等方面进行分析。

第二章　世界绒毛用羊产业发展及借鉴。分别对世界绒毛用羊产业的生产发展现状及特点、科技发展现状及特点、流通发展现状及特点、加工业发展现状及特点、消费发展现状及特点、贸易发展现状及特点、供求平衡现状及特点、主产国绒毛用羊产业政策等方面进行分析，并在此基础上提出国际经验借鉴。

第二篇：中国绒毛用羊产业可持续发展战略研究

本篇主要从养殖、生产管理、流通与加工等方面对中国绒毛用羊产业可持续发展战略进行研究。具体包括三章内容：

第三章　中国绒毛用羊养殖战略研究。先分别对中国绒毛用羊的养殖发展现状、饲养存在的问题、疫病防控现状及存在的问题等方面进行分析，然后在此基础上提出中国绒毛用羊养殖战略思考及政策建议。

第四章　中国绒毛用羊生产管理发展战略研究。分别对中国绒毛用羊的生产管理发展战略、营养与饲料发展战略、疾病防控发展战略、环境控制与圈舍设计发展战略、生产方式发展战略等进行研究。

第五章　中国绒毛用羊产业流通与加工发展战略研究。先从绒毛流通发展现状、绒毛流通存在的问题、绒毛流通发展趋势等方面分析中国绒毛流通发展战略，并提出中国绒毛流通战略思考及政策建议；然后从绒毛加工发展现状、绒毛加工存在的问题、绒毛加工发展趋势等方面研究中国绒毛加工发展战略，并提出中国绒毛加工战略思考及政策建议。

第三篇：中国绒毛用羊产业可持续发展战略对策

本篇先对中国绒毛用羊产业政策进行研究，然后提出实现中国绒毛用羊产业可持续发展战略选择。具体包括两章内容：

第六章　中国绒毛用羊产业政策研究。先阐述中国绒毛用羊产业政策演变，并进一步分析中国绒毛用羊产业政策存在的主要问题和中国绒毛用羊产业政策发展趋势，最后提出中国绒毛用羊产业的战略思考及对策建议。

第七章　中国绒毛用羊产业可持续发展的战略选择。先阐述中国绒毛用羊产业可持续发展的战略意义，然后分析和总结中国绒毛用羊产业可持续发展的战略定位和战略重点，最后提出实现中国绒毛用羊产业可持续发展的战略选择。

发展概况篇

FAZHAN GAIKUANG PIAN

第一章　中国绒毛用羊产业发展

第一节　生产发展历程及现状

羊毛是人类在纺织上最早利用的天然纤维之一，人类利用羊毛的历史可追溯到新石器时代，由中亚向地中海和世界其他地区传播，遂成为亚洲和欧洲的主要纺织原料。羊毛纤维柔软而富有弹性，可用于制作呢绒、绒线、毛毯、毡呢等生活用和工业用的纺织品。人类将山羊绒用于纺织的时间相对较短。最早取羊绒制成保暖衣衫的方式起源于印度北部喜马拉雅山克什米尔地区，所以人们也将山羊绒称为"开司米（Cashmere）"。早期在欧美国家中，羊绒制品被认为是珍贵且奢华的象征，被贵族人士广泛接受及喜爱。在我国，17世纪《天工开物》一书中就记述了山羊绒可用于织造之事。因为羊绒的生成受气候地形影响，产量稀少，全球只有少数几个国家拥有这种天然纤维，使之成为纺织业中珍贵且奢华的原物料。因此，人们也称它为"纤维钻石"、"纤维皇后"或"软黄金"。

世界各地有近100个国家和地区生产羊毛，羊毛产量较大的国家有澳大利亚、中国、新西兰、乌拉圭、阿根廷和南非6个国家。绒山羊饲养国主要有中国、蒙古国、俄罗斯、伊朗、伊拉克、阿富汗、印度、巴基斯坦、土耳其等，其中我国是世界上山羊绒主要生产国，原绒产量和贸易量约占世界的70%，蒙古国约占20%。

一、细毛羊生产发展历程及现状

养羊在我国有几千年的历史，养羊业的产品历来是各族人民重要的生产和生活资料。但细毛羊业迄今仅有七、八十年的历史。从1934年起，在苏联专家的协助下，在新疆开始细毛羊育种工作，至1954年在新疆巩乃斯种羊场育成我国第一个细毛羊品种——新疆肉毛兼用型细毛羊，填补了我国没有细毛羊的空白，随后内蒙古、吉林、甘肃等省（自治区）先后育成了内蒙古细毛羊、敖汉细毛羊、东北细毛羊、甘肃高山细毛羊、山西细毛羊、青海细毛羊等。到20世纪60年代末，我国已拥有大量细毛羊生产细羊毛，细毛养羊业虽有了较大发展，但我国培育的细毛羊品种及其改良羊的羊毛产量和品质远远不能满足毛纺工业对细毛原料的需要。

细毛羊最早进入我国的时间可以追溯到清朝末期的 1904 年，当时陕西有人集资在安塞县建立美利奴羊种羊场，饲养了数百只从国外引进的种羊。之后在约 30 年内相继在辽宁奉天（沈阳）、吉林公主岭、河北张家口、北平（北京）、安徽凤阳、山西朔县、太原等地，通过各种途径从美国购入了上千只兰布列美利奴羊，建立种羊场，在上述地区开展细毛羊杂交改良工作。但是，由于当时条件的限制，杂交改良的目的不明确，所形成的改良羊数量并不多，且羊毛质量不佳，终未形成有效生产力，至抗日战争胜利这些杂交羊都散失于农民家中。

1934 年在苏联专家的协助下，新疆地方政府从苏联引进高加索细毛羊、泊利考斯羊公羊分布在乌鲁木齐南山牧场，与哈萨克羊、蒙古羊杂交，1939 年将杂交羊迁至伊犁地区的巩乃斯羊场继续杂交，所形成的高代杂交羊是以后形成新疆细毛羊种群的基础。

1949 年新中国成立后，国家有计划组织开展了细毛羊育种工作。1950 年从苏联引进细毛羊种羊 250 只，建立了 20 个大型种羊场，进行驯化饲养和良种扩繁。在绵羊主产区的西北、东北、华北等地建设了 270 个绵羊改良站，组织实施了人工授精技术，加快绵羊改良。之后在农业部领导下，对新疆巩乃斯种羊场形成的杂交群体进行系统选育，于 1954 年育成我国第一个细毛羊品种——新疆肉毛兼用型细毛羊，填补了我国没有细毛羊品种的空白，也是我国第一个畜禽培育品种。在此之后，1967 年在东北地区培育完成了东北毛肉兼用细毛羊新品种，在 20 世纪 70～80 年代期间内蒙古、甘肃、陕西、山西、河北等地先后育成了内蒙古细毛羊、敖汉细毛羊、甘肃高山细毛羊、陕西细毛羊、山西细毛羊、河北细毛羊等品种。这些品种都是利用苏联的细毛羊品种与当地绵羊杂交，经过多年选育而成的。这是我国第一代细毛羊。

到 20 世纪 70 年代后，我国毛纺工业发展迅速，不仅对羊毛的需求量增加，对羊毛的质量也提出要求。长期以来我国绵羊育种、羊毛生产与纺织工业分离，羊毛实行统购统销，养羊者不重视羊毛质量，我国第一代细毛羊品种在羊毛质量上存在着羊毛长度不足、净毛率低、油汗量大且颜色黄、被毛密度差等缺点，不能适应毛纺工业的需求，急需改进。在这样的背景下，我国于 1972 年进口了 29 只澳洲美利奴公羊，由农牧渔业部组织新疆（含新疆生产建设兵团）、内蒙古、吉林等省（自治区），分别在巩乃斯种羊场、紫泥泉种羊场、嘎达苏种畜场、查干花种畜场 4 个育种场开展杂交育种工作，目的是拟通过级进杂交复制澳洲美利奴羊基因，培育中国的美利奴羊品种。经过 13 年的联合育种，协作攻关，于 1985 年完成了中国美利奴羊育种计划，共选育出种羊 4.6 万只，其中基础母羊 1.8 万只，生产性能全面大幅度超过第一代细毛羊品种，体侧部净毛率达到 60.8%、净毛量 3.9kg、毛长 10.2cm、羊毛细度 22.0μm，油汗为白色，体型外貌具有美利奴羊典型特征，羊毛经试纺，各项纺织工艺指标与进口 56 型澳毛接近，可用于纺织高档精纺产品。中国美利奴羊的培育成功是我国细毛羊业的一个里程碑，标志着我国的细毛羊业进入了第二个阶段，中国美利奴羊是新中国培育的第二代细毛羊品种,中国美利奴羊的推广为提高我国细毛羊的羊毛产量和被毛品质发挥了重要作用。

进入 20 世纪 90 年代以来,人们对毛织品的需求发生改变,质地轻薄、外观挺拔、手感柔软的精纺毛织品面料逐渐受到国内外市场的青睐。因此,毛纺企业对羊毛细度 21μm 以下(即 66 支以上)的细型羊毛需求量迅速增加,而以往的 22μm 以上(即 64 支以下)的细羊毛市场明显萎缩。我国培育的第一代和第二代细毛羊品种,包括中国美利奴羊的羊毛细度都偏粗,以 60~64 支(即 22~25μm)为主体,与新的市场需求对不上。毛纺企业所需要的优质细型羊毛几乎全部依赖进口。

1992—1993 年,我国引进了少量的羊毛细度为 66~70 支的美利奴品种。1994 年农业部组织新疆、吉林两省(自治区)成立了"优质细毛羊选育开发协作组",下设 3 个协作小组,目标是用 8 年时间选育出市场急需的羊毛细度以 70 支为主体的细型美利奴羊新品种,并在所属的细毛羊基地县开展大规模杂交改良,开发优质羊毛生产基地,迎接我国加入 WTO 的挑战。经过科学组织、精心设计、团结协作,在育种协作组科技人员共同努力下,2002 年完成了优质细毛羊选育任务,选育出的新品种被国家命名为"新吉细毛羊",该品种是细型美利奴品种,新吉细毛羊的育成标志着我国细毛羊育种进入了质量创新阶段。新吉细毛羊品种是我国第三代细毛羊的代表。

自 2001 年起,利用新吉细毛羊群体中存在的少量的超细型个体和进口的超细型澳洲美利奴公羊,在新疆、吉林、内蒙古、甘肃等省(自治区)的 7 个种羊场有计划地开展了中国超细毛羊育种工作,目标是选育羊毛细度为 80 支(18~19μm)超细毛新品种。经过省际多个育种场实施联合育种,超细毛羊群体数量与质量有了很大进展,特别是 2008 年后在国家绒毛用羊产业技术体系的组织下开展联合攻关,使超细毛羊质量全面达到了育种指标要求,为品种审定验收奠定了良好基础。

我国细毛羊业走出了一条从无到有、从小到大的振兴之路。通过品种选育、改良等科技工作,大大提高了我国绵羊存栏数和细羊毛产量,1949 年我国绵羊存栏数仅为 2 622 万只,原毛产量约 2.9 万 t,1970 年存栏数达到 8 460 万只,原毛产量达到 10.2 万 t,比新中国成立初期分别增加了 2.23 倍及 2.52 倍。1980 年绵羊存栏 10 660 万只,原毛产量约 17.6 万 t;经过改革开放近 30 年的发展,2011 年绵羊存栏达到 1.43 亿只,绵羊毛产量达到 39.30 万 t,是 1980 年的 3.69 倍及 2.23 倍。

二、半细毛羊生产发展历程及现状

在抗日战争时期,我国东北地区东部就有考力代羊的杂交种,抗日战争胜利后,有 900 余只考力代羊在西北地区用于杂交改良,20 世纪 50 年代内蒙古自治区引进了茨盖羊,60 年代又引进了林肯羊、边区莱斯特羊和罗姆尼羊,在青海、云南、贵州、四川等地繁殖和改良当地羊。至 20 世纪 70 年代初,我国形成了生产 56~58 支半细毛的东北半细毛羊、内蒙古半细毛羊类群及生产50～58支半细毛的青海半细毛羊两个类群。

1972年全国半细毛羊育种协作会议在西宁召开，制定了草地型与山谷型半细毛羊育种指标，决定先培育56～58支半细毛羊，然后再向48～50支半细毛羊过渡。1973年6月全国半细毛羊育种经验交流会召开后，云南、四川两省的半细毛羊育种工作纳入西南地区协作组，在国家、各省（自治区）的支持下，云南、四川、西藏先后开展了半细毛羊的杂交及新品种培育工作。经过30多年的艰苦努力，培育了适应中国南方亚高山生态环境的云南半细毛羊，四川凉山半细毛羊，适应西藏雪域高原的彭波半细毛羊和青海半细毛羊4个国家级半细毛羊新品种。除此之外，各地也培育了一些地方半细毛羊品种，现主要有东北半细毛羊、内蒙古半细毛羊、贵州半细毛羊。目前，国内半细毛羊品种结构为：少量引进品种纯种后代包括考力代羊、罗姆尼羊；4个国家培育品种包括云南半细毛羊、彭波半细毛羊、凉山半细毛羊、青海高原毛肉兼用半细毛羊；各地培育品种包括东北半细毛羊、内蒙古半细毛羊、贵州半细毛羊；引进品种考力代羊、林肯、罗姆尼、边区莱斯特、茨盖羊等及培育品种的改良羊被归入半细毛羊，这类羊占目前半细毛羊的多数。

半细毛羊的饲养方式因分布地不同而不同。在农区和农牧混合带，半细毛羊主要为农户少量饲养的方式，大量的家庭以此作为副业，养羊收入一般只占家庭总收入的不足50%。一般情况下，其数量在5～10只之间，群体品种混合，此种养殖方式在全国占主导地位，约有74%的羊毛出自这种养殖方式。在牧区的半细毛羊养殖主体则主要是数量超过50只的专业养殖户，养殖收入是其收入的主要来源，养羊收入占家庭总收入超过60%，而且养殖地区集中，品种比较统一。高寒山区由于种植业难以发展，半细毛羊是当地农民的主要收入，养殖户的规模以10～40只较多，大户群体达60～100只，最大的有300多只。以放牧为主，冬季补饲杂粮，养殖成本低至40元/（只·年）。但是，随着羊毛收入的下降，许多专业养殖户因为经济和管理方便的原因，使其羊群更加混合化，以便取得更多的羊肉收入。同时，在牧区还存在部分国有农场也从事半细毛羊的养殖，由于规模和政府补贴的存在，这部分国有农场羊群品种统一，管理正规，生产技术较强，其羊毛产量和质量也比较高。

全国现有半细毛羊及改良羊约2 500万只，半细毛产量占绵羊毛总产量的1/3，这其中杂交羊为数众多，主要是引进品种罗姆尼、林肯、考力代、茨盖等羊后代，国家培育品种，各地培育半细毛羊品种及它们的高代杂种后代，基于可信资料的推测，其中约40%分布于牧区，50%～57%分布于农区和半农半牧区，西南高寒山区仅有2%～3%，产区主要集中在我国北部和西部。

从羊毛生产来看，20世纪80年代，细羊毛产量所占的比例相对增长，其他羊毛产量比例下降。而从20世纪90年代至21世纪初，虽然细羊毛的绝对产量增加了，但是其增长比半细羊毛和其他羊毛慢。相比之下，半细羊毛的重要性大大上升。半细羊毛产量1991年为5.58万t，占所有羊毛产量的23%，2011为12.01万t，占所有羊毛产量的比例增加到 30.6%；细毛羊 1991 年产量为 10.86 万 t，占所有羊毛产量的 45%，2011 年为 13.3 万 t，占所有羊毛产量的比例减少至 33.7%（表 1-1、图 1-1）。

表 1-1　各类羊毛生产表

年度	绵羊毛（t）	细羊毛（t）	半细羊毛（t）	粗羊毛（t）
1996	298 102	121 020	74 099	102 983
1997	255 059	116 054	55 683	83 322
1998	277 545	115 752	68 775	93 018
1999	283 152	114 103	73 700	95 349
2000	292 502	117 386	84 921	90 195
2001	298 254	114 651	88 075	95 528
2002	307 588	112 193	102 419	92 976
2003	338 058	120 263	110 249	107 546
2004	373 902	130 413	119 514	123 975
2005	393 172	127 862	123 068	142 242
2006	388 777	131 808	116 098	140 871
2007	363 470	123 920	106 760	132 790
2008	367 687	123 838	104 838	139 011
2009	364 002	127 352	113 018	123 632
2010	386 768	123 173	114 944	148 651
2011	393 072	132 836	120 119	140 117

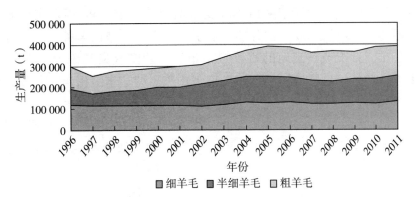

图 1-1　1996—2011 年中国各类羊毛生产量

三、绒山羊生产发展历程及现状

早在 500 年以前，印度人编织的羊绒（Cashmere）围巾就在欧洲受到青睐，但绒山羊生产与育种工作却一直没有受到重视，产绒较高的一些土种山羊，也主要是自然环境条件选择的结果，至今山羊绒的细度、光泽、白度、弹性以及强伸度等品质性状仍然打着生态环境的烙印。

从 20 世纪 80 年代开始，随着世界羊绒市场的崛起，羊绒价格上浮，市场的需求推动了绒山羊生产与科研的发展，许多国家开始发展绒山羊业，我国也出现了前所未有的绒山羊热，绒山羊的研究也从品种选育、杂交改良到饲料营养与饲养管理等全面展开。

山羊绒制品是集轻、柔、软、滑、暖特性为一体的天然纤维，是其他动、植物纤维不能替代的。绒山羊主要分布在我国西北以放牧为主的牧区和半农半牧区的干旱半干旱的荒漠、半荒漠草原、高原和山区，以及广大北方山区半山区。在牧区绒山羊饲养大户每户的饲养量从 100~300 只至 1 000 只不等，半农半牧区以放牧为主的中小型饲养户每户饲养量从 20~30 只至百余只，有时三五户共雇一位牧羊人白天放牧，收牧后由各户自行补饲、饮水，在这种生产方式下羊群选留、产羔配种、抓绒、卖绒等全由牧民自主决策。

经过 30 多年的品种选育，内蒙古绒山羊、辽宁绒山羊、西藏绒山羊、新疆绒山羊、河西绒山羊等优良地方品种生产性能得到了较大的提高，同时育成了多个绒山羊新品种及新品系。从 1978 年开始，陕北地区就引进辽宁绒山羊，并以辽宁绒山羊作为父本，以当地陕北黑山羊为母本，历经 25 年的艰辛培育，于 2003 年育成绒肉兼用型新品种——陕北白绒山羊。陕北白绒山羊具有适应性强，产绒量高、绒品质优良的特征。该品种的育成有力地带动了陕北养羊业的发展。新疆以辽宁绒山羊、野山羊（北山羊）为父本，新疆山羊为母本，采用多元育成杂交，择优横交、近交等方法，历时 17 年育成新疆白绒山羊（北疆型）。内蒙古通辽市的扎鲁特旗和赤峰市的巴林右旗，于 20 世纪 80 年代引用辽宁绒山羊改良本地山羊，于 1995 年杂交育成了罕山白绒山羊。山西省从 20 世纪 80 年代开始先后引入 5 批辽宁绒山羊种公羊和部分内蒙古白绒山羊种公羊，杂交改良当地的吕梁黑山羊，在杂交改良基础上，2011 年培育成了晋岚绒山羊。此外，还育成了乌珠穆沁白绒山羊、柴达木绒山羊、新疆青格里绒山羊等绒山羊新品种。

改革开放 30 多年来，我国绒山羊的养殖数量和山羊绒产量大幅提升，其中，1985 年至 1995 年是我国绒山羊产业发展最快的时期。到 2011 年我国山羊绒产量达到的 1.8 万 t。

从羊绒生产发展来看，20 世纪 90 年代以后，国内山羊存栏略有增长，但增长幅度不大，羊绒产量呈现缓慢上升趋势，这表明绒山羊的个体产绒量有所上涨（表 1-2、图 1-2）。

表 1-2 我国山羊存栏及山羊绒产量

年份	山羊数量（万只）	山羊绒产量（t）
1996	12 315.80	9 585.00
1997	13 480.10	8 626.00
1998	14 168.30	9 799.00
1999	14 816.26	10 179.65
2000	14 945.60	11 057.00
2001	14 562.27	10 967.66
2002	14 841.20	11 765.00
2003	14 967.90	13 528.00
2004	15 195.50	14 514.70
2005	14 658.96	15 434.83
2006	13 768.02	16 395.06
2007	14 336.47	18 483.39
2008	15 229.22	17 184.00
2009	15 050.10	16 963.71
2010	14 203.93	18 518.48
2011	14 274.24	17 989.06

数据来源：《2012 中国统计年鉴》。

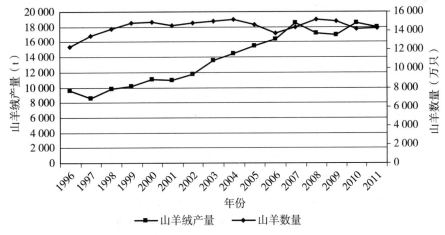

图 1-2 1996—2011 年山羊存栏量及山羊绒产量

（数据来源：《2012 中国统计年鉴》）

四、毛用裘皮羊生产发展历程及现状

我国是世界上羔裘皮羊遗传资源最为丰富的国家之一。目前，列入《中国羊品种志》的裘皮羊品种有 4 个，即滩羊、中卫山羊、贵德黑裘皮羊、岷县黑裘皮羊。列入地方品种志的有山东泗水裘皮羊、太行裘皮羊、子午岭黑山羊（陇东黑山羊）。我国裘皮羊主产区主要分布在东经 80°～121°和北纬 30°～40°的广袤国土上，即我国东西轴向的中西部地域，是在复杂多样的生态环境影响下，经过广大群众长期精心培育，形成了多种性状特异、抗逆性强的裘皮羊资源，极大地丰富了我国羊遗传资源基因库，也为我国经济发展作出了重要贡献。

早在新石器时代中期，我们的祖先已经使用带孔骨针缝制毛皮衣服御寒，从我国最古老的甲骨文字和金文中已经有"裘"字，周朝设有专门管理制革和"金、玉、皮、工、石"五种官吏来管理人民日常生活必需品，毛皮制品繁多，有虎皮、子皮、羔皮等。到了唐代，朝廷设有右尚书兼管毛皮作坊，宋朝设有皮角场，元朝有甸皮局专管毛皮制革生产，明代皮革工业已相当成熟了，《天工开物》中记载了硝面鞣毛皮法。

滩羊是我国独一无二的白色裘皮用绵羊品种，早在清代，滩羊与水稻、盐和枸杞并称为宁夏四大"最著物产"。《银川小志》[乾隆二十年（1755）编撰]记载："宁夏各州俱产羊皮，灵州出长毛麦穗。""毛麦穗"是当时人们对滩羊裘皮花穗的俗称；《甘肃通志》记载："裘，宁夏特佳。"《朔方道志》记载："裘，羊皮狐皮皆可作裘，而洪广的羊皮最佳，俗称滩皮。"养殖滩羊已成为自给自足的农业经济最重要的组成部分，为此，地方官员把大力发展滩羊养殖作为一项富民的主要举措，布告劝谕百姓"广饲"滩羊，使"有力之家畜养动辄数十上百头"。

新中国成立后，尤其是 20 世纪 60～70 年代，由于国家外贸需要，一度形成了以宁夏为核心的陕西省定边、内蒙古左旗及甘肃省环县、靖远等为主的滩羊主产区。

自 20 世纪 80 年代以来，随着人们膳食结构的改变，高蛋白、低脂肪、低胆固醇的羊肉，越来越受到群众的青睐。纺织纤维的多元化，人们衣着习惯的变化，导致羔裘皮需求量减少，大部分羔裘皮羊的生产方向，由单纯的羔裘皮用，逐渐向裘肉或肉裘兼用，甚至肉用方向发展，裘皮羊群体规模日益萎缩。

如太行裘皮羊由 1985 年的 31.4 万只，减少到 2008 年的 1.4 万只，下降了 95.54%；泗水裘皮羊由 1982 年的 60 万只下降至 2.3 万只，减少了 96.17%；岷县黑裘皮羊由 10.4 万只，下降到目前的 800 只，减少了 99.23%，品种处于濒危状态。新疆、内蒙古地区的中国卡拉库尔羊出现"回交"现象，纯种羊已所剩无几。

但可喜的是，滩羊作为我国独特的裘皮羊品种和宁夏历史最悠久、最具民族特色和发展潜力的优势产业，近年来得到了长足发展。尤其是 2003 年封山禁牧以来，宁夏对滩羊产业发展政策作出了重大调整，将宁夏中部干旱带盐池、同心、红寺堡区、灵武山区、海原及中宁山区列为滩羊主产区，大力推行了滩羊本品种选育及"两年三产"等舍饲生态养殖配套技术，加快了滩羊产业发展。2012 年，宁夏滩羊主产区滩羊饲养量达到 520 多万只，为我国裘皮羊保种与开发利用积累了成功经验。

第二节　科技发展历程及现状

一、细毛羊科技发展历程及现状

我国细毛羊的育种走在了其他家畜育种的前面。1934 年在苏联专家的协助下，乌鲁木齐南山成立"迪化种畜场"，从苏联引进卡夫卡孜兰布里耶细毛羊种羊开始杂交育种，标志着我国细毛羊育种工作的开始。1954 年 3 月 20 日，农业部畜牧兽医局批准巩乃斯种羊场的细毛羊群为国家第一个细毛羊新品种，命名为"新疆毛肉兼用细毛羊"，简称"新疆细毛羊"。新疆细毛羊成为新品种后，从 1954 年起进入有计划的选育提高阶段。在此期间，在有关专家指导下，展开深入细致地育种工作，生产性能得到很大提高，品种品质得到进一步改进与完善。

从 1972 年开始，我国细毛羊育种工作者历时 14 年，在新疆巩乃斯种羊场、紫泥泉种羊场、内蒙古嘎达苏种畜场、吉林查干花种畜场育成细毛羊新品种，于 1985 年鉴定验收，正式命名为"中国美利奴羊"，它是当时我国细毛羊中的最优良的新品种，它的育成标志着我国细毛羊业进入一个新阶段。从中国美利奴羊育种工作起，开始了有指导、有计划、有组织的育种和科研工作。

此后由新疆畜牧科学院、新疆农垦科学院、吉林省农业科学院等单位合作，历时 8 年，育成了新吉细毛羊新品种。新吉细毛羊的育成进一步完善了我国细毛羊的品种结构，丰富了我国细毛羊品种资源，为毛纺业生产提供了急需的精纺原料。

伴随着细毛羊育种工作的开展，细毛羊科研工作不断发展，各项技术日趋成熟。1940 年绵羊常温人工授精技术由苏联传入新疆，伊犁农牧场细毛羊育种中开始使用人工授精。1953 年新疆细毛羊开始了机械剪毛作业，初步实行了剪毛机械化。1954 年起建立新的育种记载制度，对新疆细毛羊羔羊进行墨刺耳号试验，建立个体档案卡片，完整准确地记载配种产羔等各类原始资料。待周岁鉴定时公羊烙角号，母羊则戴金属耳标个体号，确保育种生产资料记录的详细准确。1957 年起改变了新疆细毛羊产羔的季节，由产晚春羔改为产早春羔，提高了羔羊成活率。

在中国美利奴羊育种过程中，科研工作者修订了羊毛分级收购标准；加强了细毛羊日常饲养管理，初步开展了羊毛生产环节的管理工作，减少剪毛、打包等环节的羊毛污染问题。1980 年新疆畜牧研究所在巩乃斯种羊场成功应用绵羊冷冻胚胎移植技术，产下新疆第一只冷冻胚胎移植羔羊。1991 年 8 月，由新疆畜牧科学院将部分保存 15 年的冻精进行了输精试验，使用腹腔内窥镜进行子宫角内输精 205 只，翌年有效产羔母羊 85 只，生产羔羊 119 只，情期受胎率 41.46%；1987 年 9 月首次在乌鲁木齐市举行中国美利奴羊毛在新疆的羊毛拍卖会。

新吉细毛羊的选育成功标志着我国细毛羊育种进入质量创新阶段，为进一步选育超细型羊奠定了基础。新技术的应用及现代育种理论体系的运用为新吉细毛羊的成功育成发挥了重要作用。育种方面，采用开放式育种核心群模式，种羊在两省（自治区）核心群中互换、核心群向育种群提供种羊及选用方法，提高了优秀种羊的利用效率，加快了遗传进展。在扩繁方面，超数排卵、胚胎移植等新技术的应用，加快了种群的繁殖速度。同时建立了"细毛羊育种信息管理系统"，促进了羊场的现代化管理。

在各省（自治区）及农业部的支持下，从 2007 年开始，细毛羊育种工作者开始整合各地的种质资源开展联合育种，对超细毛羊的培育起到了重要作用。

目前，在细毛羊育种中新技术不断研发和应用，例如遗传评定技术、标记辅助选择技术、功能基因组的研究等各项新技术。细毛羊营养调控及饲养管理技术方面也取得不少成果。羊毛生产的现代化管理技术正在大面积推广应用。

二、半细毛羊科技发展历程及现状

我国的半细毛羊系统的培育历史始于 20 世纪 70 年代，国家从新西兰和澳大利亚引进林肯、罗姆尼和考力代等种羊对土种羊进行杂交改良，由于引进种羊数量较少，因此从半细毛羊的育种开始阶段就使用了当时技术成熟而且效果明显的人工授精技术。尤其是随着精液冷冻技术的革新，解决了精液长期保存的问题，使精液不受时间、地域和种畜生命的限制，最大限度地发挥和提高优良种公羊的利用率，加速品种的育成步伐。从那时开始，一直到现在，人工授精技术对我国半细毛羊的培育和生产力的提高起到了巨大的作用。

养羊业发展到 20 世纪 90 年代时，传统的放牧方式既对环境造成了巨大的挑战也不能适应现代化生产的要求，从 21 世纪初在环境和产业的双重要求下，与其他养殖业相似，特别是在北方地区，半细毛羊养殖业开始了舍饲的进程。目前，我国已有 27 个省（自治区、直辖市）、1 200 多个县实行了封山禁牧、舍饲养畜。这一阶段对半细毛羊舍饲技术研究成为了热点，各地结合当地实际研究适应本地气候生态的圈舍建筑、环境控制、防疫制度等配套舍饲技术。同时，与舍饲相配套的饲草饲料技术也发展了起来。从业人员积极推广饲草青贮技术、秸秆利用技术。农作物秸秆及其副产品如玉米秆、高粱秆、谷草、花生秸、树叶及其他野草均被探索作为制作原料，这些研究结果节约了开支，取得了较好的效果。反刍动物的瘤胃内大量的微生物将尿素可分解成氨，微生物和细菌利用氨为营养而迅速繁殖，氨变成它们的菌体蛋白，之后和饲料中其他蛋白质一样被分解成氨基酸被畜体吸收、利用。研究人员利用这一研究成果，探索尿素喂羊，取代羊的部分蛋白质营养供给，形成了之后常用的尿素喂量、饲喂方法标准。

始于 20 世纪 70 年代初的胚胎移植技术研究也在 90 年代进入成熟应用阶段，在半细毛羊上的应用始于 2004 年云南半细毛羊的胚胎移植。2000 年左右半细毛羊产业止于 80 年代的养羊业衰退，肉毛兼用的半细毛羊受到了广泛的欢迎，经济效益上升，市场需求越来越多。胚胎移植技术已经比较成熟，达到产业化的水平，对种羊的需求量使胚胎移植迅速应用到半细毛羊的繁殖之中。

经过 30 多年的努力，培育出了适应中国生态环境的 4 个国家级半细毛羊新品种和 3 个地方半细毛羊品种。

当前，联合育种技术、标记辅助选择技术、功能基因的研究确定等各项新的育种技术在半细毛羊育种中均已开展。半细毛羊营养调控技术、饲草料供给平衡等方面的研发已取得不少的研发成果。

三、绒山羊科技发展历程及现状

近 30 年来，我国的绒山羊科技发展历程表现在以下几个方面：在种质利用上，一是通过本品种选育提高其生产性能；二是通过引进优良品种杂交当地山羊，提高其产绒量；三是培育新品种，通过级进杂交，横交固定，选育提高，培育形成了具有适应性强、耐粗饲、产绒量高、羊绒综合品质优良的绒山羊品种。随着科学技术的推广应用，我国的绒山羊生产水平大大提高。

在科学研究方面，通过对绒山羊不同类群进行全面、有计划的选育提高，使我国绒山羊选育工作走上了规范化、系统化、具有先进理论指导的科学轨道。研究人员逐步完成了绒山羊部分类群染色体组型及其分类特征、遗传参数估计及其应用、毛囊发育及其绒毛生长规律、营养调控、羔羊系统培育技术、配套增绒技术等研究成果，取得了大量数据和宝贵的第一手资料。在深入调查研究、统计分析、实践检验的基础上，提出了"一十提高论"、"双向提高论"、"三一提高论"、"四数提高论"、"排除十种制约因子"、"选择培育高产优质绒肉兼用绒山羊歌诀"等，针对内蒙古地区绒山羊群体现状、操作简单、易于掌握、实用有效、推广方便的选育理论与技术，在实践中得到了广大科技工作者和生产者的认可，取得了资金投入少、实用价值大、受益地区广、选育进展快、经济效益高的显著成绩。另外，科研工作者创造性开发了绒山羊增绒技术，在保持绒山羊绒毛品质不变的前期下提高绒山羊产绒量。通过改造或新建专用棚圈，在暖季（非长绒期 5~8 月份）结合舍饲和限时放牧，根据羊绒生长的日照要求，人为控制日照时间，使暖季放牧时间由传统的 15h 缩短到 7h，促进羊绒在非长绒期（5~8 月份）生长，使暖季羊绒生长如同冷季，显著增加绒产量，每只山羊平均年增绒量达 71% 以上，草场植被平均高度增加 5cm 左右，盖度提高 12 个百分点左右，密度有所增加，地上生物量增加 20%~40%，并减轻草牧场压力 50% 以上，有效保护荒漠草原生态。既提高了绒山羊的生产性能和养殖效益又加强了草原保护与合理利用，是一种天然草场可持续利用的草畜平衡系统创新技术模式，对促进牧区生态草业又好又快发展具有重要的示范意义。目前已在内蒙古、新疆、陕西、西藏、山西、河北等多个省（自治区）7 万余只绒山羊上进行了推广应用，效果良好。

我国将绒山羊绒细度确定为绒山羊的主要选育目标，并以动物模型 BLUP 育种值作为绒山羊第一阶段选择的客观依据，取得了很大的育种成效。随后逐渐对我国主要绒山羊产区的绒山羊进行系统选育，组建细绒育种核心群，健全和完善育种档案记录，开展本品种选育。由于新一代基因组测序技术的进步，生物信息分析水平的不断提升，目前研究人员涌入生物领域，利用基因组技术开展绒山羊绒毛生长调控研究。同时，绒山羊疫病防控体系逐步健全，绒山羊营养与饲养技术方面取得多项成果，如绒山羊营养调控、长绒期和非长绒期营养调控、母羊繁殖与绒毛生长营养调控、日粮适宜氮硫比例。绒山羊舍饲半舍饲关键技术等标准化生产技术的应用与推广，提高了羊绒产量和质量，增加了绒山羊业的养殖效益。

目前正在进行的内蒙古绒山羊高繁殖力新品系和辽宁绒山羊常年长绒新品系培育，工作取得重要进展，内蒙古绒山羊高繁殖力新品系在保持绒毛产量和良好品质的基础上，核心群母羊繁殖率达到150%以上；辽宁绒山羊常年长绒新品系由季节性长绒延长到11个月，生产性能大大提高。

四、毛用裘皮羊科技发展历程及现状

从人类发展史看，人类先有渔、猎，后有农牧业。人类在生活实践中逐渐发现野兽毛皮可以御寒，后又发现兽皮经过烟熏火烤，皮板变软，穿着舒适，更适合御寒，于是以兽皮为原料的毛皮工业发展起来了。据考证，距今1.8万年前北京西南周口店山顶洞人使用长8.2cm骨针缝制兽皮，距今1万年前西安半坡遗址出土较多的精制缝衣骨针，说明旧石器时代中期，我们的祖先已经懂得缝纫的原理，从事简单缝纫，将猎取到的各种野兽皮毛缝制成衣服，抵御严寒，摆脱了赤身裸体的状态，开始了穿着兽皮的历史，自此拉开了中国碎皮加工历史的序幕。

碎皮加工这一独特技艺发祥于阳原，始于远古，兴于元代，盛于民国时期，现在达到繁荣期。碎皮加工的出现，既是人类物质文明的产物，又与精神文明的发展息息相关。从上古时期的兽皮御寒，发展到近、现代的既有实用价值，又有审美价值的碎皮加工工艺及皮毛服饰制作，经历了漫长而曲折的发展过程。

中国传统的制裘工艺距今已3 000多年，据记载，商朝丞相比干最早发明熟皮制裘工艺。当时他曾在大营一带为官，由于野兽肆虐，他鼓励民众打猎食肉，而将兽皮收集起来，经反复泡制，把生硬的兽皮变得柔软，进而分类缝制成裘服，他将这一技艺传授乡里，造福庶民为人乐道，被后人奉为"中国裘皮的鼻祖"。

裘皮加工制作工艺随着历史发展而不断进步，传统的工艺流程已经满足不了人们对个性的需求，因此，出现如鞣制染色工艺、加革拼接工艺、原只拼接工艺、流苏和流苏演变工艺等各种特殊的制作工艺。

五、绒毛用羊科技发展特点

我国的绒毛用羊产业科研主体主要是各地高校、科研院所及国有农牧场。在绒毛用羊产业相关技术研发中,科研院所是主体。无论是过去的人工授精、胚胎移植,还是现在正在发展的诸多技术,从发表文献来看,从事技术研究和推广的主要是高等院校和科研院所。以最明显的人工授精和胚胎移植技术的产业化为例,这些领域发表文章和技术产业化方式运作主要是高校和科研院所作为技术依托单位,养殖企业是技术应用单位。

(一) 产业内部联合越来越密切

绒毛用羊产业的发展、产业整体水平的提高,需要产业链各环节的技术水平、生产能力的提高,从品种选育、营养调控、养殖管理、产品销售及加工,各环节技术水平提高,才能提升绒毛用羊产业的科技创新能力,推动产业发展,增强产业竞争力,增加绒毛用羊养殖效益。同时,科研成果的转化推广,离不开企业的合作。只有这样才能使科研成果尽快转化为生产力,创造更大的社会经济效益。因此建立研究、生产一体化的体制,开发并组织推广先进技术才能加快农业现代化进程。绒毛用羊产业领域的此类联合越来越形成趋势,既有各个院校的科研联合,也有院校与企业的技术联合,这种趋势的最近发展就是国家绒毛羊产业技术体系的建立和飞速发展。

(二) 多学科联合、各项技术综合应用

随着科学技术的发展,学科间的交叉日益突出,技术领域的创新更具有综合性的特点及影响。数量遗传学、计算机技术、分子生物学、信息学等各学科综合应用,在绒毛用羊育种中发挥着越来越重要的作用。

第三节　羊毛羊绒流通发展历程及现状

一、羊毛流通发展历程及现状

羊毛是毛用羊有别于其他羊品种的主要产品,毛用羊业的流通可通过羊毛的流通来加以叙述。羊毛的流通发展过程体现了羊毛市场发育的程度,是我国羊毛流通领域需要开展研究的一个课题。1958年以前,国内的交易流通都是自由购销的。1958年11月国务院颁发的《农副产品商品管理办法》中,将羊毛列为中央集中管理的重要商品,由外贸部统一管理;1959年以后,国家把羊毛列为二类物资实行指令性派购。1975年经国家计划会议决定将羊毛调整为畜产品二类商品;1984年1月国务院只规定了牛皮(只管国营屠宰场部分)、绵羊毛2个派购品种;1985年1月中共中央、国务院下达《关于进一步活跃农村经济的10项政策》中将绵羊毛、牛皮由指令性计划改为指导性计划;1992年全部产品放开经营,均为自由购销。根据上述政策的变迁,我国羊毛流通体制的改革可划分为:1958年至1985年间的"统购统销"阶段,以及1985年后的"自由购销"阶段。

在统购统销阶段，羊毛市场由国家经营，委托供销社系统从农牧民、人民公社、生产队以及国有农场和国有种畜场将全部羊毛收购起来。基层供销社将分散的羊毛收上后，打成软包送到县供销社，再由后者将羊毛分拣后重新打成硬包，按国家分配计划发送到指定的用毛国有厂家。省级供销社一般负责全省的收购计划与调拨，保持与国家计划部门和外省羊毛用户的联系。地区级供销社仅少数有羊毛仓库，能起到羊毛中转的作用，多数无仓库，但也要收取中间环节费。羊毛统购是在计划经济条件下解决羊毛短缺的一种选择。在商品经济极不发达的阶段，采用这种购销体制无疑起到某些积极作用。但随着农村商品经济的发展，这种购销体制逐渐暴露出许多弱点，表现为：丧失竞争性，购销体制内部环节多，购销差价逐步增大；作为中间流通环节，为羊毛生产者和用户服务的意识逐渐薄弱，而以盈利为目的的意识增强，羊毛好销时就多收，滞销时就少收，或者压级压价，乃至拒收，没有真正起到适量吐吞、稳定市场和平抑价格的作用。

1964年4月23日，农业部、农垦部、外贸部、纺织工业部联合发出《关于国营农牧场所产绵羊毛直接拨交纺织工业部门进行试点的通知》，决定在新疆、内蒙古、河北3个省（自治区）的6个牧场进行绵羊毛"工牧直交"，以期减少中间环节，缩小购售差价和优毛优价。1980年前，供销社系统绵羊毛收购量仍占全国社会收购总量的99%以上。1981年4月3日，纺织工业部、农业部发出《关于山东梁山等四个县小尾寒羊毛直接调运给工业部门试纺的联合通知》后，绵羊毛的"工牧直交"量才有所发展，但到1984年供销社系统绵羊毛收购量仍占全国社会收购总量的91%。

从1985年开始，国家取消了对各羊毛主产省（自治区）的指令性派购配额，实行国产羊毛放开经营。1986年4月，国家经委发出《关于改进羊毛和毛纺织品生产流通问题的通知》，要求"各地要认真贯彻落实中央1986年1号文件关于'牧区畜产品要坚持放开，不要退回去'的精神，羊毛收购要坚持多渠道、少环节。对新疆、内蒙古、青海、甘肃四个主产区的羊毛实行'自产、自用、自销'。实行这个办法后，非产区的毛纺工业和地毯工业不足的羊毛，可用进口羊毛与主产区进行品种串换调剂。"并规定"今后除商业主管部门、供销合作社和牧工商联合体外，其他文化馆、事业单位、机关团体和个体商贩均不得经营羊毛。毛纺和地毯工业生产所需羊毛可直接从产地进货，尽量扩大工牧直接交售，减少中间环节，但只限工厂自用，不准经销和转手倒卖。"从1985年起，供销社改代购为直接经营，在某些省（自治区），牧工商联合体也积极参与羊毛经营，并将部分经营利润返还给羊毛生产者。为解决我国毛纺工业用毛紧缺状况和提高羊毛质量，1984年11月，经国务院批准，由农牧渔业部牵头，与财政部。纺织工业部和轻工业部组成基地工作小组，"七·五"期间选择基础较好的产区建立190个养羊基地县，除了推广科学养羊和优化良种外，在养羊基地县还积极推行羊毛流通体制改革，实行工牧直交和按净毛计价，并试行羊毛拍卖制度。试行羊毛拍卖是对羊毛流通体制改革的创举，实行羊毛、客观检验和按净毛计价的现代化市场管理，体现优毛优价，可以引导农牧民提高羊毛质量；减少中间环节和费用，让利给农牧民和毛纺企业；对指导羊毛生产结构的调整，也产生了积极的影响。羊毛经营的放开，打破了独家垄断经营，为实行多渠道经营、减少中间环节和提高经营者之间的竞争性开辟了道路，既有利于绵羊饲养业的发展和羊毛质量的提高，还有利于羊毛市场的发育和全国统一市场的建立。

　　然而，羊毛经营体制改革并非一帆风顺，先是"羊毛大战"，后是"卖毛难"。1985年国毛放开经营后，由于市场管理跟不上，缺少相应的配套法规、政策与措施，一时间羊毛市场十分混乱，于是爆发持续4年之久的"羊毛大战"。一方面，全国特别是非羊毛产区毛纺工业发展过快，羊毛需求猛增，国产毛缺口进一步扩大，市场的需求推动国产毛价格猛增；另一方面，羊毛产区为保护地方毛纺工业和经营羊毛的利税收入，1986年起又重新封闭羊毛市场，并采取各种措施迫使农牧民交售羊毛和封销羊毛出境。1988年下半年，羊毛和毛纺织品市场出现疲软，羊毛经营部门和用毛企业所抢购的羊毛大批量积压，羊毛的收购价格大幅度下跌，出现农牧民"卖毛难"问题。1988年全国绵羊毛社会收购量仅占绵羊毛总产量的86%，1991年进一步下降到72%，鉴于产区羊毛积压的严峻状况，1991年国家计委拨给主区省份供销社系统一笔羊毛周转金，暂时解决部分羊毛收购资金和"打白条子"的问题。1992年各主区省份都相继宣布放开羊毛经营，此后毛纺工业也开始复苏，羊毛积压的问题也逐步得到解决。1992年国家在南京和呼和浩特建立了两个羊毛市场，定期举办羊毛交易会，提供信息服务，并开展代购代销业务。羊毛市场的建立，是羊毛市场体系建设的重要组成部分，大大有利于国产羊毛的交易活动。

　　目前，在毛用羊主产区除大型养殖场、养殖企业外，农牧民散户养殖业是毛用羊的主要养殖模式，这种分散的养殖方式决定了羊毛流通渠道的不规范性。这类养殖模式下，羊毛的流通开始于当地的小商人，或是一些大收购商在当地的代理人，很多时候，这些人的身份是两者兼而有之。他们直接从农牧民手中收购羊毛，这些羊毛多半是套毛或是进行了粗分。当收购到足够的羊毛时，这些小商人就在当地的市场上出售给大收购商，有一小部分直接卖给羊毛加工厂。一般的情况是大收购商以一定的价格与小商人签订收购合同，在羊毛收获季节定时收购。大收购商从各地大量收购羊毛后会对羊毛进行分类，分级以便提高附加值。所以，他们也倾向于固定的专业场、专业养殖户去收购品质相对较好的羊毛并进行分级。大收购商对羊毛进行这些处理以后就可以卖给羊毛处理厂。其流程如图1-3所示：

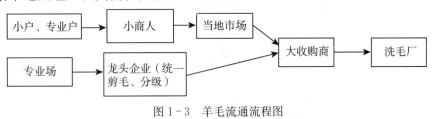

图1-3　羊毛流通流程图

这种羊毛流通存在的问题包括：一是羊毛分级价差机制作用不明显。羊毛价差机制能够鼓励牧民通过提高羊毛质量提高销售价格，但由于羊毛的质量检验是在洗净毛、分梳毛的销售阶段完成，牧民出售的污毛不需要检验，牧民无法得到优质羊毛在市场上真实价格信息的反馈，缺乏对如何提高羊毛价格进行理性思考。二是牧民个体分散，没有建立起统一的销售合作组织，在市场交易过程中处于弱势地位，缺乏对羊毛产品议价谈判能力，收购羊毛的商贩压低羊毛价格，扭曲交易价格。三是羊毛经营收购者多是小商贩，流动性强、经营规模小、专业化程度低，不认真执行国家羊毛质量标准与技术规范，加之我国羊毛、羊绒检验制度不健全，掺杂使假现象时有发生，破坏正常的羊毛价格机制的建立。

目前为止，南京羊毛市场已经建立了较为规范的羊毛拍卖体制，2010 年南京羊毛市场还在鄂尔多斯举办了羊毛拍卖会。新的羊毛市场正在逐步建立，但是总的来说我国的羊毛市场体系还不健全，新的规范化的经营模式尚未完全形成，市场机制不能很好发挥作用。

二、羊绒流通发展历程及现状

20 世纪 60 年代以前，我国山羊绒全部以原料形式廉价出口国外。进入 20 世纪 70 年代，我国结束了只出口原绒的历史，开始批量加工生产分梳山羊绒，以半成品无绒毛形式出口。20 世纪 80 年代后，在市场经济大潮推动下，我国毛纺织工业发展迅猛，90 年代中期，跻身到世界毛纺界前列，洗毛能力、毛条加工、纺纱织造、服装生产均列世界首位，成为世界毛纺制造业中的生力军。由于山羊绒生产的资源优势，我国除加工国内生产的山羊绒外，每年从蒙古国等进口的 3 000t 左右山羊绒也在中国加工。我国集中了全世界 93％的山羊绒原料，山羊绒产品主要出口到日本、美国、意大利、英国、法国等 40 多个国家和地区，约占世界出口量的 80％。从 1997—2007 年，平均年出口山羊绒 3 000t 以上。

近几年，中国年出口山羊绒均超 2 000t，出口量有所下降，出口山羊绒衫均在 1 000 万件左右。世界山羊绒加工技术、设备、企业已由国外向我国转移，中国已经发展成为世界山羊绒制品加工中心。全国的山羊绒加工企业已经发展到 2 600 多家。各种经济成分、规模并存，企业分布和品牌生产区域发生了很大变化。中国的羊绒衫正引领中国山羊绒制品的潮流，在国际市场的竞争力不断增强，出口创汇逐年递增，"世界羊绒看中国"的局面已经形成。

三、毛用裘皮羊流通发展历程及现状

我国裘皮贸易历史悠久，西汉时，毛皮产品经丝绸之路远销中东等地。到了明代，现在的河北张家口、宁夏石嘴山已成为当时中国北方重要的毛皮生产与贸易集散地，以加工绵羊皮、细毛皮（狐皮及貂皮）和口羔皮驰名中外。

滩羊二毛皮是中国独特的传统名贵产品，到了清代，滩羊二毛皮已成为我国裘皮羊之冠，与狐皮等相提并论，出售滩羊二毛皮、羊毛等产品是农民收入的主要来源之一，农民日常用品如布匹、茶、油、盐、五金等几乎全部依靠养羊等畜产品的交易来换取。

新中国成立后，尤其是 20 世纪 60～70 年代，滩羊（裘）皮、羊毛等畜产品一度成为宁夏出口创汇的拳头商品。统计资料显示，1969—1974 年五年间，宁夏收购的二毛皮、羊毛与羊绒等畜产品折合当时的人民币值，可购买解放牌载重汽车 5 000 辆，对支援国家建设、发展地方经济起到了重大支撑作用。

目前，宁夏中部干旱带盐池、同心、红寺堡区、灵武山区、海原及中宁山区已成为我国滩羊主产区，年饲养滩羊 520 多万只，出售二毛皮 200 多万张。

第四节　羊毛羊绒制品消费发展历程及现状

羊毛、羊绒制品消费是绒毛用羊产业链的最终环节，关系到绒毛生产者利益的实现及整个绒毛用羊产业的发展，对我国羊毛、羊绒制品消费发展历程及现状的研究，把握我国羊毛、羊绒制品消费的发展趋势，促进我国绒毛用羊产业的发展有重要意义。本节分为三个部分，第一部分分析羊毛、羊绒制品消费的发展历程，由于没有羊毛、羊绒制品消费相关的数据，我们将以对中国毛纺织制品消费情况的研究来代表分析中国羊毛、羊绒制品的消费发展历程；第二部分和第三部分基于调研数据分别分析羊毛制品、羊绒制品的消费现状。

一、中国毛纺织制品消费发展历程

本部分分析中国毛纺织制品的发展历程，主要从中国毛纺织制品的人均消费量方面进行分析。

（一）1985—2011 年，中国居民人均毛纺织制品消费量总体呈上升趋势

如图 1-4 所示，总体上，1985—2011 年，中国居民人均毛纺织制品消费量呈上升趋势。具体可将我国毛纺织制品消费的历史发展分为五个阶段，第一个阶段是1985—1994 年，这个阶段我国人均毛纺织制品消费量变动比较平稳，有小幅波动，总体变动不大；第二个阶段是 1994—1998 年，这个阶段我国人均毛纺织制品消费量呈快速增长趋势，从 1994 年的 0.74 件上升到 1998 年的 1.73 件，增幅达 133.8%；第三个阶段是 1998—2002 年，这个阶段我国人均毛纺织制品消费量波动较小，呈平稳状态；第四个阶段是 2002—2006 年，这个阶段我国人均毛纺织制品消费量呈上升趋势，从 2002 年的 1.43 件上升到 2006 年的 2.59 件，增幅达 81.11%；第五个阶段

是 2006—2011 年，这个阶段我国人均毛纺织制品消费先降后升，呈大幅波动状态。

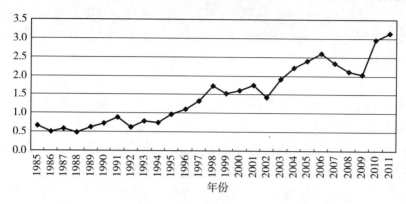

图 1-4　1985—2011 年中国居民人均毛纺织制品消费量（件）

〔资料来源：国际毛纺织组织（IWTO），中国毛纺织行业协会（CWTA），中国纺织工业发展报告〕

（二）1985 年以来，我国城镇居民人均毛纺织制品消费量一直高于农村居民人均毛纺织制品消费量

如图 1-5 所示，1985 年以来，城镇居民人均毛纺织制品消费量一直高于农村居民人均毛纺织制品消费量。1985 年城镇居民人均毛纺织制品消费量为 0.76 件，农村居民人均毛纺织制品消费量为 0.57 件，相差 0.19 件；2011 年城镇居民人均毛纺织制品消费量为 3.59 件，农村居民人均毛纺织制品消费量为 3 件，相差 0.59 件。城乡居民人均毛纺织制品消费量的差距情况可分为两个阶段，第一个阶段是 1985—2002 年，这个阶段城乡居民人均毛纺织制品消费量的差距相对比较稳定；第二个阶段是 2002—2011 年，这个阶段城乡居民人均毛纺织制品消费量的差距逐渐扩大，城镇居民人均毛纺织制品的消费量越来越高于农村居民人均毛纺织制品的消费量，这可能与城乡居民收入差距日益扩大有关。此外，城镇居民人均毛纺织制品消费量的波动幅度整体上要大于农村居民人均毛纺织制品消费量的波动幅度。

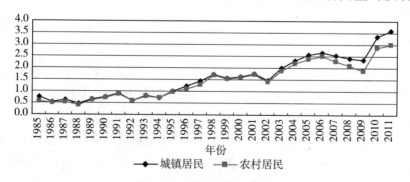

图 1-5　1985—2011 年中国城乡居民人均毛纺织制品消费量（件）

〔资料来源：国际毛纺织组织（IWTO），中国毛纺织行业协会（CWTA），中国纺织工业发展报告〕

（三）1985 年以来，我国居民消费的毛纺织制品中，羊毛制品消费的比例有所降低，羊绒制品及其他制品消费的比例有所提高

由表 1-3 可以看出，1985 年我国人均羊毛制品消费量占人均毛纺织制品消费量的比例为 87.3％，1995 年为 80.2％，2005 年为 73.7％，2011 年为 70.3％，可见，人均羊毛制品消费量占人均毛纺织制品消费量的比例是逐渐降低的。同样可以看出，人均羊绒制品消费量占人均毛纺织制品消费量的比例是升高的，其他制品人均消费量占毛纺织制品人均消费量的比例也有所提高。因此，1985 年以来，我国居民消费的毛纺织制品中，羊毛制品消费的比例有所降低，羊绒制品及其他制品消费的比例有所提高。

表 1-3　中国居民人均毛纺织制品消费结构（％）

种类	1985 年	1995 年	2005 年	2011 年
羊毛制品	87.3	80.2	73.7	70.3
羊绒制品	7.5	10.8	14.9	17.4
其他	5.2	9.0	11.4	12.3

资料来源：国际毛纺织组织（IWTO），中国毛纺织行业协会（CWTA），中国纺织工业发展报告。

二、我国羊毛制品消费现状

为研究我国羊毛制品消费现状，了解消费者羊毛制品消费行为，国家绒毛用羊产业技术体系产业经济研究团队选择全国 16 个城市、11 个县作为样本调查点，于 2013 年 2 月对这些调查点的消费者进行问卷调查。本部分将依据此次调研数据，对我国城乡居民羊毛制品消费数量、金额、品种结构、购买行为、消费偏好、评价以及与其他纤维制品竞争情况进行分析。

（一）羊毛制品消费数量、金额及品种结构分析

1. 城镇居民人均购买量、人均支出额均高于农村居民

由表 1-4 可知，85.80％的城镇受访居民 2012 年购买过羊毛制品，人均购买量为 2.81 件，人均支出额为 1 441.79 元；74.06％的农村受访居民 2012 年购买过羊毛制品，人均购买量、人均支出额分别为 1.71 件、514.25 元。由此看来，我国城镇居民人均购买量、人均支出额均高于农村居民。这主要是因为虽然当前农村居民个人可支配收入增多、消费水平提高、消费观念逐渐转变，愿意购买羊毛制品来提升生活品质，但由于个人可支配收入限制，人均消费支出与城镇居民相比差距较大。

表1-4　2012年受访的城乡居民羊毛制品消费数量金额对比

居民类型	购买羊毛制品的比例（%）	人均购买量（件）	人均支出额（元）
城镇居民	85.80	2.81	1 441.79
农村居民	74.06	1.71	514.25

2. 女性居民人均购买量、人均支出额均超过男性居民

从表1-5可以看出，84.35%的受访女性居民2012年购买过羊毛制品，77.51%的男性受访居民2012年购买过羊毛制品；女性人均购买量、人均支出额分别为2.84件、1 263.40元，分别是男性的1.54倍、1.46倍。由此看来，女性居民人均购买量、人均支出额均超过男性居民，女性消费市场开发潜力巨大。主要原因在于女性由于爱美等特性本身比男性更具有购物欲望，且更加追求家庭生活品质的提高。

表1-5　2012年受访的不同性别居民羊毛制品消费数量金额对比

居民类型	购买羊毛制品的比例（%）	人均购买量（件）	人均支出额（元）
男性居民	77.51	1.84	862.71
女性居民	84.35	2.84	1 263.40

3. 40～49岁居民购买羊毛制品比例、人均支出额最高，29岁及以下居民人均购买量最大

表1-6显示，40～49岁居民购买羊毛制品比例为85.88%，人均购买量、人均支出额分别为2.58件、1 275.23元；29岁及以下居民购买羊毛制品比例为80.43%，人均支出额与40～49岁居民接近，为1 269.89元，人均购买量最高，为2.65件。由此可见，虽然40～49岁居民购买羊毛制品比例最高，但29岁及以下居民人均购买量最大，青年居民的购买能力不容小觑，青年群体消费市场值得进一步开发。这主要是因为当前羊毛制品款式种类不断增加、设计更加新潮，日益受到更多青年人的喜爱。

表1-6　2012年受访的不同年龄阶段居民羊毛制品消数量金额对比

不同年龄阶段居民	购买羊毛制品的比例（%）	人均购买量（件）	人均支出额（元）
29岁及以下	80.43	2.65	1 269.89
30～39岁	80.00	2.30	1 081.36
40～49岁	85.88	2.58	1 275.23
50～59岁	81.93	2.19	790.34
60岁及以上	63.89	1.5	291.64

4. 中等偏上收入居民购买比例、人均购买量最高，收入水平越高，人均支出额越多

从表1-7可以看出，94.38%的中等收入居民2012年购买过羊毛制品，人均购买量为3.12件；高收入居民购买羊毛制品比例为80.00%，人均购买量2.00件，人均支出额最高，为1928.67元，是低收入居民人均支出额193.33元的9.98倍。由此看来，中等收入居民羊毛制品购买比例、人均购买量最高，收入水平越高，人均支出额越多。主要原因可能在于羊毛制品本身由于材质及羊毛含量的不同价格差异较大，收入水平高的居民受收入水平制约较少，因此更趋向于购买价格较高、质量更有保证的羊毛制品。

表1-7　2012年受访的不同收入层次居民羊毛制品消费数量金额对比

居民类型	购买羊毛制品的比例（%）	人均购买量（件）	人均支出额（元）
低收入居民（5 000元以下）	48.15	1.37	193.33
中等偏下收入居民（5 000~9 999元）	74.47	2.06	753.04
中等收入居民（10 000~49 999元）	81.37	2.33	1 011.69
中等偏上收入居民（50 000~100 000元）	94.38	3.12	1 656.69
高收入居民（100 000元以上）	80.00	2.00	1 928.67

5. 文化程度越高，羊毛制品人均购买量、人均支出额越高

由表1-8可知，66.13%的低文化程度居民2012年购买过羊毛制品，人均购买量、人均支出额最低，分别为1.39件、223.15元；高文化程度居民购买羊毛制品比例为85.66%，人均购买量、人均支出额最高，分别为2.96件、1 590.22元。由此可见，文化程度越高，羊毛制品人均购买量、人均支出额越高。这主要是因为文化程度越高，健康环保意识越高，对羊毛制品本身的天然性、安全性等特性越知晓，因此也就越愿意购买羊毛制品，而且一般而言，文化程度越高，工资待遇越好，越能够买得起价格更高的羊毛制品，因此购买羊毛制品的支出也就越多。

表1-8　2012年受访的不同文化程度居民羊毛制品消费数量金额对比

居民类型	购买羊毛制品的比例（%）	人均购买量（件）	人均支出额（元）
低文化程度居民（未受过教育和小学）	66.13	1.39	223.15
中文化程度居民（初中和高中、中专、职高或技校）	96.70	2.02	751.07
高文化程度居民（大学或大专及以上）	85.66	2.96	1 590.22

6. 羊毛制品消费品种结构日趋多元化，但仍以羊毛衫为主

随着羊毛制品加工工艺的完善以及产品种类的增多，我国羊毛制品消费品种结构日趋多元化。除羊毛衫、羊毛外套（西装）、羊毛针织裤、羊毛围巾（手套、帽子）等传统羊毛制品外，羊毛被、羊毛地毯以及羊毛保暖内衣、背心、护膝、家居服、床垫等其他羊毛制品逐渐成为消费者新的生活追求。由图1-6可知，城乡受访居民羊毛制品消费品种林立，但仍以羊毛衫为主，城乡居民羊毛衫购买量占全部购买量的43.31％。这主要是因为羊毛衫是最传统、最主要的羊毛制品，城乡居民对羊毛衫最为熟知，且羊毛衫实用性较强，因此成为城乡居民购买羊毛制品时的首要选择。

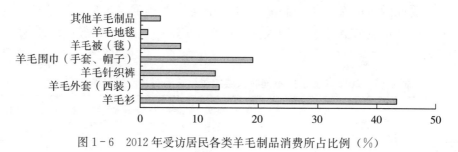

图1-6　2012年受访居民各类羊毛制品消费所占比例（％）

（二）羊毛制品购买行为分析

1. 个人收入、羊毛制品价格、质量是消费者购买羊毛制品时最先考虑的因素

由表1-9可知，25.05％的受访居民将个人收入作为购买羊毛制品时最先考虑的因素，24.49％的受访居民将羊毛制品价格作为购买羊毛制品时第一选择的因素，16.21％的受访居民将羊毛制品质量作为最先考虑的因素。由此看来，个人收入、羊毛制品价格、质量是受访居民购买羊毛制品时最先考虑的三大因素。

表1-9　受访居民购买羊毛制品通常考虑因素的选择比例（％）

考虑因素	第一选择	第二选择	第三选择
个人习惯	11.60	4.98	11.79
个人收入	25.05	23.21	11.05
羊毛制品价格	24.49	27.07	17.50
品牌	8.84	9.02	8.84
质量	16.21	18.23	19.52
款式	12.15	11.60	14.55
做工	0.92	2.39	7.73
棉、化纤等其他制品价格	0.74	2.58	7.73
其他因素	—	0.92	1.29

2. 消费者购买羊毛衫追求知名品牌，但仍存在品牌意识薄弱的现象

由于羊毛衫是最主要的羊毛制品类型，故本项研究调查了消费者羊毛衫的购买品牌。由图1-7可知，选择恒源祥、鄂尔多斯等老品牌的消费者较多，尤其是购买恒

源祥牌羊毛衫的人数最多，占到受访居民的 26.99％。由此看来，知名企业品牌效应较为明显。这主要与消费者的消费心理有关，多数消费者认为品牌羊毛衫知名度高、质量有保证，能够提升穿着档次。另外，购买其他品牌的受访居民占到12.95％，其中多数受访者不记得购买的羊毛衫品牌，可见消费者品牌意识薄弱的现象依然存在。

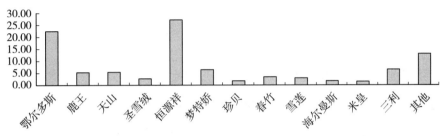

图 1-7 受访居民所购羊毛衫品牌的选择比例（多选,％）

3. 消费者羊毛衫购买时间以需要就买为主

根据图 1-8 可知，31.15％的受访居民需要羊毛衫时就会购买，18.16％的受访居民选择春节期间购买羊毛衫，16.76％的受访居民选择反季销售期间购买羊毛衫。由此看来，消费者购买羊毛衫时间以需要就买为主，主要原因在于居民收入水平的提高以及消费观念的转变。选择春节期间购买羊毛衫的居民人数排在第二位，这主要是因为我国"过春节、穿新衣"的传统习惯。选择反季销售期间购买羊毛衫的居民排在第三位，主要原因在于受访居民多认为反季期间折扣较大，能够以更实惠的价格购买到心仪的羊毛衫。

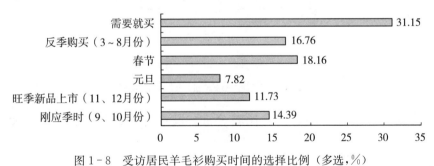

图 1-8 受访居民羊毛衫购买时间的选择比例（多选,％）

4. 消费者羊毛衫购买地点以百货商场、专卖店为主

由图 1-9 可知，38.75％的受访居民通常在百货商场购买羊毛衫，35.20％的受访居民在专卖店购买羊毛衫，15.63％的受访居民在批发/零售市场购买，9.15％的受访居民通过网络购买，1.27％的受访居民在地摊购买。可见消费者购买羊毛衫的渠道以百货商场、专卖店为主，主要原因在于百货商场、专卖店羊毛衫款式多样，质量有保证，销售人员服务水平较高，且售后服务有保障，更能满足消费者的购物需求。

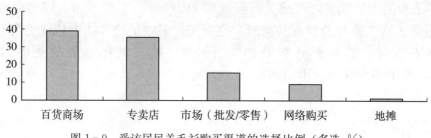

图 1-9 受访居民羊毛衫购买渠道的选择比例（多选，%）

（三）羊毛制品消费偏好分析

1. 与混纺羊毛制品相比，受访居民更偏好于纯羊毛制品

从图 1-10 可以看出，57.98％的受访居民偏好纯羊毛制品，42.02％的受访居民偏好与其他纤维混纺的羊毛制品，偏好纯羊毛制品的受访居民所占比例比偏好混纺羊毛制品居民高 15.96 个百分点。可见，与混纺羊毛制品相比，受访居民更偏好于纯羊毛制品。这主要是因为虽然混纺羊毛制品色泽鲜艳，且价格较低，但手感粗糙、呆板紧结、弹性差、温暖感也差、光泽暗沉，而纯羊毛制品手感滑润、蓬松丰满、富有弹性、温暖感强、光泽柔和，因此消费者更偏好于纯羊毛制品。

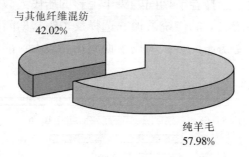

与其他纤维混纺
42.02％

纯羊毛
57.98％

图 1-10 受访居民羊毛制品材质偏好的选择比例

2. 受访居民羊毛衫可接受价格比较分散，其中选择比例最高的是 200～400 元之间

从图 1-11 可知，22.16％的受访居民羊毛衫可接受价格在 200 元以下，35.42％的受访居民羊毛衫可接受价格在 200～400 元之间，24.05％的受访居民羊毛衫可接受价格在 400～600 元之间，14.77％的受访居民羊毛衫可接受价格在 600～1 000 元之间，3.60％的受访居民羊毛衫可接受价格在 1 000 元以上。由此可以看出，受访居民羊毛衫可接受价格比较分散，其中可接受价格选择比例最高的是 200～400 元之间。国家绒毛用羊产业技术体系产业经济研究团队在实地调查中了解到，多数居民认为羊毛衫价格并不是越低越好，而是与羊毛含量有关，不同居民所购羊毛衫含量不同，能够接受的羊毛衫价格也就不同。

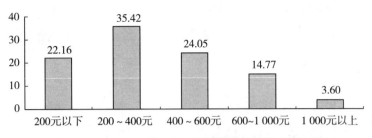

图 1-11　受访居民羊毛衫可接受价格的选择比例（%）

3. 受访居民购买羊毛衫时舒适度是比较重要的一大因素

　　为了解消费者对羊毛制品各方面的重视程度，以羊毛衫为例，列举 10 个主要方面让受访者打分，分值从 1~5 依次为非常不重要、不重要、重要、比较重要、非常重要。根据表 1-10 可以看出，受访居民对羊毛衫各方面重视程度的平均值均在 3 分以上，这说明消费者在购买羊毛衫时认为这 10 个方面都达到了"重要"的程度，各方面之间的平均分值差异不大，其中舒适度的平均分值在 4 分以上，说明消费者在购买羊毛衫时认为舒适度比较重要。

表 1-10　受访居民对羊毛衫各方面重视程度的排序

排位	偏好因素	平均分值
1	舒适度	4.18
2	保暖性	3.99
3	价格	3.96
4	做工	3.89
5	材质	3.85
6	款式	3.79
7	色彩	3.51
8	易保养	3.47
9	品牌	3.15
10	服务水平	3.01

（四）羊毛制品消费评价分析

1. 认为当前羊毛衫、羊毛外套（西装）价格比较高，羊毛围巾价格可以接受的受访居民比例最高

　　从图 1-12 可以看出，就当前羊毛衫价格来说，24.81%的受访居民认为价格太高，42.42%的受访居民认为比较高，32.77%的受访居民认为可以接受；就羊毛外套（西装）而言，40.15%的受访居民认为当前价格太高，43.56%的受访居民认为比较高，16.10%的受访居民认为可以接受；就羊毛围巾而言，22.16%的受访居民认为当前价格太高，30.68%的受访居民认为比较高，45.64%的受访居民认为可以接受。由此可见，认为当前羊毛衫、羊毛外套（西装）价格比较高，羊毛围巾价格可以接受的受访居民比例最高。

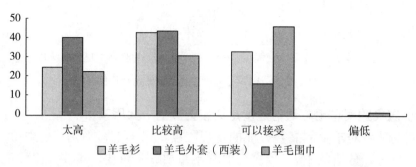

图1-12　受访居民对目前主要羊毛制品价格评价的选择比例（%）

2. 对羊毛制品性价比、质量、颜色、款式满意，对羊毛制品舒适度、保暖性比较满意的受访居民比例最高

为了解消费者对羊毛制品各方面的满意程度，以羊毛衫为例，列举6个主要方面让受访者打分，分值从1~5依次为非常不满意、不满意、满意、比较满意、非常满意。根据表1-11可以看出，受访居民对羊毛衫各方面满意程度的平均分值均在3分左右，这说明消费者对目前羊毛制品总体是满意的；保暖性和舒适度满意程度比较接近，排在前两位，其次是颜色、质量，满意程度最低的是性价比，平均分值为2.75。

表1-11　受访居民对羊毛制品各方面满意程度的排序

排位	因素	平均分值
1	保暖性	3.49
2	舒适度	3.41
3	颜色	3.16
4	质量	3.10
5	款式反映的流行程度	2.95
6	性价比	2.75

（五）羊毛制品与其他纺织原料制品的竞争状况

1. 羊毛制品面临其他纺织原料制品，尤其是棉制品、化纤制品的竞争威胁

羊毛制品在透气性、吸湿性、保暖性、隔热性以及柔软性方面有着天然的优势，但羊毛制品也的确存在不易打理、不宜存放等问题，而且与其他竞争性纤维相比，羊毛的纺纱与织布成本较高，羊毛制品深受其他纺织原料制品的威胁。根据表1-12可知，2012年受访居民棉制品人均购买量最多，为3.79件，比羊毛制品多59.24%，人均消费额却比羊毛制品少 24.04%；化纤制品人均购买量为 2.71 件，比羊毛制品多 13.87%，人均消费额比羊毛制品少 69.63%。由此可以看出棉制品，凭借其同样纯天然、舒适的纺织特性和相对较低的价格，对羊毛制品的竞争威胁最大。

表 1 - 12 2012 年受访居民主要纤维制品人均购买情况

纤维制品类型	人均购买量（件）	人均消费额（元）
羊毛制品	2.38	1 079.66
棉制品	3.79	820.13
化纤制品	2.71	327.85
羽绒制品	1.05	714.56
麻制品	0.33	77.42
丝制品	0.40	126.93

2. 羊毛制品在保暖性、舒适度及质量方面具有竞争性优势

根据图 1 - 13 可知，66.85% 的受访居民认为与其他纺织原料制品相比，羊毛制品的保暖性更能满足其需要，49.54% 的受访居民认为羊毛制品的舒适度比其他纺织原料制品更强，43.65% 的受访居民认为羊毛制品的质量更有保证，而在羊毛制品颜色、时尚流行、易搭配、易护理方面得到满足的受访者分别只有 2.95%、8.29%、5.52%、4.24%。由此看来，羊毛制品虽然存在颜色较为单一、款式保守陈旧、不易护理、不易搭配等问题，但其在保暖性、舒适度以及质量方面具有一定的竞争性优势。

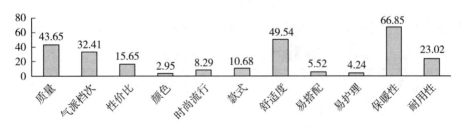

图 1 - 13 受访居民羊毛制品与其他纺织原料制品相比竞争优势的选择比例（多选，%）

3. 多数受访居民认为棉制品、羽绒制品可以替代羊毛制品，羊毛制品可替代程度较高

由图 1 - 14 可以看出，62.06% 的受访居民认为棉制品可以替代羊毛制品，48.62% 的受访居民认为羽绒制品可以替代羊毛制品，而只有 18.23% 的受访居民认为羊毛制品无法替代。由此看来，多数受访居民对羊毛制品没有很强的需求偏好，认为棉制品、羽绒制品均可以替代羊毛制品，羊毛制品可替代程度较高。

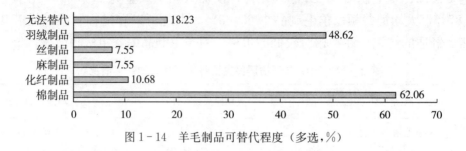

图 1 - 14　羊毛制品可替代程度（多选，%）

三、我国羊绒制品消费现状

为研究我国羊绒制品消费现状，了解消费者羊绒制品消费行为，国家绒毛用羊产业技术科研团队选择全国 16 个城市、11 个县作为样本调查点，于 2013 年 2 月对这些调查点的消费者进行问卷调查。本部分将根据此次调研的数据进行如下几个方面的分析：羊绒制品消费数量金额与品种结构情况分析；消费者羊绒制品购买行为分析；消费者购买羊绒制品的偏好分析；消费者购买羊绒制品的评价分析；羊绒制品与其他纤维制品竞争情况分析。

（一）羊绒制品消费数量金额与品种结构情况

1. 城镇居民羊绒制品人均消费金额与购买数量多于农村居民

根据表 1 - 13 显示，在被调查者中，购买羊绒制品的城镇居民的比例为 52.87%，农村居民的比例为 26.88%，城镇居民的比例远高于农村居民；城镇居民人均羊绒制品消费额为 711.96 元，远高于农村居民的 228.14 元；从人均购买量来看，城镇居民的人均购买量为 0.92 件，也高于农村居民的 0.43 件。

表 1 - 13　城乡居民羊绒制品人均消费数量金额情况

居民类型	购买羊绒制品的比例（%）	人均消费额（元）	人均购买量（件）
城镇	52.87	711.96	0.92
农村	26.88	228.14	0.43

2. 女性比男性倾向于消费更多金额与更多数量的羊绒制品

从表 1 - 14 可以看出，在被调查者中，男性比例为 40.96%，女性比例为 44.22%，女性更倾向于消费羊绒制品；从人均消费金额看，男性为 425.76 元，女性为 605.48 元，女性人均消费金额高于男性；从人均购买量看，男性为 0.63 件，女性为 0.82 件，女性人均购买量高于男性。

表 1-14 不同性别的消费者羊绒制品人均消费数量金额情况

性别	购买羊绒制品的比例（%）	人均消费额（元）	人均购买量（件）
男	40.96	425.76	0.63
女	44.22	605.48	0.82

3. 60 岁以上消费者较少购买羊绒制品；35 岁以下年轻人购买较多数量的羊绒制品

由表 1-15 可知，60 岁以上的消费者购买羊绒制品的比例最低，为 24%，并且 60 岁以上的消费者羊绒制品的人均消费额与购买数量分别为 115.32 元、0.4 件，与其他年龄层相比是最少的；还可以看出，19~25 岁及 25~35 岁这两个年龄段的羊绒制品人均购买数量分别为 0.91 件、0.92 件，比其他年龄层都多。

表 1-15 不同年龄的消费者羊绒制品人均消费数量金额情况

年龄	购买羊绒制品的比例（%）	人均消费额（元）	人均购买量（件）
19~25	55.56	432.78	0.91
25~35	39.03	606.16	0.92
35~45	39.26	490.6	0.62
45~60	48.78	568.28	0.67
60~79	24	115.32	0.40

4. 收入越高的消费者越倾向于消费较多金额、购买较多数量的羊绒制品

由表 1-16 可知，低收入消费者购买羊绒制品的比例为 17.64%，高收入消费者购买羊绒制品的比例为 57.15%，随着个人收入水平的提高，被调查者购买羊绒制品的比例总体是升高的。由表 1-16 可看出，低收入消费者羊绒制品的人均消费金额、人均购买数量分别为 109.84 元、0.25 件，高收入消费者羊绒制品的人均消费金额、人均购买数量分别为 785.71 元、0.82 件，高收入消费者羊绒制品的人均消费金额与数量均高于低收入消费者。

表 1-16 不同收入的消费者羊绒制品人均消费数量金额情况

居民类型	购买羊绒制品的比例（%）	人均消费额（元）	人均购买量（件）
低收入（5 000 元以下）	17.64	109.84	0.25
中等偏下收入（5 000~9 999 元）	43.34	458.44	0.64
中等收入（10 000~49 999 元）	50.51	717.87	0.69
中等偏上收入（50 000~100 000 元）	48.98	734.24	0.73
高收入（100 000 元以上）	57.15	785.71	0.82

5. 文化程度越高越倾向于消费较多金额与数量的羊绒制品

根据表1-17可知，未受过教育的消费者购买羊绒制品的比例为9.09%，研究生及以上学历的消费者购买羊绒制品的比例为55.34%，可见，随着学历的提高，购买羊绒制品的消费者的比例有所提高，不购买羊绒制品的消费者比例有所降低。未受过教育的消费者羊绒制品的人均消费金额与数量分别为59.9元、0.09件，而研究生及以上学历的消费者羊绒制品的人均消费金额与数量分别为908.5元、1.1件，可见，随着受教育水平的提高，羊绒制品人均消费金额与人均购买数量是增加的。

表1-17　不同文化程度消费者羊绒制品人均消费数量金额情况

受教育程度	购买羊绒制品的比例（%）	人均消费额（元）	人均购买量（件）
未受过教育	9.09	59.9	0.09
小学	10	181.82	0.16
初中	31.76	280.68	0.49
高中/中专/职高/技校	36.29	343.05	0.58
大学/大专	50.47	799.31	0.9
研究生及以上	55.34	908.05	1.1

6. 羊绒衫是羊绒制品消费的主要品种，其次是羊绒围巾、羊绒针织裤

为了解被调查者购买羊绒制品的品种结构情况，我们在调研问卷中列举出主要羊绒制品并设计了"您2012年各种羊绒制品全年购买量"的问题。由图1-15可以看出，在各种羊绒制品中，羊绒衫的购买数量所占比例为51.71%，羊绒针织裤为15.93%，羊绒围巾为19.84%，其他为12.52%，从以上比例可以看出，羊绒衫的购买数量占据一半的羊绒制品购买量，居第一位，其次是羊绒围巾，然后是羊绒针织裤。

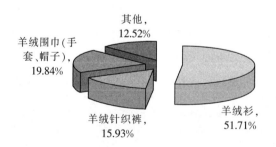

图1-15　羊绒制品购买的品种结构情况

（二）消费者羊绒制品购买行为分析

1. 消费者在购买羊绒制品时，首要考虑的因素是羊绒制品的价格

为了解被调查对象购买羊绒制品时考虑的首要因素，我们在调研问卷中列出各种

备选因素，被调查者需要从这些因素中选出一项，其中，我们设置的备选因素有：个人习惯、收入情况、羊绒制品价格、品牌、质量、款式、做工情况、棉化纤等其他制品的价格。根据表1-18显示，选择羊绒制品价格的比例最高，为34.62%，其次是选择收入情况的比例，为21.92%，第三是选择质量的比例，为15.10%，因此，消费者购买羊绒制品时首要考虑的因素按选择比例依次为羊绒制品价格、收入、制品质量。

表1-18　消费者购买羊绒制品时首要考虑因素的选择比例

首要考虑因素	选择比例（%）
羊绒制品价格	34.62
收入情况	21.92
质量	15.10
个人消费习惯	10.13
款式	8.84
品牌	6.26
其他制品价格	1.29
做工	0.92
其他因素	0.92

2. 消费者购买羊绒衫时，选择的品牌较为集中，排名前四位的品牌依次是恒源祥、鄂尔多斯、鹿王、梦特娇

为了解被调查对象购买羊绒衫时的品牌选择情况，我们列举了主要品牌，要求被调查对象选择购买过的品牌。根据图1-16所示，被调查对象的品牌选择较为集中，其中，选择恒源祥的比例占到所有选择项的39.41%，依次，鄂尔多斯为36.65%，鹿王为13.08%，梦特娇为9.94%。

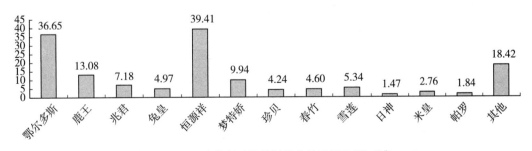

图1-16　消费者对羊绒衫品牌的选择比例（%）

3. 多数消费者在需要时购买羊绒衫，部分消费者选择在反季或刚应季时购买羊绒衫

为了解被调查对象购买羊绒衫的时间选择情况，我们列举出各种购买的时间点，要求被调查对象选择通常购买羊绒衫的时间。由图 1-17 可以看出，多数消费者选择在需要时就购买，没有特定时间限制，此比例为 43.83%；其次是在反季的时候购买，比例为 25.97%，此时羊绒衫价格较便宜；然后是在刚应季时或春节时购买；而选择在旺季新品上市时购买的比例较少，可能由于当季新款羊绒衫的价格较贵。

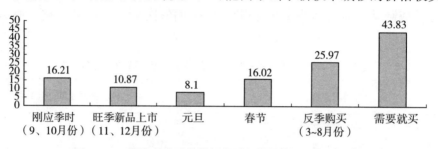

图 1-17　消费者购买羊绒衫的时间选择情况（多选，%）

4. 百货商场、专卖店是消费者主要购买羊绒衫的地点

为了解被调查对象购买羊绒衫的地点选择情况，我们列举各种购买地点，要求被调查对象选择通常购买羊绒衫的地点。根据图 1-18 显示，选择在百货商场购买的占所有选择项的 53.43%，选择在专卖店购买的占所有选择项的 47.87%，可见，百货商场与专卖店是主要购买羊绒衫的地点，通过市场、网络途径购买的则相对较少。

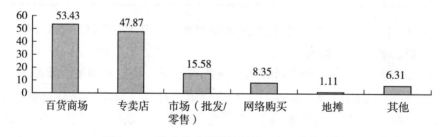

图 1-18　消费者购买羊绒衫的地点（多选，%）

（三）消费者购买羊绒制品的偏好分析

1. 多数消费者偏好纯羊绒制品

根据图 1-19 显示，在样本总体中，有 65.38% 的被调查者偏好纯羊绒制品，有 34.62% 的被调查者偏好与其他纤维混纺的羊绒制品，可见，大多数的消费者更喜欢纯羊绒的羊绒制品。纯羊绒制品同与其他纤维混纺的羊绒制品相比，除价格上有所差别以外，在制品的性能、款式上也有所不同，基于二者的差异，消费者做出偏好选择。

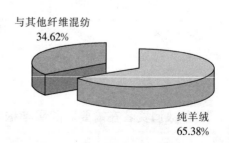

图 1-19　消费者喜欢的羊绒制品的材质

2. 大多数消费者能够接受的羊绒衫的价格为 2 000 元以下，消费者对 2 000 元以上的羊绒衫接受的比例很小

为了解消费者能够接受的羊绒制品的价格情况，我们以羊绒衫为例，设置 1 000 元以下、1 000～2 000 元、2 000～3 000 元、3 000～4 000 元、4 000 元以上等 5 个价格区间让被调查者选择。由图 1-20 可以看出，消费者对 1 000 元以下的羊绒衫的接受程度最高，为 61.88%，其次是 1 000～2 000 元的羊绒衫，比例为 33.89%，因此，共有 95.77% 的被调查者接受 2 000 元以下的羊绒衫，仅 4.23% 的被调查者能够接受 2 000 元以上的羊绒衫。

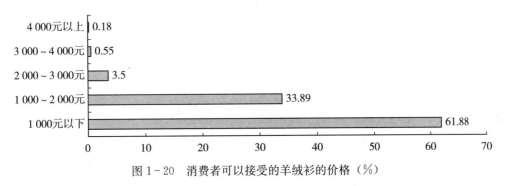

图 1-20　消费者可以接受的羊绒衫的价格（%）

3. 舒适度、价格、保暖性是消费者对羊绒衫较重视的 3 个方面

为了解消费者对羊绒制品各方面的重视程度，我们以羊绒衫为例，列举主要的 10 个方面让被调查者根据重要程度打分，分值从 1～5 依次分别为非常不重要、不重要、重要、比较重要、非常重要，分值越高，重要程度越高。根据表 1-19 可以看出，列表中各方面的平均值均在 3 分以上，说明这些方面都达到了"重要"的程度，并且各方面之间平均分值的差异并不大；其中，舒适度、羊绒衫价格、保暖性等 3 个方面的平均分值在 4 分以上，说明这 3 个方面比较重要。

表 1-19　消费者对羊绒衫各方面重视程度的排序

排序	偏好因素	平均分值
1	舒适度	4.24
2	羊绒衫价格	4.12
3	保暖性	4.09
4	做工	3.99
5	款式	3.87
6	易保养	3.71
7	色彩	3.65
8	流行	3.38
9	品牌	3.27
10	服务水平	3.03

（四）消费者对羊绒制品的评价

1. 消费者普遍认为羊绒制品价格偏高

为了解消费者对羊绒制品价格的评价情况，我们列举出 3 种主要的羊绒制品，要求被调查者分别对它们目前的价格进行评价。根据表 1 - 20 可知，在对羊绒衫价格的评价中，分别有 54.70%、35.54% 的被调查者认为羊绒衫价格太高、比较高，两比例之和为 90.24%，可见，超过 90% 的被调查者认为羊绒衫价格偏高；在对羊绒针织裤的评价中，太高、比较高的比例分别为 43.09%、37.02%，两者之和为 80.11%，可见，超过 80% 的被调查者认为羊绒针织裤的价格偏高；在对羊绒围巾（手套）价格的评价中，太高、比较高的比例分别为 39.23%、31.68%，两者之和为 70.91%，可见，有 70% 的被调查者认为羊绒围巾（手套）的价格偏高。通过对以上 3 种主要羊绒制品的价格评价可知，消费者普遍认为目前羊绒制品的价格偏高。

表 1 - 20　消费者对目前羊绒制品价格的评价（%）

	太高	比较高	可以接受	偏低
羊绒衫	54.70	35.54	9.76	0.00
羊绒针织裤	43.09	37.02	19.89	0.00
羊绒围巾（手套）	39.23	31.68	28.91	0.18

2. 消费者对市场上羊绒制品的各方面较为满意

为了解消费者对羊绒制品各方面的满意程度，我们列举了 6 个方面让被调查者根据满意程度打分，分值从 1~5 依次分别为非常不满意、不满意、满意、比较满意、非常满意，分值越高，满意程度越高。根据表 1 - 21 可以看出，被调查者对羊绒制品各方面的满意程度的打分均在 3 分左右，总体上，对目前羊绒制品是满意的；其中，满意程度最高的是保暖性、舒适度，其次是质量、颜色、流行程度，满意程度最低的是性价比，平均值为 2.86。

表 1 - 21　消费者对所购羊绒制品的满意程度

排序	因素	平均值
1	保暖性	3.62
2	舒适度	3.61
3	质量	3.38
4	颜色	3.19
5	款式反应的流行程度	3.11
6	性价比	2.86

（五）羊绒制品与其他纤维制品消费竞争情况分析

1. 羊绒制品人均购买量不足一件，棉制品、化纤制品、羽绒制品的人均购买量均多于羊绒制品

为了解消费者各种纤维制品的购买数量情况，对比分析羊绒制品与其他纤维的制品的购买数量情况，我们在问卷中设置了"2012年全年，您各种纤维制品购买数量情况"的问题。根据表1-22可以看出，人均购买数量最多的是棉制品，平均每人购买3.79件，其次是化纤制品，人均1.82件，然后是羽绒制品，人均1.05件，而羊绒制品的人均购买量仅为0.73件，不足一件，可见，与棉制品、化纤制品、羽绒制品相比，羊绒制品的购买量偏少。

表1-22　2012年各纤维制品购买数量金额情况

品种	羊绒制品	棉制品	化纤制品	羽绒制品	麻制品	丝制品
人均购买量（件）	0.73	3.79	1.82	1.05	0.33	0.4
人均消费金额（元）	523.06	820.04	327.85	714.28	77.42	126.93

2. 棉制品人均消费金额最多，其次是羽绒制品和羊绒制品

为了解消费者各种纤维制品的消费金额情况，对比分析羊绒制品与其他纤维制品的消费金额，我们在问卷中设置了"2012年全年，您各种纤维制品消费金额"的问题。根据表1-22可以看出，棉制品的人均消费金额最多，为820.04元，其次是羽绒制品，人均消费714.28元，然后是羊绒制品，人均消费523.06元，最后是化纤制品、丝制品、麻制品。

3. 与其他纤维制品相比，羊绒制品在舒适度、质量、保暖性、气派档次等方面更能满足消费者的需求

为了解与其他纤维制品相比，羊绒制品在哪些方面更能满足消费者的需要，我们列举了10个方面，让被调查者选择其中的一个或多个。根据表1-23可以看出，消费者选择购买羊绒制品是因为更看重羊绒制品在舒适度、质量、保暖性、档次方面所具有的优势，而在性价比、款式、流行程度、易护理、易搭配、颜色等方面，羊绒制品与其他纤维制品相比，在消费者心中并不具有优势。

表1-23　与其他制品相比，羊绒制品各方面更能满足消费者的程度的排序（多选，%）

排序	满足需要的方面	占总选择项的比例
1	舒适度	56.27
2	质量	42.07
3	保暖性	41.33
4	气派档次	36.90

（续）

排序	满足需要的方面	占总选择项的比例
5	性价比	13.84
6	款式	12.36
7	时尚流行	6.83
8	易护理	5.90
9	易搭配	5.35
10	颜色	3.50

4. 多数消费者认为羊绒制品可以被其他纤维制品替代，如果替代，通常选择用棉制品、羽绒制品替代羊绒制品

为了解消费者用其他纤维制品替代羊绒制品的偏好情况，我们列举出几种其他纤维制品，并同时设置"无法替代"这一选项，让被调查者选择其中的一个或多个。根据表1-24可知，仅有23.43%的比例选择无法替代这一项，可见，大多数被调查者认为羊绒制品是可以被其他纤维制品替代的；选择棉制品作为替代品的比例为53.51%，居首位，其次是选择羽绒制品的比例，为42.44%，而选择丝、化纤、麻制品的比例较少，可见，消费者更倾向于用棉制品、羽绒制品替代羊绒制品。

表1-24　消费者认为可以替代羊绒制品的其他纤维制品的排序（多选，%）

排序	可以替代的纤维制品	占总选择项的比例
1	棉制品	53.51
2	羽绒制品	42.44
3	无法替代	23.43
4	丝制品	10.33
5	化纤制品	8.49
6	麻制品	6.09

第五节　贸易发展历程及现状

一、羊毛贸易发展历程及现状

我国羊毛贸易自改革开放以后逐步活跃起来，尤其是从20世纪90年代开始，羊毛进口贸易增长很快，但贸易规模较不稳定。羊毛的国际贸易主要分为原毛[①]和洗净

---

① 原毛：包括未梳含脂剪羊毛（海关税则号：51011100）和未梳其他含脂羊毛（海关税则号：51011900）。

毛②贸易两类，根据联合国商品贸易统计数据库的数据计算，目前我国原毛和洗净毛的进口量均居世界第一，而出口量较少，以洗净毛出口为主，原毛出口量非常少。

（一）我国羊毛贸易规模变化情况

1. 我国原毛进口量呈波动增长之势，洗净毛进口量相对稳定

我国羊毛进口以原毛为主，洗净毛的进口量相对较少。我国原毛进口量不稳定，起伏较大，但总体呈增长趋势。根据联合国商品贸易统计数据库（UN Comtrade）的统计数据，在1980年即我国开始实施改革开放的第二年，我国原毛进口量仅为5.8万t，到1985年原毛进口量突破11万t，翻了一番。不过1990年原毛进口出现大幅减少，当年仅进口3.8万t，较1989年减少了52%，随后1991年快速回复至11万t，此后原毛进口连年上涨，到1994年原毛进口突破25万t。20世纪90年代我国原毛进口逐年增加的主要原因在于我国毛纺业的兴盛，从90年代中期开始，我国毛纺织工业取得长足进步，羊毛进口需求随之急剧增加。1998年的亚洲金融危机和2003年的进口羊毛价格暴涨，造成我国进口羊毛量又出现两次快速的回落，但是都维持在13万t以上。2006年我国原毛进口量再次超过25万t，此后几年除2008年有所回落外，其他年份原毛进口量一直维持在25万t以上。2012年我国原毛进口量为25.14万t，较1980年增长3.3倍。

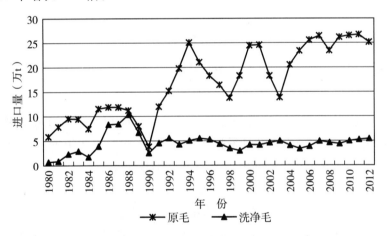

图1-21　我国原毛、洗净毛进口量历年变化（1980—2012年）

（数据来源：FAO数据库、UN Comtrade）

我国洗净毛的进口量不多，相对比较稳定，仅在改革开放初期出现一次明显的增加，20世纪80～90年代"羊毛大战"结束后便回落并稳定下来。1980年我国洗净毛进口量为0.68万t，到1988年迅速上升至10.33万t，增加9.65万t，增长了14.2

---

② 洗净毛：包括未梳未碳化脱脂剪羊毛（51012100）、未梳未碳化其他脱脂羊毛（51012900）和未梳碳化羊毛（51013000）三类。

倍。随后两年我国洗净毛进口出现快速回落，到 1990 年进口量仅为 2.5 万 t，较 1988 年回落了 3/4。此后，我国洗净毛进口量一般维持在 3 万～5 万 t。2012 年我国洗净毛的进口量为 5.42 万 t，较 1980 年增长了 7 倍。

2. 我国原毛出口量逐渐萎缩，洗净毛出口量起伏较大

1980 年以来，我国原毛出口量一直较少，出口量最大的年份出现在 1997 年，为 8 819t。此后原毛出口骤减，2006 年开始我国原毛出口一直不足 1 000t。2011 年我国原毛出口量仅为 24.29t，较 1980 年减少了 99.6%。2012 年我国原毛出口量减至零。

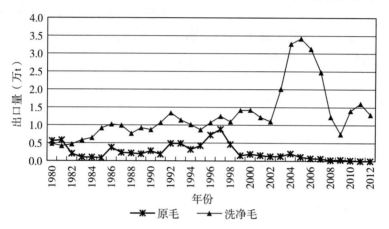

图 1-22　我国原毛、洗净毛出口量历年变化（1980—2012 年）
（数据来源：FAO 数据库、UN Comtrade）

我国洗净毛出口量大于原毛，且大体呈现波动增长的趋势。1980 年我国洗净毛出口量为 4 798t，至 2002 年出口量为 1.1 万 t，较 1980 年增长了 1.3 倍。2002 年以前，我国洗净毛出口总体呈缓慢增长之势，从 2002 年开始到 2004 年，我国洗净毛出口量出现井喷式增长，2004 年出口量达到 3.3 万 t，比 2002 年增长了 2 倍。2005 年洗净毛出口数量为 3.4 万 t，再创出口量新高，但增速有所放缓，2006 年开始出现大幅下降，且逐年减少，一直到 2009 年，洗净毛出口仅为 7 000t，又回落至 1988 年的出口水平。这一阶段我国洗净毛出口快速减少的原因主要是 2008 年以来的国际金融危机，导致全球经济衰退，毛纺织业需求大幅萎缩，造成国际用毛需求的快速下降。2010 年国际羊毛需求逐渐恢复，至 2012 年我国洗净毛出口达到 1.29 万 t，较 2009 年增长了 72.1%，较 1980 年增长 1.7 倍。

（二）我国羊毛贸易对手国变化情况

1. 澳大利亚稳居我国原毛第一大进口来源国，新西兰目前为我国洗净毛第一进口来源国

联合国商品贸易统计数据库的数据显示，我国原毛进口来源国主要有澳大利亚、新西兰、南非、乌拉圭和阿根廷等国。2002 年以来，澳大利亚一直位居我国原毛第一大进口来源国，我国每年从澳大利亚进口的原毛数量均在 14 万 t 以上，近几年在 17 万 t 左右，占我国历年进口原毛数量的 70% 左右。新西兰多年来是我国原毛第二大进口国，2002 年我国从新西兰进口原毛的数量达 12 万 t，仅次于澳大利亚；此后几年我国从新西兰的原毛进口量逐年下滑，远低于从澳大利亚进口的原毛数量。南非也是我国原毛主要进口国，我国从南非的原毛进口量有逐年增长之势，2012 年南非甚至超过新西兰，成为我国第二大原毛进口国。我国从乌拉圭和阿根廷的原毛进口量一般在 1 万 t 之内。

表 1-25　2002—2012 年我国原毛进口国前五位变动情况（万 t）

位次	2002		2006		2010		2012	
	国家	进口量	国家	进口量	国家	进口量	国家	进口量
1	澳大利亚	14.79	澳大利亚	17.74	澳大利亚	17.47	澳大利亚	17.12
2	新西兰	11.89	新西兰	2.54	新西兰	2.97	南非	1.55
3	爱尔兰	2.19	乌拉圭	1.05	南非	1.16	新西兰	2.78
4	比利时	0.43	南非	0.48	乌拉圭	0.94	乌拉圭	0.48
5	美国	0.12	美国	0.52	阿根廷	0.55	阿根廷	0.26

数据来源：UN Comtrade。

我国洗净毛进口来源国主要有新西兰、澳大利亚、蒙古国、乌拉圭和土耳其等国。2002 年，澳大利亚是我国洗净毛第一大进口来源国，新西兰紧随其后，位居进口来源国第二，我国从这两个国家进口的洗净毛数量占我国当年全年进口量的 64%。至 2006 年，新西兰超过澳大利亚成为我国第一大洗净毛进口来源国，且进口量逐年增长，目前我国从新西兰进口的洗净毛数量占我国全年洗净毛进口数量的 50% 以上。我国从蒙古国、乌拉圭、土耳其和英国等国也进口洗净毛，但进口数量均不足 1 万 t，远低于从新西兰进口的洗净毛数量。

表 1-26　2002—2012 年我国洗净毛进口国前五位变动情况（万 t）

位次	2002		2006		2010		2012	
	国家	进口量	国家	进口量	国家	进口量	国家	进口量
1	澳大利亚	1.90	新西兰	0.94	新西兰	2.16	新西兰	3.02
2	新西兰	1.03	澳大利亚	0.83	蒙古国	0.70	蒙古国	0.52
3	蒙古国	0.37	蒙古国	0.55	乌拉圭	0.39	英国	0.41
4	哈萨克斯坦	0.30	乌拉圭	0.25	土耳其	0.31	土耳其	0.40
5	乌拉圭	0.20	英国	0.25	澳大利亚	0.29	乌拉圭	0.33

数据来源：UN Comtrade。

2. 我国原毛基本全部出口至尼泊尔和印度，洗净毛出口至韩国、尼泊尔和比利时等国

我国原毛的出口量非常少，且基本全部出口至尼泊尔和印度两个周边国家。据联合国商品贸易统计数据库的数据，我国原毛大部分出口至尼泊尔，2002 年我国对尼泊尔出口 1 249t 原毛，占当年我国原毛出口的 99.7%；此后几年至 2010 年，我国对尼泊尔出口的原毛数量占全国原毛出口量的比例一直在 80% 以上；2010 年对尼泊尔的原毛出口量明显减少，占全国原毛出口量的比例降至 41.3%，2011 年该比例上升至 100%。我国对印度出口的原毛较少，对其出口量最多的年份是 2004 年，也仅为 354t 原毛。近年来随着我国原毛出口数量的逐年下滑，我国对尼泊尔和印度的原毛出口数量也大幅减少。

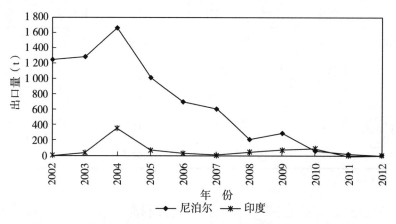

图 1-23　我国原毛出口目的国出口量变化情况（2002—2012 年）

（数据来源：FAO 数据库、UN Comtrade）

我国洗净毛出口数量不多，出口国较为分散。联合国商品贸易统计数据库数据显示，我国洗净毛出口目的国有韩国、尼泊尔、比利时、日本等国。2002 年，我国洗净毛主要出口至比利时、韩国等亚欧国家，对这两个国家的洗净毛出口量占当年我国洗净毛量出口的 22%。此后，2006 年我国对印度的洗净毛出口增加，仍以亚欧国家为主。近两年韩国一直是我国洗净毛出口的第一目的国，对其出口量在 0.23 万 t 左右，占我国洗净毛出口的 15% 以上。比利时也是我国洗净毛主要出口地，一直位居我国洗净毛出口国的前三位。此外，我国对尼泊尔的洗净毛出口量呈逐年增长之势，目前尼泊尔已是我国洗净毛第二大出口目的国。

表 1-27　2002—2012 年我国洗净毛出口国前五位变动情况（万 t）

位次	2002		2006		2010		2012	
	国家	出口量	国家	出口量	国家	出口量	国家	出口量
1	比利时	0.12	印度	0.89	韩国	0.23	韩国	0.24
2	韩国	0.12	比利时	0.41	比利时	0.20	尼泊尔	0.21

（续）

位次	2002		2006		2010		2012	
	国家	出口量	国家	出口量	国家	出口量	国家	出口量
3	荷兰	0.04	英国	0.23	尼泊尔	0.19	比利时	0.21
4	意大利	0.04	意大利	0.23	印度	0.15	日本	0.13
5	日本	0.04	尼泊尔	0.22	日本	0.13	英国	0.06

数据来源：UN Comtrade。

（三）我国羊毛贸易格局现状

1. 2012 年我国 68.1% 的原毛自澳大利亚进口，55.8% 的洗净毛自新西兰进口

联合国商品贸易统计数据库资料显示，2012 年我国原毛的进口量为 25.14 万 t，分别自 22 个国家进口。其中，从大洋洲的澳大利亚和新西兰两国进口的原毛数量最多。2012 年我国从澳大利亚进口原毛 17.12 万 t，占当年我国原毛进口的 68.1%，澳大利亚也继续位居我国原毛进口来源国之首。2012 年我国从新西兰进口原毛 2.78 万 t，占当年我国原毛进口的 11%，新西兰是我国第二大原毛进口来源国，但从该国进口的原毛数量仅是我国从澳大利亚进口原毛数量的 16%。2012 年我国从南非进口 1.55 万 t 原毛，占当年我国原毛进口的 6.2%。我国从乌拉圭、英国和西班牙也进口部分原毛，但进口量均小于 5 000t，占我国全年原毛进口量的比例不足 2%。此外，我国还从欧洲其他国家、美洲的美国和智利以及亚洲周边国家如哈萨克斯坦等国进口少量原毛，但数量十分有限。

表 1-28　2012 年我国原毛、洗净毛前十位进口来源国的进口量及比重

名次	原毛			洗净毛		
	国家	进口量（万 t）	比重（%）	国家	进口量（万 t）	比重（%）
1	澳大利亚	17.12	68.1	新西兰	3.02	55.8
2	新西兰	2.78	11.0	蒙古国	0.52	9.7
3	南非	1.55	6.2	英国	0.41	7.5
4	乌拉圭	0.48	1.9	土耳其	0.40	7.4
5	英国	0.47	1.9	乌拉圭	0.33	6.1
6	西班牙	0.46	1.8	澳大利亚	0.22	4.1
7	比利时	0.37	1.5	哈萨克斯坦	0.21	3.9
8	法国	0.32	1.3	吉尔吉斯斯坦	0.06	1.2
9	阿根廷	0.26	1.0	阿根廷	0.05	0.8
10	荷兰	0.25	1.0	俄罗斯	0.03	0.6
—	合计	24.05	95.7	合计	5.25	97.1

数据来源：UN Comtrade。

2012年我国洗净毛的进口量为5.42万t，自世界31个国家进口。其中，从新西兰进口洗净毛最多，达3.02万t，占当年我国进口洗净毛的55.8%。2012年我国从蒙古国进口洗净毛5 240t，占9.7%，居进口来源国第二位。我国还分别从英国和土耳其进口4 085t和4 020t洗净毛，分别占7.5%和7.4%。我国从乌拉圭、澳大利亚和哈萨克斯坦三国进口的洗净毛分别为2 000～3 000t，平均占4.7%。我国从其他地区进口洗净毛的数量较少，均不足1 000t。

2. 2012年我国洗净毛主要出口至韩国、尼泊尔和日本等周边国家以及比利时、德国等欧洲国家，原毛出口为零

2012年我国原毛出口量为零，洗净毛出口量为1.29万t。我国洗净毛出口至韩国、尼泊尔、比利时、日本和德国等25个国家。我国洗净毛出口量不大，主要出口至周边邻国及欧洲部分国家，且出口目的国相对分散。根据联合国商品贸易统计数据库数据计算，2012年我国对韩国出口洗净毛2 429t，占当年我国洗净毛出口的18.8%，是我国第一大洗净毛出口目的国。2012年我国对尼泊尔出口洗净毛2 148t，占当年我国洗净毛出口的16.7%；对比利时出口2 066t洗净毛，占当年出口量的16%；还对日本出口1 299t洗净毛，占当年出口量的10.1%。对其他国家的洗净毛出口量均小于1 000t。

表1-29　2012年我国洗净毛前十位出口目的国的出口量及比重

位次	国家	出口量（t）	比重（%）
1	韩国	2 429	18.8
2	尼泊尔	2 148	16.7
3	比利时	2 066	16.0
4	日本	1 299	10.1
5	德国	963	7.5
6	英国	604	4.7
7	意大利	561	4.4
8	印度	480	3.7
9	葡萄牙	397	3.1
10	泰国	265	2.1
—	合计	11 395	88.50

数据来源：UN Comtrade。

二、羊绒贸易发展历程及现状

羊绒贸易大体可以分为原绒和无毛绒两类，目前我国是世界第一大原绒进口国和无毛绒进口国。在进口贸易中，我国原绒的进口量大于无毛绒；在出口贸易中，我国无毛绒的出口量又大于原绒。我国羊绒贸易的对手国也比较集中，贸易规模相对较小。

（一）贸易规模变动情况

1. 我国原绒进口量总体增长，无毛绒进口量相对稳定，原绒进口量大于无毛绒进口量

2002—2012 年，我国原绒的进口量总体呈现增长的趋势，无毛绒进口量相对比较稳定，大体维持在 2 000~4 000t 之间。2012 年我国原绒进口量为 7 521t，较 2002 年的 802t 增长了 9.3 倍；2012 年无毛绒进口量为 2 427t，较 2002 年的 1 680t 增长了 1.4 倍。

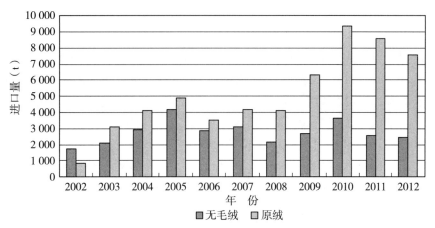

图 1 - 24　我国无毛绒和原绒进口量变化（2002—2012 年）

（数据来源：UN Comtrade）

进入 21 世纪以来，受劳动力成本优势吸引，国外毛纺织业加快向中国转移，我国羊绒加工能力快速提升，羊绒进口逐年增长。2006 年开始，由于世界羊绒市场需求放缓，羊绒产量过剩问题逐渐显现，各个国家对羊绒原毛及其产品的进出口量都有比较明显的下降，尤其是到 2008 年，受金融危机影响，供过于求的矛盾突出，我国羊绒进口明显减少。2009 年和 2010 年随着世界经济的恢复，我国羊绒进口显著增长，2010 年一度创历史进口新高，但此后受欧美债务危机等因素影响，国际市场形势一直难以改善，国际绒毛制品消费需求持续下降，我国羊绒进口量再次下滑。

2. 我国原绒出口较少，无毛绒出口具有明显优势但总体下降

2002 年以来，我国羊绒出口量波动较大，整体呈下降趋势。2012 年我国无毛绒出口量为 4 742t，较 2002 年的 9 748t 减少了 51.3％；2012 年原绒出口量仅为 72t，较 2002 年的 82t 减少了 12.3％。

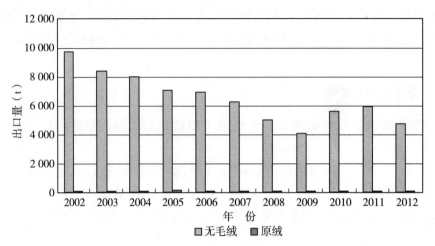

图 1-25　我国原绒和无毛绒出口量变化（2002—2012 年）

（数据来源：UN Comtrade）

由于我国是羊绒生产和加工大国，加之羊绒品质优势，我国无毛绒出口在国际贸易中很有竞争力，2012 年我国无毛绒出口量为 5 586t，占世界无毛绒出口量的 35.4％，居世界无毛绒出口量第一位。但自 2002 年以来无毛绒出口总体呈现下降趋势，主要原因是由于羊绒是我国高档毛纺织品的重要原料和出口创汇的重要商品，国家对羊绒出口实行总量控制，鼓励制成品出口数量，而减少或控制原料和初级产品出口数量[③]，导致我国无毛绒直接出口逐年减少。2012 年随着世界经济的缓慢复苏，羊绒消费需求增加，欧美等传统消费区域重新进入世界市场，采购力度加大，加之羊绒价格连创新高，促进我国羊绒企业积极出口创汇。

（二）贸易对手国变动情况

1. 我国羊绒主要进口来源国是蒙古国，无毛绒进口来源国有秘鲁、南非和蒙古国等

我国原绒进口来源国以周边的羊绒产区国家为主，主要从蒙古国进口，也从哈萨克斯坦、吉尔吉斯斯坦、阿富汗以及巴基斯坦等周边国家进口少量原绒。根据对联合国商品贸易统计数据库的数据整理，自 2002 年以来，蒙古国一直是我国第一大原绒进口来源国，2002 年我国原绒进口量较少，从蒙古国进口 323t 原绒，占当年我国原绒进口总量的 40.3％；2006 年从蒙古国进口 1 301t 原绒，占当年我国原绒进口量的

---

③　国务院办公厅关于加强羊绒产销管理的通知．国办发〔1995〕52 号，1995.10.19（823）。

37.5%；2010 年我国进口原绒数量激增，其中从蒙古国就进口原绒 6 845t，占当年原绒进口量的 73.2%；至 2012 年我国从蒙古国进口 6 080t 原绒，占当年我国原绒进口量的比例高达 80.8%。哈萨克斯坦 2006 年成为我国第二大原绒主要进口来源国，此后对我国一直保持相当数量的原绒输入，2006 年和 2010 年对我国羊绒输入量在 600t 以上，2012 年有所减少，为 433t。近年来，阿富汗也成为我国原绒的主要进口国，一直位居我国原绒进口国第三位。巴基斯坦和吉尔吉斯斯坦也是我国的原绒进口来源国，不过进口量相对较少，不足 300t。

表 1-30　2002 年以来我国原绒进口来源国前五位变动情况（t）

位次	2002		2006		2010		2012	
	国家	进口量	国家	进口量	国家	进口量	国家	进口量
1	蒙古国	323	蒙古国	1 301	蒙古国	6 845	蒙古国	6 084
2	瑞士	137	哈萨克斯坦	622	哈萨克斯坦	621	哈萨克斯坦	433
3	吉尔吉斯斯坦	107	土库曼斯坦	580	阿富汗	483	阿富汗	335
4	土耳其	63	比利时	357	德国	260	巴基斯坦	240
5	比利时	52	吉尔吉斯斯坦	143	吉尔吉斯斯坦	236	吉尔吉斯斯坦	156

数据来源：UN Comtrade。

我国无毛绒进口来源国主要有秘鲁、南非、蒙古国、玻利维亚和伊朗等。2002 年以来，秘鲁、南非和蒙古国一直位居我国无毛绒进口的前三大来源国，尤以秘鲁无毛绒进口最多，我国每年从秘鲁进口的无毛绒数量占历年我国无毛绒进口量的一半以上；南非是我国第二大无毛绒进口国，从秘鲁和南非两个国家的无毛绒进口量合计均占历年我国无毛绒进口量的 70% 以上。蒙古国是我国第三大无毛绒进口国，但进口量远小于上面两个国家，从蒙古国进口的无毛绒数量平均占我国历年无毛绒进口量的 7.4%。此外，我国从玻利维亚、伊朗等国也进口少量无毛绒，但进口量均不足 200t。

表 1-31　2002 年以来我国无毛绒进口国前五位变动情况（t）

位次	2002		2006		2010		2012	
	国家	进口量	国家	进口量	国家	进口量	国家	进口量
1	秘鲁	847	秘鲁	1 530	秘鲁	1 911	秘鲁	1 226
2	南非	370	南非	531	南非	1 035	南非	687
3	蒙古国	126	蒙古国	185	蒙古国	225	蒙古国	223
4	法国	76	玻利维亚	121	伊朗	81	玻利维亚	128
5	英国	45	莱索多	83	巴基斯坦	81	新西兰	33

数据来源：UN Comtrade。

2. 我国原绒主要出口至意大利、尼泊尔和日本等国，无毛绒主要出口至意大利、德国和英国等国

我国原绒出口量较少，每年出口不足 100t，主要出口日本、尼泊尔等周边国家或地区以及意大利等欧洲地区。据联合国商品贸易统计数据库数据整理，2002 年我国原绒仅出口 82t，主要出口至英国、日本和我国澳门地区等。2006 年比利时成为我国原绒第一大出口国，对其仅出口 35t，也是上述几年中对单个国家出口量最多的一例。2010 年对尼泊尔出口 22t，2012 年对意大利出口 29t。

表 1 - 32 2002 年以来我国原绒出口目的国或地区前五位变动情况（t）

位次	2002		2006		2010		2012	
	国家或地区	出口量	国家	出口量	国家	出口量	国家	出口量
1	英国	27	比利时	35	尼泊尔	22	意大利	29
2	日本	22	意大利	28	日本	9	尼泊尔	28
3	中国澳门	11	日本	16	意大利	5	日本	13
4	尼泊尔	8	尼泊尔	7	匈牙利	1	印度	3
5	韩国	8	韩国	6	比利时	1	—	—

数据来源：UN Comtrade。

我国无毛绒出口量较原绒多，主要出口至意大利、英国、德国等欧洲地区以及日本和韩国等周边国家。其中，意大利一直是我国无毛绒的第一大出口目的国，对其出口数量在 2 000～3 500t 之间，占我国历年无毛绒出口的 50% 左右。日本在 2002 年和 2006 年均是我国第二大无毛绒出口国，但对其出口数量明显减少，近年来随着日本绒毛加工业的衰退，日本已退居我国无毛绒出口第五位。我国对英国和德国的无毛绒出口量相对比较稳定，在 600～900t 之间。此外，韩国也是我国无毛绒主要出口国，对其出口量在 2010 年最低，仅有 531t，2002 年最高，超过 1 000t。

表 1 - 33 2002—2012 年我国无毛绒出口目的国前五位变动情况（t）

位次	2002		2006		2010		2012	
	国家	出口量	国家	出口量	国家	出口量	国家	出口量
1	意大利	3 386	意大利	3 474	意大利	2 899	意大利	2 120
2	日本	3 201	日本	982	德国	785	英国	827
3	韩国	1 058	英国	762	英国	642	韩国	610
4	英国	1 056	韩国	612	韩国	531	德国	518
5	德国	609	德国	522	日本	202	日本	345

数据来源：UN Comtrade。

（三）羊绒贸易格局现状

1. 2012 年我国原绒主要进口国是蒙古国，无毛绒主要进口国是秘鲁和南非

联合国商品贸易统计数据库数据显示，2012 年我国原绒的进口量为 7 521t，分别自 15 个国家进口。其中，从蒙古国进口的原绒数量最多。2012 年我国从蒙古国进口原绒 6 084t，占当年我国原绒进口的 80.9%。哈萨克斯坦是我国原绒第二大进口来源国，但从该国仅进口 433t，仅占从蒙古国进口量的 7%，占当年我国原绒进口总量的 5.8%。2012 年我国从阿富汗进口原绒 335t，占当年我国原绒进口的 4.5%，阿富汗是我国第三大原绒进口来源国，进口数量也相对不多。2012 年我国从巴基斯坦、吉尔吉斯斯坦等邻国也进口部分原绒，进口量在 100～300t，占我国全年原绒进口量的比例为 2%～3%。此外，我国还从比利时、伊朗、俄国等其他国家进口少量原绒，但数量十分有限，不足 100t。

表 1-34 2012 年我国原绒、无毛绒前十位进口来源国或地区的进口量及比重

名次	原绒			无毛绒		
	国家	进口量（t）	比重（%）	国家或地区	进口量（t）	比重（%）
1	蒙古国	6 084	80.9	秘鲁	1 226	50.5
2	哈萨克斯坦	433	5.8	南非	687	28.3
3	阿富汗	335	4.5	蒙古国	223	9.2
4	巴基斯坦	240	3.2	玻利维亚	128	5.3
5	吉尔吉斯斯坦	156	2.1	巴基斯坦	51	2.1
6	比利时	84	1.1	意大利	39	1.6
7	秘鲁	66	0.9	新西兰	33	1.3
8	伊朗	46	0.6	中国香港	13	0.5
9	俄罗斯	44	0.6	日本	6	0.2
10	土库曼斯坦	14	0.2	比利时	4	0.2
—	合计	7 501	99.7	合计	2 409	99.3

数据来源：UN Comtrade。

2012 年我国无毛绒的进口量为 2 427t，自世界 15 个国家进口。其中，从秘鲁进口无毛绒最多，达 1 226t，占当年我国进口无毛绒的 50.5%。2012 年我国从南非进口无毛绒 687t，占当年我国无毛绒进口的 28.3%，居进口来源国第二位。我国还分别从蒙古国和玻利维亚分别进口 223t 和 128t 无毛绒，各占 5.3% 和 2.1%。我国从意大利、新西兰、日本和比利时等国家或我国香港地区也进口少部分无毛绒，但数量较

少，均不足100t。

2. 2012年我国原绒全部出口至尼泊尔、意大利、日本和印度，无毛绒主要出口至意大利、德国等欧美地区以及韩国和日本等周边地区

我国原绒出口量很少，2012年仅出口72t，全部出口至意大利、日本、尼泊尔和印度四国。其中，我国对尼泊尔出口29t，占我国原绒总出口量的40.7%；对意大利出口27t，占我国原绒总出口量的38.3%。对日本出口13t，占我国原绒总出口量的17.4%。对印度出口3t，仅占3.6%。我国原绒出口量很少，即使是出口量最大的年份也不足100t，主要原因是由于国外劳动力等成本较高，许多国家纺织业纷纷将工厂搬到中国生产，而我国羊绒具有明显的资源优势和劳动力优势。目前世界超过90%的羊绒原料在中国完成初加工处理，带动中国羊绒制品加工能力迅速增强。原绒在我国大部分被直接加工，主要以已梳加工或制成品方式出口。

表1-35　2012年我国原绒、无毛绒前十位出口目的国或地区的出口量及比重

名次	原　绒			无毛绒		
	国家	出口量（t）	比重（%）	国家或地区	出口量（t）	比重（%）
1	尼泊尔	29	40.7	意大利	2 120.24	44.7
2	意大利	27	38.3	英国	826.50	17.4
3	日本	13	17.4	韩国	610.33	12.9
4	印度	3	3.6	德国	518.35	10.9
5				日本	344.65	7.3
6				中国香港	121.01	2.6
7				印度	95.19	2.0
8				土耳其	20.16	0.4
9				尼泊尔	14.89	0.3
10				蒙古国	9.43	0.2
—	合计	72	100.0	合计	4 680.74	98.7

数据来源：UN Comtrade。

2012年我国无毛绒出口目的国主要有意大利、英国、韩国、德国和日本等，我国对这5个国家的无毛绒出口量合计占我国无毛绒出口总量的90.5%。其中，意大利是我国无毛绒的主要出口国家，2012年我国对意大利的无毛绒出口量为2 120t，占当年出口无毛绒总量的44.7%；对英国的出口量为827t，占当年出口无毛绒总量的17.4%；对韩国、德国和日本三国的出口合计为1 473t，占31.1%。我国对印度、尼泊尔等周边地区以及土耳其等欧洲其他国家也出口部分无毛绒，但出口量相对较少，甚至不足100t。

欧美等发达地区是山羊绒的传统消费地，如表1-35所述，意大利、英国和德国等是山羊绒的进口大国，其羊绒进口主要来自我国。美国从我国进口羊绒数量也较

多，不过在 2007 年金融危机爆发后，该国经济持续衰退，羊绒等纺织品进口明显下滑。我国羊绒加工出口数量较多，但自主品牌尤其是名牌产品较少，在国际贸易中受欧洲市场影响也较大。

第六节　供求平衡发展历程及现状

绒毛是毛纺加工业的主要原料，作为世界绒毛大国，我国绒毛的供给和需求状况如何，既关系到我国农牧民绒毛生产，又关系到毛纺加工业发展。因此，分析我国绒毛供求平衡发展历程及现状无论对我国养羊业还是毛纺加工业都显得十分必要。本部分利用绒毛的生产量、进口量和出口量等数据，总结绒毛的供求平衡发展历程和现状，以了解我国绒毛的供给和需求变化情况，揭示我国绒毛的供求平衡情况，为我国绒毛产业的政策制定提供参考。由于国内绒毛库存量数据和需求量数据获取受限，本文用绒毛国内生产量加上净进口量作为绒毛的需求量。

一、羊毛供求平衡历程及现状

我国是世界羊毛大国，不论在羊毛生产、加工和贸易方面，均占有重要地位。我国羊毛供给量和需求量发生变化，将影响世界羊毛生产和贸易状况。

（一）我国羊毛供给量和需求量变化情况

1. 国内生产量：1992 年以来羊毛产量平稳增加

羊毛产量体现了国内羊毛生产水平和供给能力，自 1992 年以来，我国羊毛产量呈现平稳增加的趋势。从图 1 - 26 可知，我国羊毛产量从 1992 年的 23.82 万 t 波动增加至 2011 年的 39.31 万 t，年平均增长率为 2.67%。具体来看，我国羊毛产量先从1992 年的 23.82 万 t 增加到 1996 年的 29.81 万 t，随后又下降至 1997 年的 25.51万 t。1997 年以后，我国羊毛产量一直增加至 2005 年的历史最高水平 39.32 万 t。2006 年开始，羊毛产量波动下降，至 2009 年羊毛产量仅为 36.40 万 t。2010 年，羊毛产量恢复至 38.68 万 t，到 2011 年羊毛产量为 39.31 万 t。我国羊毛生产量于 2002年首次突破 30 万 t，达到 30.76 万 t。以 2002 年为分界点，将我国羊毛产量变动划分为两个阶段：第一阶段为 1992 年至 2002 年，原绒产量从 23.82 万 t 增加至 30.76万 t，年平均增长率为 2.59%；第二阶段为 1992 年至 2011 年，原绒产量从 30.76万 t 波动增加至 39.31 万 t，年平均增长率为 2.76%。可见，我国羊毛产量在突破 30万 t 以后增长相对较快。

2. 净进口量：1992 年以来羊毛贸易净进口量波动增加

1992—2011 年，我国羊毛的出口量一直很少，羊毛贸易一直表现为净进口，并且净进口量波动增加。我国羊毛净进口量从 1992 年的 14.46 万 t 波动增加至 2011 年的 23.02 万 t，年平均增长率为 2.48%。从图 1-26 可以看出，1992 年至 2011 年期间，我国羊毛净进口量波动较为剧烈。20 世纪 90 年代中期，我国毛纺加工业快发展，羊毛净进口量增加至 1994 年到 25.27 万 t，首次突破 20 万 t，较 1992 年增长了 74.82%；而后因为亚洲金融危机影响，我国羊毛净进口量下降至 1998 年的 12.66 万 t，为 1992 年至 2011 年期间的最低水平，较 1994 年下降了 49.90%；后期随着经济复苏，羊毛净进口量恢复至 2001 年的历史最高水平 25.99 万 t；2003 年羊毛净进口量受羊毛进口价格暴涨的影响，下降至 13.51 万 t；2004 年开始我国羊毛净进口量波动比较平稳，基本维持在 20 万 t 以上，至 2011 年羊毛净进口量为 23.02 万 t。羊毛的净进口贸易情况初步表明，随着我国毛纺加工业的发展，国内羊毛生产已经满足不了加工需求，尤其是近年来产需矛盾较为突出。

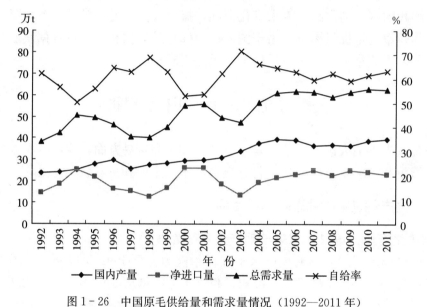

图 1-26　中国原毛供给量和需求量情况（1992—2011 年）
（数据来源：FAO 数据库、UN Comtrade 数据库）

3. 国内需求量：1992 年以来羊毛总需求量增加迅速

我国毛纺加工业发展所需要的羊毛，其供给途径只有两条，即国内羊毛生产和国外羊毛进口。1992 年至 2011 年期间，我国羊毛总需求量呈现迅速增加趋势，从 1992 年的 38.28 万 t 波动增加到 2011 年的 62.33 万 t，年平均增长率达到 2.60%。羊毛总需求量先后于 1993 年和 1994 年突破 40 万 t、50 万 t，分别达到 42.45 万 t 和 50.74 万 t。随后总需求量经历两个减增变动，于 2005 年突破 60 万 t，达到 60.98 万 t。以 1993 年、1994 年、2005 年三个突破点为分界线，1992 年至 1993 年期间，羊毛总需求量首次突破 40 万 t 的增长率为 10.90%；1993 年至 1994 年期间，羊毛总需求量首次突破 50 万 t 的增长率为 19.53%；1994 年至 2005 年期间，羊毛总需求首次突破 60 万 t 的年平均增长率为 1.69%；2005 年至 2011 年期间，羊毛总需求的年平均增长率为 0.36%。可见，我国羊毛总需求在 20 世纪 90 年代中期受毛纺加工业发展迅速的影响增长较快。

(二) 我国羊毛供求平衡情况

从前面的分析可以看出，每年我国均需要从国外进口羊毛才能满足国内加工需求，即初步表明国内羊毛市场供不应求。羊毛自给率是衡量羊毛供求平衡状况的重要指标之一，其定义为一个国家或地区在一年内羊毛生产量占总需求量的百分数，数值大小能够反映我国羊毛市场供求缺口情况和对外贸易依赖程度。从图 1-26 可以看出，1992 年至 2011 年期间，我国羊毛自给率小幅上升，总体从 1992 年的 62.23% 波动上升至 2011 年 63.07%，仅上升了 0.84 个百分点。具体来看，我国羊毛自给率在 1994 年达到最低值，仅为 50.19%。1994 年为我国毛纺加工业快速发展时期，国内对羊毛的需求量多，并且质量要求高。而毛纺工业主要需要的细羊毛国内产量低，尤其是 19μm 以下的细羊毛几乎全部依赖进口。国毛在数量和质量上均不能满足国内生产要求，使得我国对国外羊毛依赖加深，自给率水平低，成为全球最大的羊毛进口国。1994 年以后，我国羊毛自给率增加至 1998 年的 68.61%，较 1994 年增加了 18.42 个百分点；随后羊毛自给率下降至 2000 年的 53.05%，较 1998 年下降了 15.56 个百分点；此后由于受国际羊毛市场价格暴涨影响，我国羊毛自给率又回升至 2003 年的历史最高水平 71.45%；但是由于外国羊毛在质量等方面的不可替代，我国羊毛自给率又下降至 2007 年的 59.40%；2007 年以后，由于全球金融危机的影响，我国羊毛自给率小幅上升至 2011 年的 63.07%。我国羊毛自给率数值大小表明我国羊毛长期处于供不应求状态，我国每年生产的羊毛只能满足国内毛纺需求的 1/3（张艳花等，2010），供求缺口较大，羊毛进口依赖大。

二、羊绒供求平衡发展历程及现状

中国是世界上最大的羊绒生产国，也是世界羊绒制品的加工大国和消费大国，在国际羊绒市场中占有极其重要的地位。随着羊绒产业的不断发展，国内羊绒供给情况如何，以及国内羊绒生产能否满足加工需求，都是值得关注的问题，因此研究我国羊绒供求平衡发展历程及现状具有重要意义。考虑到无毛绒产量数据的不可获得，本部分主要分析我国原绒的供求平衡情况。

(一) 我国原绒供给量和需求量变化情况

1. 国内生产量：2002 年以来原绒产量平稳增长

从图 1-27 可以看出，2002 年至 2011 年期间，我国原绒产量呈现出平稳增长的趋势，从 11 765.00t 波动增加到 17 989.06t，年平均增长率为 4.83%，产量的平稳增长在一定程度上保障了国内原绒加工需求的供应能力。具体来看，在 2002 年至 2007 年期间，我国原绒产量一直保持较快速增长，原绒产量于 2007 年达到 18 483.39t，年平均增长率为 9.46％。原绒产量的快速增长一方面得益于绒山羊养殖数量的增加，另一方面得益于羊绒加工业加工量增加的需求推动。2007 年至 2009 年期间，受全球金融危机和国内禁牧政策影响，我国原绒产量开始下降，原绒产量在 2009 年仅有 16 963.71t，较 2007 年下滑了 8.22％。2010 年受原绒价格上涨带动，原绒产量增长至历史最高水平，为 18 518.48t，2011 年又下降至 17 989.06t。

2. 净进口量：2002 年以来原绒净进口量快速增长

随着我国羊绒产业的不断发展，羊绒制品的生产、出口企业增加，国内对羊绒原料的需求不断增加，国内自产的羊绒原料已经满足不了本土企业和外商投资企业生产和出口的需要，每年需要从国外进口大量羊绒（周建华，2010）。2002 年至 2011 年期间，我国原绒净进口量总体呈现快速增长趋势。2011 年我国原绒净进口量为 8 517.67t，较 2002 年的 720.11t 增长了 10 倍多，年平均增长率为 31.59％。从图 1-27 可以看出，我国原绒净进口量从 2002 年的 720.11t 一直增加到 2005 年的 4 725.12t，2006 年由于羊绒市场产能过剩，原绒净进口量开始出现回落，仅为 3 371.06t。此后两年虽然羊绒净进口量有所回升，但受到金融危机影响，回升缓慢。2009 年开始，随着世界经济复苏，我国原绒净进口量出现大幅提升，一直增长至 2010 年的 9 316.15t，为历史最高水平，2011 年又小幅下降至 8 517.67t。

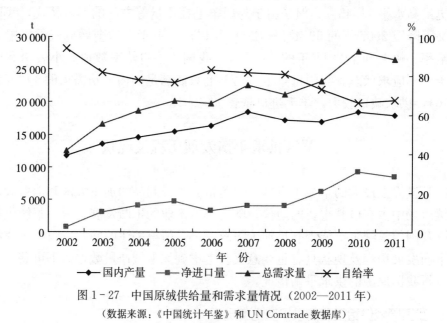

图 1-27　中国原绒供给量和需求量情况（2002—2011 年）

（数据来源：《中国统计年鉴》和 UN Comtrade 数据库）

3. 国内需求量：2002 年以来原绒总需求量快速增长

我国原绒总需求量从 2002 年的 12 485.11t 波动上升至 2011 年的 26 506.73t，增长了 1.12 倍，年平均增长率为 8.72％。我国原绒总需求量于 2005 年突破 2 万 t，达到 20 159.95t，较 2002 年增长了 0.61 倍，年平均增长率为 17.32％。2006 年我国原绒总需求量出现了小幅回落，降为 19 766.12t。2007 年开始，我国原绒总需求量又回归到 2 万 t 以上，2007 年、2008 年和 2009 年的原绒总需求量分别为 22 603.59t、21 224.51t 和 23 219.52t。2010 年我国原绒总需求量突破 2.5 万 t，达到历史最高水平的 27 834.63t，2011 年总需求量虽然下降，但是仍在 2.5 万 t 以上。我国原绒总需求量的波动增长变化，表明我国羊绒加工等需求日益旺盛。未来我国原绒需求将保持一定的增长趋势，主要基于以下三方面：第一，随着全球经济复苏，羊绒制品外销市场回暖，羊绒加工企业的国外订单增加将刺激对原绒的需求；第二，随着我国人民生活水平的提高，羊绒制品将受到更多人的青睐，内销市场的不断打开，将带动羊绒加工企业对原绒的需求；第三，随着棉纺企业向绒纺加工企业的转型和羊绒加工企业深加工能力的提升，羊绒企业数量有所增加，并且羊绒企业加工能力有所提升，将刺激对原绒的需求。

(二) 我国原绒供求平衡情况

我国原绒供求平衡情况主要通过原绒自给率指标反映，即一年内原绒国内产量占当年原绒消费需求总量的比重。如图 1-27 所示，2002 年至 2011 年期间，我国原绒自给率呈现出波动下降趋势，表明我国原绒供求平衡情况越来越表现为供不应求。2002 年我国原绒自给率为 94.23%，为历史最高水平，即 2002 年我国原绒需求主要依靠国内原绒生产量，对国际市场的依赖程度不大。此后，我国原绒自给率下降至 2005 年的 76.56% 水平。虽然 2006 年我国原绒自给率水平回升至 82.95%，但随后持续下降至 2010 年的 66.53%，首次低于 70% 的自给率水平。2010 年我国原绒国内产量、净进口量和总需求量均达到历史最高水平，世界经济形势的好转和国际消费市场订单回升，刺激了我国羊绒加工企业对原绒的需求，而国内绒山羊养殖受环境条件约束和禁牧政策影响，羊绒产量供给增加有限，2010 年仅比 2006 年增加了 2 123.42t。与国内原绒供给市场不同，2010 年我国从国际市场净进口的原绒量较 2006 年增加了 5 945.09t。可见，在 2006 年至 2010 年期间，我国原绒净进口量的增长更多，使我国羊绒加工企业对国际原绒市场的依赖较大。2011 年我国原绒自给率水平较 2010 年略有回升，为 67.87%，表明 2011 年我国近 1/3 的原绒需求都需要依赖国际市场进口，国内原绒供不应求，供需缺口较大。

第二章　世界绒毛用羊产业发展及借鉴

第一节　生产发展现状及特点

一、世界毛用羊产业发展现状

全球羊毛生产主要集中在大洋洲、亚洲以及北美洲部分国家，细羊毛主要分布于澳大利亚、中国、南非、阿根廷、新西兰、乌拉圭等国，半细毛生产以中国、新西兰、澳大利亚、乌拉圭、阿根廷为主，地毯毛生产以新西兰、中国、英联邦、印度、巴基斯坦等为主，其中澳大利亚、中国、新西兰、阿根廷、南非、乌拉圭等，羊毛产量约占全球羊毛产量的60%。澳大利亚是世界上最大的羊毛供应国，生产了世界上90%的服装用毛，年出口羊毛超过世界羊毛出口量的50%，在世界毛纺工业原料供应中举足轻重，近年来羊毛出口量呈现下降趋势；新西兰是第二大羊毛出口国，羊毛产量的79%用于出口，以半细毛及杂交羊毛为主，销往世界50多个国家和地区，羊毛出口量相对稳定。

（一）近20年几乎所有羊毛主产国羊毛产量都有所下降

由于羊毛价格和羊毛产品收益比20世纪80年代末低，除中国外，各国羊的存栏及羊毛产量都有所下降。从2003/2004年度到2010/2011年度，世界羊毛产量下降了6.6%，主产国澳大利亚、阿根廷、独联体、英国、乌拉圭和南非等羊毛产量下降了45%~60%。新西兰羊毛产量下降了30%（图2-1）。

（二）细型、超细型细羊毛比例上升，中细毛及粗毛比例下降

随着国际市场对轻薄、环保、高档化毛纺织品的消费看好，对羊毛品质的需求不断提高，原料市场对细羊毛和超细羊毛的需求量不断增加，需求改变了羊毛市场的供给状况，细型、超细型羊毛供给量上升。以澳大利亚为例，20年来超细型细羊毛（≤18.5μm）产量提高了近250%，超细型（≤18.5μm）和细型（19.0μm）羊毛产量共提高了近100%，中细毛及更粗的美利奴羊毛（20.0~20.5μm）下降了70%（图2-2）。

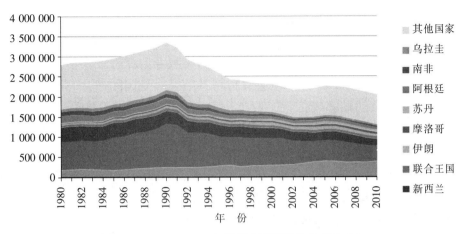

图 2-1　1980—2010 年世界主要国家羊毛产量（t）
（数据来源：FAO）

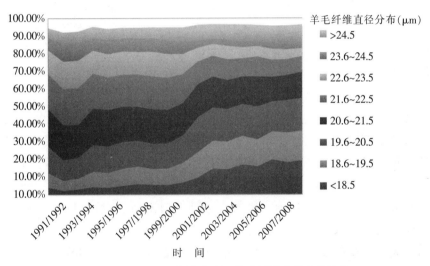

图 2-2　1991—2009 年澳大利亚羊毛纤维直径变化趋势

二、世界毛用羊产业发展特点

澳大利亚及新西兰是世界上毛用羊产业最为发达的国家，从澳大利亚、新西兰毛用羊产业发展的现状及特点，我们可以得到一些启示。

（一）注重品种培育

澳洲美利奴羊已有近300年的育种史，伴随着市场多样化需求的影响，澳洲美利奴羊品种内部形成了强毛型、中毛型、细毛型、超细型等多个类型，美利奴羊育种趋势是使羊毛越来越细。澳大利亚从1998年启动了 T13 育种计划，其目标是选育羊毛细度 13μm 的美利奴新类型。

(二)羊毛差额补贴制度稳定了羊毛产业的发展

作为世贸组织成员国之一，澳大利亚政府对畜牧业的保护主要是畜产品补贴，即价格直接补贴和间接价格补贴。由于直接价格补贴易受到国际社会的指责，因此，政府对畜产品直接价格补贴率较低，一般为 2%～6%，而间接价格补贴则较高，一般为 4%～30%。后者可通过向消费者征税建立产业基金来补贴出口商，从而大大增强了国际竞争力。1970 年澳大利亚有绵羊 1.80 亿只，年产羊毛 89 万 t，由于羊毛价格下跌的关系，同年澳大利亚的羊毛产值仅占农业总产值的 15%，为稳定羊毛销售价格，促进养羊业的稳定发展，1971 年澳大利亚实行了羊毛差额补偿制度，1974 年后改为羊毛保留价格制度，一直运行到 1991 年。

(三)社会化服务体系比较完善

澳大利亚有各类生产者合作组织，由牧场主按行业组成，负责该行业产品的收购，统一定价、仓储、加工、运输、销售。牧场主则以会员身份向合作组织交售产品，会员实现"利益均沾，风险共担"。由会员代表大会选举董事会、监事会，为农场主提供生产过程的产前、产中、产后所需的各种服务，帮助农场主及时了解掌握先进技术和信息、调整生产结构，增强了行业整体竞争力。

在新西兰，草原、畜牧、兽医机构健全，已形成了高度专业化的畜牧业服务体系。政府的各个部门和民间组织，如农渔部、农场主组织等定期向农场主提供国际畜产品市场最新信息，如畜产品供需情况、产品价格变化及预测等，帮助农场主以最快的速度了解市场的变化，及时调整生产方向。同时，畜产品销售体系也比较完善，农场主生产的畜产品可以直接在国内销售或送到港口出口，也可以通过固定的收购公司销售。农场主所需的农药、化肥、种子等生产资料和技术咨询，可通过电话或联网计算机顺利完成。健全的市场体系、完善的社会化服务和高素质的牧场主，大大提高了新西兰畜产品在国际市场上的竞争力。

(四)实行专业化生产、集约化经营

新西兰草地畜牧业具有高度的专业生产、集约经营的特色，大多数农场主一般以生产一种或一类畜产品为主，如细羊毛、牛奶、牛肉等，具有较高的专业化生产水平。此外，随着国际市场的激烈竞争和科技的广泛应用，新西兰的牧场经营规模也越来越大，集约化水平越来越高，牧场广泛使用了机械设备，如农用飞机、挤奶机、剪毛机、电围栏、割草机、打捆机等，人均管理规模可达 100 头奶牛或 4 000 只绵羊，大大提高了劳动生产率。

(五)草原的科学管理和利用

由于澳大利亚和新西兰大陆降水较少，且分布不均，加上土壤相对贫瘠，草地主

要以多年生禾本科牧草为主，为干旱和半干旱草地，草地生产力水平较低。为了提高生产效益，澳大利亚政府特别重视合理利用草地，实施草畜平衡的系统工程模式，以草地生产水平确定载畜数量，宜牛则牛，宜羊则羊，合理布局，做到以草定畜、草畜平衡。每个牧场都将自己的草地分成数块围栏，畜群定期轮牧，使牧草有适当的恢复期。这种对草场的维护性利用，既有利于植被生长，也使草地资源得到充分利用。

新西兰草地利用方式以放牧为主，很少补饲，生产成本低廉，畜牧业生产成本仅相当于欧美国家的 40％。在草地经营的技术措施上，通过清理、施肥、牧草混播和草地围栏来兴建优质高产的人工草地，严格实行以草定畜，划区轮牧，定时施肥，建立科学的草地利用制度，人工草地可以利用 10 年以上，且人工草地已占草地总面积的 67％，极大程度地提高了草地利用率和单位面积产出，促进了畜牧业的稳定发展。

(六) 以出口创汇为目标的国际市场开发

新西兰草地畜牧业是一种主要面向国际市场的外向型产业，具有较强的商品生产和竞争意识。其畜产品的加工、储运、销售系统比较完备，畜产品的质量很高，国际竞争力很强。目前，新西兰出口的羊肉、羊毛、奶制品和牛肉分别占世界贸易总量的40％、18％、7％和 6％。这种国际市场的较高份额，大大推进了新西兰畜牧业的发展。

(七) 实施畜牧业可持续发展战略

澳大利亚的草地并不是很好，其中部地区为大面积荒漠，四周边缘，特别是东海岸及北方一带才有茂盛的草原，且稀疏干旱草原占 1/4。西部夏季少雨，枯草期长达5 个月。但畜牧业是澳大利亚的基础产业，有力地支持了澳大利亚的出口创汇和经济发展。因此，政府采取了一系列措施促进畜牧业经济的可持续发展。政府十分注重环境和资源保护，不允许建设任何有污染物排放的工厂，并有配套的法规来保持畜牧业的可持续发展；此外，在加强草原建设，防止荒漠化方面，对自愿植树造林、保护草原退化的牧场主，政府以减少税收的办法给予支持。

(八) 从业人员素质高

农场的集约化、机械化程度较高，政府及行业协会高度重视畜牧业科学研究和科技人才的培训，通过对从业人员组织培训，对合格的从业人员进行技术认证才能从事相关工作，这种制度使从业人员都具有雄厚的基础理论和系统的专业知识和较强的动手能力。这从根本上确立了行业的高技术和高专业性。

三、世界绒山羊产业发展现状

山羊绒是国际贸易中具有很高价值的商品。其生产国主要集中在亚洲，除中国外，还包括蒙古国、阿富汗、伊朗、哈萨克斯坦、吉尔吉斯斯坦、印度、塔吉克斯坦、巴基斯坦等国，苏联和中亚地区是欧洲的羊绒供应国之一。中国羊绒占世界羊绒产量的70％以上，中国羊绒产量主导了世界羊绒产量的变化；蒙古国是绒山羊饲养比例较大的国家，是亚洲第二大山羊绒生产国，此外，伊朗的毛尔克赫山羊，伊拉克的康尔第山羊，巴基斯坦的戈地山羊、克什尼山羊，阿富汗的瓦塔尼山羊、阿斯玛瑞山羊等品种羊均为可产一定绒的本地山羊，产绒量不高，而且绒较粗。21世纪以来中国及蒙古国的山羊绒产量都在增加，而其他国家羊绒产量变动幅度不大。

四、世界绒山羊产业发展特点

（一）重视羊绒品质的提高

蒙古国近年来牧场主已对绒山羊的质量差价及绒色、绒直径、绒长度等育种要求有所认同。蒙古国在绒山羊发展措施中，主要是在保持山羊绒细度的前提下提高产量，努力创造品牌，同时增加白色绒的比例。

（二）育种工作起步较晚

1994年，英国、意大利、德国和西班牙的5个研究所组成山羊绒生产联合研究小组，旨在针对欧洲国家的情况，充分利用现有草场资源建立优质山羊绒生产体系。该研究小组拥有5 000只基础母羊，已建成欧洲羊绒生产数据库，开展相关研究。新西兰利用安格拉毛用山羊公羊与野化产绒的母山羊进行杂交，生产开司格拉纤维（Cashgrea）的山羊，但数量不多。

澳大利亚育种者利用具有产绒性能的野化山羊资源建立了绒山羊种群。澳大利亚绒山羊业在20世纪90年代达到高潮后，其发展势头并未持续下去，原因是他们用剪取全身被毛方式取绒。因此，加工业很难分梳澳大利亚羊绒。不仅分梳量低，而且纤维损伤严重，因此国际羊绒加工业不愿意以市场价购买澳大利亚羊绒。但澳大利亚的山羊绒产业已组建了很好的保证发展结构，即澳大利亚绒山羊养殖者协会和澳大利亚羊绒销售协会，这两个组织还在推动全澳大利亚山羊绒业继续向前发展。近年来，澳大利亚羊毛测试委员会开发出了一些羊绒客观检测方法，并用检测指标指导原绒销售，绒山羊养殖者也通过该委员会对每只羊的绒样检测数据选择种羊。

五、世界毛用裘皮羊发展现状及特点

世界上有名的裘皮羊品种，除我国的滩羊、中卫山羊外，就是苏联的罗曼洛夫裘皮羊。罗曼洛夫裘皮羊产于莫斯科西北部伏尔加河大峡谷。罗曼诺夫羊是一种骨骼较细，中等体格的品种，以超高的产羔率而闻名。母羊的单胎最高产羔纪录为9只活的、健康的羔羊。20世纪70年代第一次引入法国，1980年为进行研究引入加拿大魁北克省主教大学（Lennoxville），1986年罗曼诺夫羊开始在加拿大牧场饲养。由于罗曼诺夫羊不凡的繁殖性能和强壮体格（体重可达到30kg）且胴体瘦肉率较高，罗曼诺夫羊作为集约化商品生产的遗传基础，生产场以罗曼诺夫羊为母本、陶塞特为父本，进行杂交生产肉杂羔羊。

第二节　科技发展现状及特点

澳大利亚、新西兰农场的集约化、机械化程度较高，这与政府及行业协会高度重视科技研发及成果推广紧密相连，两国利用社会资源，加大有利于科技创新的基础设施及条件投入，加快公共服务平台建设，如共用信息网、数据库、实验室、孵化器的建设等；加快中介服务机构的能力建设和机制创新，增强服务手段和竞争能力，发挥其在科技创新与成果转化中的推动作用。

一、国际绒毛用羊科技发展现状

（一）科研主体以公司为主

科研机构和公司紧密联系，新技术的研究开发以公司为主，以农（牧）场为主要服务对象，研究开发胚胎移植技术、体外受精技术、活体采卵技术、转基因技术和核移植（克隆）技术等，以及相关技术的培训、服务和产品的出售（出口）等业务。

（二）注重科研成果的转化

澳大利亚农场的集约化、机械化程度较高，政府及行业协会高度重视畜牧业科学研究和科技人才的培训，通过对从业人员组织培训，对合格的从业人员进行技术认证才能从事相关工作，这种制度使从业人员都具有雄厚的基础理论和系统的专业知识和较强的动手能力。这从根本上确立了行业的高技术和高专业性。

二、国际绒毛用羊科技发展的特点

澳大利亚、新西兰等养羊大国的畜牧业科研服务体系较为完整，各级科研单位围绕提高养羊业的生产效益开展技术研究并转让技术成果，在品种培育、饲草料种植、生产设备的研发等方面形成了一系列技术成果，其科研技术的发展值得借鉴。

（一）重视品种培育

以澳大利亚为代表的细毛羊生产强国，在培育细型、超细型美利奴品种的同时，在大力开展选育具有Easy care性状（易管理、耐粗饲、抗病性强、繁殖力高、母性好）的毛肉兼用细型美利奴新品种。

（二）建立了完善的遗传评估技术体系

完善的遗传评估技术在细毛羊新品种培育中发挥着重大作用。澳大利亚绵羊遗传评估组织，通过建立的遗传评估体系，向育种者及生产者提供种羊的绵羊育种指数，供育种者和生产者在生产实践中参考。此外，澳大利亚还组建了绵羊信息核心群，以此提高澳大利亚绵羊育种值估计的精确度、计算新评定性状的育种支数、验证所测定性状的分子标记信息、计算结合表型和 DNA 信息的育种值。通过利用信息核心群的信息，使及时有效地利用基因技术和分子生物技术，推动育种目标，获得快速有效的遗传进展成为可能。

（三）重视技术储备，开展高新技术研发

世界各国普遍重视高新技术研发，尤其在绒毛用羊分子生物学技术领域研究较为活跃。国际绵羊基因组研究小组正式发布了绵羊基因组图谱第三版，这是在世界上第一个完成绵羊基因组 MHC 区段的测序与基因注释并对外公布。在绵羊基因组 MHC 区段功能基因组学和绵羊非繁殖季节繁育分子生物学方面取得突破。绵羊基因组图谱解析后，能够对绵羊免疫以及免疫调控方面分子机制的了解，对绵羊抗病育种以及重大疾病防控都有理论上的指导意义。分子遗传标记技术已广泛用于揭示与羊重要经济性状相关功能基因的分子遗传特征、羊品种鉴定、进化关系分析、遗传图谱构建、羊分子标记数据库的建立、种质资源的保存利用等方面研究。绵羊基因组 SNP 芯片，cDNA 芯片研制成功。转基因动物方面，美国学家首次从基因改造的母羊中抽取乳汁，研制成抗凝血的药物 ATryn，已在欧洲批准发售，很快将在美国上市。

截止到 2012 年 4 月，在 GenBank 公开发表的山羊核酸序列共有 319 017 条，其中包括 Nucleotide：304 571，EST：14 182，GSS：264。随着全基因组关联分析（GWAS）技术的发展和应用，已筛选出控制绵羊胴体重、黄色脂肪（yellow fat）、小眼畸形（Texel）、角（Merino）、双肌基因（Texel）等性状主效基因，显示出 GWAS 的强大作用，大大加快了主效基因筛选进程。

（四）开发饲草料资源，提高饲料营养的利用效率

近年来国内外学者针对绒毛用羊饲草料资源的开发、添加剂的研发等方面做了大量工作，以期提高绒毛用羊的养殖效益。例如，通过研究表明在育成山羊低质粗饲料日粮内添加甜蜜与羽毛粉、棉籽等非常规饲料，能够提高其采食量和消化率；研究显示绒山羊日粮中添加色氨酸能够极显著地提高羊绒的生长速度、产绒量和体重，添加铜和钼能够增加血浆中胆固醇和低密度脂肪酸水平，血浆中的 GSH-Px 活性也有所增加。

同时针对绒毛用羊，开展了氨基酸分子、小肽分子、蛋白质分子的吸收机制，营

养物质的沉积与代谢的调控因子；营养物质与绒毛用羊免疫机能的关系，饲料中致敏活性物质对动物的影响机制及灭活技术等方面的研究；应用现代生物技术改变植物中碳水化合物和蛋白质的数量和可利用性，以及瘤胃中这些养分的发酵和代谢的速度和程度；提高绒毛用羊瘤胃消化率的方法包括使用前生物制剂，补充螯合的矿物质和从其他种类的动物转移瘤胃微生物等方面的也做了大量研究。

（五）高效的生产管理技术研发

各国针对绒毛用羊生产的各个环节研发出一系列的设施设备，如助产器械、剪毛设备、打包机器、胚胎移植设备、人工授精器具等，在节约劳动成本，提高生产效率方面发挥了重要作用。近年来，更加重视信息化技术在绒毛用羊生产管理中的应用，例如澳大利亚近年来发展了一套称为 e-sheep 的绵羊的计算机数据收集系统。该系统包括羊身上的电子耳标、无线电耳标识别器、户外计算机、条形码打印机和阅读器、自动照相系统、自动体重称量和记录器及自动托拽装置。该系统可以收集绵羊整个生命周期中的 50 种不同信息，通过读取耳标即时输入或者调出信息。该系统可以对绵羊进行单独的管理，该技术的管理更加精确化，降低了应激，减少了在称重、兽医观察和选育中耗费的时间，显著降低了管理成本。

（六）注重畜牧机械研发，提高劳动生产效率

由于着力发展、提高产业的各种专业技术设备，如专用飞机、剪毛机、电围栏、割草机等，平均每个人可管理 4 000 只羊。国际市场的激烈竞争促进了科技的广泛应用，牧场经营规模越来越大，平均每个牧场拥有的土地比过去的 20 年增长了近 15%，饲养牲畜量增长约 25%。

（七）绒毛用羊生产更加重视低碳环保

目前在欧美市场，世界绿色环保组织发起对绒毛生产原产地绿色证书，即在整个绒毛生产过程中必然满足全部自然生态环保之要求，如牧场的草场和饲养过程中不能使用化肥、化学制剂、药物等，必须保证最终是绿色环保产品。

新西兰正研究针对动物的基因或疫苗"疗法"，以减少它们的 CH_4 排放量；澳大利亚研究牛羊碳排放足迹以减少温室气体排放，应对气候变化。这些做法的实质是能源高效利用、清洁能源开发、追求绿色 GDP 的问题，核心是能源技术和减排技术创新、产业结构和制度创新以及人类生存发展观念的根本性转变。这也是绒毛用羊产业为后代可持续发展的积极探索。

（八）开展绒毛用羊功能性产品研发

针对目前国际绒毛消费高端市场的新趋势，要求在绒毛加工过程中，不得使用对人体有害的化品，如洗涤、染色、后整理等工序必须符合欧盟产品的安全环保标

准，绒毛加工产品转向功能性、高档化方向发展。

2012 年，国际羊毛局在德国慕尼黑 ISPO 展上推出功能性的羊毛研发产品，着重推广美丽诺研发的运动面料和美丽诺纤维在运动服装上的多功能性；在法兰克福国际家纺展纯羊毛标志的羊毛舞台上，向来自 136 个国家的上万名观众展示羊毛的天然特性，其中，母婴项目成为此次纯羊毛标志主要的展示项目之一。

（九）世界毛用裘皮羊科技发展现状及特点

向毛革方向发展，其产品日益精细、美观、高雅。改染珍贵毛色技术正在发展，子皮、彩貂皮、灰鼠皮、麝鼠皮等变色后，毛绒松散、悦目，有丝光感，价值倍增。毛皮服装加工技术不断创新，除串刀工艺外，加革条、菱形、方块、波浪形及不规则形状等裁制技术将逐步取代传统的内穿吊面加工技术。

第三节　流通发展现状及特点

绒毛流通完成绒毛从生产环节到消费环节的转移。由于毛绒产地及加工地区的不同，毛绒流通范围较广。澳大利亚是世界上最大的羊毛供应国，生产了世界上 90% 的服装用毛，年出口羊毛超过世界羊毛出口量的 50%，在世界毛纺工业原料供应中举足轻重，羊毛价格主导世界羊毛市场，其发达羊毛流通体系起了重要作用。我国是世界上最大的羊绒生产及出口国，英国、意大利、日本、美国等国家是世界上最大的山羊绒进口国。我国山羊绒产品主要出口到日本、美国、意大利、英国、法国等 40 多个国家和地区，占世界出口量的 80%。借鉴澳大利亚的羊毛流通做法有助于改善我国绒毛流通体系，提高我国绒毛的质量和价格，增强国产羊毛及羊绒的竞争力，同时增加生产者和加工企业的收入和利润。

一、国际绒毛流通发展现状

近十年来，全球毛纺织加工业每年消耗 125 万～150 万 t 净毛。中国、意大利、美国、印度是世界上主要的原料毛进口国，每年从澳大利亚、新西兰、阿根廷、乌拉圭、南非、英国进口大量羊毛。我国是世界上最大的羊绒生产及出口国，英国、意大利、日本、美国等国家是世界上最大的山羊绒进口国。我国山羊绒产品主要出口到日本、美国、意大利、英国、法国等 40 多个国家和地区，占世界出口量的 80%。

（一）全球羊毛供应总体呈现下降趋势

澳大利亚是世界上最大的羊毛供应国，生产了世界上 90% 的服装用毛，年出口羊毛超过世界羊毛出口量的 50%，在世界毛纺工业原料供应中举足轻重，近年来羊毛出口量呈现下降趋势；中国生产的羊毛主要为国内毛纺工业提供原料；新西兰是第二大羊毛出口国，羊毛产量的 79% 用于出口，以半细毛及杂交羊毛为主，销往世界50 多个国家和地区，羊毛出口量相对稳定；南非羊毛供应量呈现小幅上涨，近 5 年出口量增加了 0.81 万 t。全球羊毛供应总体呈现下降趋势，各主要羊毛生产国，羊毛出口变化如图 2-3 所示。

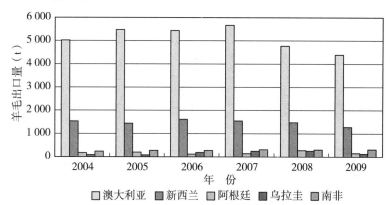

图 2-3　2003/2004—2008/2009 年度主要羊毛生产国羊毛出口变化

（数据来源：澳大利亚统计局；南开普羊毛市场；英联邦羊毛秘书处；阿根廷统计数据；国际毛纺织组织；新西兰羊毛局）

（二）国际羊毛市场出现供求趋紧局面

2002 年以来各主要羊毛生产国羊毛产量出现不同程度的下降，国际羊毛市场已出现供求趋紧局面。统计数据表明，2002—2009 年，澳大利亚羊毛出口量几乎都高于其当年产量（图 2-4），澳毛库存逐年减少，国际羊毛市场已出现供求趋紧局面。因此，我国需加快细毛羊产业发展，增加细羊毛产量，提高原料用毛的供应水平，积极应对国际羊毛产量下跌对我国毛纺工业的不利影响。

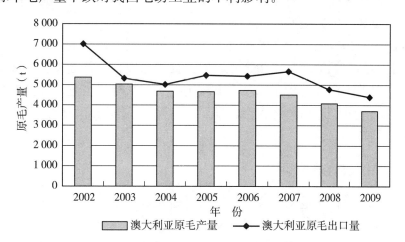

图 2-4　2009 年与 2008 年相比主产国羊毛产量变化趋势

（数据来源：澳大利亚官方统计，澳大利亚国际贸易组织）

二、国际绒毛流通发展特点

(一) 完善的羊毛市场流通环节及健全的服务机构

澳大利亚的羊毛流通体系大体上由羊毛生产者、流通业者（经纪人、私人买家、生产商市场合作伙伴、出口商）、纺织业需求者、羊毛交易公司、检测机构等几部分市场参与者构成，所有成员都为羊毛从生产商到最终消费者的途径做出积极的贡献，这些参与者在羊毛的流通体系（图2-5）中为羊毛创造价值并提供服务。

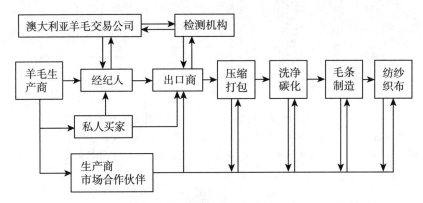

图2-5 澳大利亚的羊毛流通体系

澳大利亚羊毛交易公司（简称"AWEX"）最初建立于1994年，为澳洲羊毛所有权转换提供主要的行业框架，羊毛交易公司的成立统筹了羊毛出口，同时避免了经纪人之间的无序竞争。每年95%的澳洲一手新毛的购买商为AWEX成员，包括羊毛经纪人，出口商，私有合约商，加工商，羊毛生产商和其他合作伙伴。AWEX旨在维护行业标准，监督羊毛批准备工作和待售羊毛外观规范的执行，从而提高澳大利亚剪羊毛行业的质量和统一完整性。

羊毛经纪人充当羊毛生产者的代理，主要为羊毛生产者提供各种服务，如运送毛包、抽取钻芯样品和抓毛样品用于客观检验并提供仓储直到羊毛买主要求发货。拍卖经纪人将根据羊毛生产商的指示以拍卖方式销售羊毛。有些经纪人也会直接与买方或出口商谈判卖毛。成交后，经纪人会将发票、检验证书发送给每位买主并通知检测部门证书所有权的转移。

(二) 市场拍卖占有重要作用

羊毛拍卖市场（由羊毛交易商、羊毛交易所及其拍卖中心、检验所三部分组成）在澳大利亚羊毛流通体系中起着举足轻重的作用。澳大利亚有5个羊毛拍卖中心，北部地区的悉尼和纽卡索；南部地区的墨尔本和隆赛斯顿以及西部地区的弗里曼特尔。悉尼、墨尔本和弗里曼特尔这三个中心每年拍卖不低于45周，拍卖中心提前6个月就制定了拍卖的时间表，平均每个地区一周拍卖两天，每周所拍卖的次数和规模取决于每个中心预计的可供拍卖的羊毛量。澳洲大约有超过 3 万名羊毛生产商遍布各地。80％～90％的剪羊毛由羊毛生产商通过羊毛经纪人在拍卖销售体系中出售。10％～20％的羊毛被从牧场私人购买，羊毛生产商私人或者通过合约销售。澳毛生产者通过羊毛拍卖市场，获得市场信息优势和市场定价权，保证了澳毛在国际市场中的品牌形象。

（三）规范的羊毛后整理过程

澳大利亚羊毛交易公司编制了《2007—2009 年澳大利亚羊毛销售批整理工作羊毛分级员工作守则》。在剪毛季节，通常由羊毛分级员在剪羊棚内，把羊毛按羊群分开，按羊毛等级分级：套毛、碎毛、腹毛、粪污碎毛、下脚毛。分级员采用毛包规格把各类羊毛区分开。在牧场用打包机对羊毛打包，包装材料现在主要采用未经染色的尼龙袋，毛包重量一般在 140～200kg 之间。

（四）严格的羊毛质量控制

在澳大利亚几乎所有经过公开拍卖的羊毛，都进行纤维直径、草杂含量和净毛量（净毛率）的客观检验。绝大部分用于精梳的羊毛还要检测毛丛长度、强度和断裂位置。有些羊毛还进行洗净后色泽检验。所有检验都由澳大利亚羊毛检验局进行并出具检验证书。99％的羊毛批的客观检测结果会印制在拍卖市场的销售目录中，且提供证书。如果从羊毛生产者或商贩处私人购毛，就可能会用到指导性检测，这种检测的精确度比在拍卖销售中使用的标准检测要低。从澳大利亚羊毛流通体系可以看出，澳毛的质量在各个环节都经过严格把关，流通企业能提供可靠的羊毛质量信息，从农场开始肉眼初步分级，到进入拍卖市场的样品仪器测定，到发往毛纺企业时的大包（混合包）的检验证书。因此，澳毛的质量使用户放心。

第四节　加工业发展现状及特点

羊毛、羊绒、马海毛、兔毛、驼绒等毛纺原料，都有着天然、可持续和可再生的特点，而其保暖、弹性、透气的天然功能性带给消费者其他仿毛纤维难以实现的穿着、使用体验，具有其他纺织纤维难以替代的天然优越性。毛绒加工业的发展受一系列因素的影响，如货币政策、汇率变化、燃料动力和劳动力等成本因素影响外，还受到原料市场的影响。

一、世界毛绒加工业发展现状

（一）中国成为世界上最大的毛绒加工国

目前中国毛纺工业的规模已使其成为世界上最大的羊毛加工国家，我国羊毛（净毛）年加工能力达 40 余万 t，约占世界羊毛加工量的 1/3 以上，洗净毛、毛纱和毛条等羊毛初级产品生产加工量位居全球首位，成为世界最大的羊毛制品加工中心。国际纺织机械协会最新数据表明，中国毛纺纱锭量占全球总量的 25%，毛纺织机占全球总量的 20%。国际毛纺组织 2010 年度数据显示，中国是全球最大的羊毛纱线出口国，第二大羊毛面料出口国（位于意大利后），第一大羊毛针织衫出口国，第二大羊毛梭织男装和女装出口国。

2010 年 1～11 月，我国毛纺织行业 4 027 家规模以上企业（包括毛针织、毛纺织、毛纺制品企业，以下通称为毛纺织企业）一共累计实现工业总产值 2 925 亿元，完成销售产值共计 2 852 亿元，生产毛纱 28 万 t，生产毛织物 5 亿 m。2010 年 1～11 月，我国毛纺织企业累计实现出口交货值共计 712 亿元，毛纺原料和纺织品服装进出口总额为 132 亿美元，出口额达到 103 亿美元。

（二）完整的生产加工体系

目前，中国毛纺工业已经形成了上下游产业链配套完备的生产加工体系，涵盖毛条、毛纱线、面料、地毯、毛毯、毛针织服装和羊毛被等各类品种。但从产品结构来讲，毛纺工业所加工羊毛中约有 75% 以上被用于生产服装类产品。同时，在非服装领域，毛纺产品同样发展迅速。如机制地毯行业自 2000 年以来，内外销市场年均增速稳定在 20% 左右。其中，羊毛机制地毯年产量已超过 2 万 t。

二、世界毛绒加工业发展特点

（一）向发展中国家转移

在世界毛纺市场竞争日益加剧的背景下，世界羊毛加工业的分布格局也随之调整分化。由于经济持续低迷和劳动力成本不断走高，西欧地区许多传统主要羊毛生产国正逐步退出加工市场，澳大利亚的毛纺加工能力也持续降低。羊毛加工和纺织品生产由英、法、澳等发达国家向中、印等发展中国家转移。

（二）中国毛纺加工业经历了粗放型发展模式向集约化模式方向的转变

十年来，面对经济环境的不断变化，毛纺工业加大了结构调整的步伐。在市场资源配置的作用下，产业集中度进一步提高，企业经营机制得到进一步转变，行业技术进步明显加快，国际竞争力不断提高。毛纺工业逐步从低水平的粗放型发展模式向注重内涵的集约化模式方向转变。从粗放型向集约化转变"十五"期间，我国毛纺初级加工能力向劳动力成本相对较低的地区转移，中下游产品的生产能力向靠近市场的沿海地区转移。市场资源配置的基础性作用逐渐显现，江苏、浙江、山东、广东、上海及河北等地已经成为毛纺产品的主要加工基地，江苏省毛纺锭数量占全国毛纺锭总量的比重超过了 50%。2005 年上述 6 个地区规模以上企业完成销售收入、实现利润和出口交货值占全国规模以上总量中的比重分别达到86％、91％和91％。这表明产业集中度的提高也相应提高了资源的使用效率。在产业布局进行区域调整的同时，行业中一批骨干企业通过资产重组、更新改造等方式进一步扩大加工能力，提高装备水平，在精纺面料、毛毯、毛针织服装等领域形成了一批具有代表性的规模效益型企业。这些企业具有相当的加工规模，装备和产品都达到了国际先进水平，对行业的示范作用明显。在大企业集团不断壮大的同时，毛纺工业集中的省份还逐渐形成了一批以中小企业为主、上下游产业配套的产业集群和专业市场，这些产业集群比较优势明显，具有很强的市场活力。2011年规模以上毛纺织、毛针织和毛纺制品企业主营业务收入达到3 432亿元，比2002年增长3.5倍；资产总计2 238亿元，增长2倍；利润总额达到180亿元，增长5.1倍。

（三）技术进步促进了产品的多元化

根据市场需求，企业自主开发出了将粗梳毛纺、精梳毛纺和棉纺的纺纱技术与设备有机结合的短纤维纺纱技术，可以加工长度在30～55mm的短羊毛、羊绒、兔毛、棉、丝、麻等各种天然纤维与化纤混纺的各种比例的纱线，纱线支数范围从16公支到110公支，最高可以达到140公支，可以生产粗纺、精纺面料和针织服装，极大丰富了毛纺产品的范围，产品更具竞争优势。

在市场需求与持续技术创新的支撑下，毛纺产品开发以及产品风格化等方面都有了明显的改观，粗纺、精纺、花式纺的界限逐渐模糊，毛纺产品一改老旧的面孔，应用领域逐渐扩大，涵盖了传统正装、休闲装、运动装等各个领域。通过技术进步和产品开发，毛纱的品种更加丰富，质量不断提高，产品的市场议价能力得到加强。毛纺产品在消费者心目中重塑新形象，逐渐变得轻灵、活跃、时尚、年轻，赢得更多消费群体的喜欢。

（四）毛纺面料轻薄化趋势明显

当今社会，人们生活节奏加快，生活方式多样化，追求生活质量和品位，着装也要求舒适和个性化。加上气候变化等因素，20世纪90年代后期开始，服装流行轻量化，柔软，服用舒适，因此毛纺梭织面料和针织毛纱趋向于使用更多的细羊毛和超细羊毛，据中国毛协估算，如今我国国内年加工19μm以下的细毛和超细毛7.8万t（净毛）。另外，2012年10月21日中国毛纺织行业协会在上海组织召开的全国毛纺面料名优精品推荐活动中，获得"精品奖"精纺面料平均纱支为134/2公支，超高支股纱取代了以往单纱产品成为本次评比的亮点，体现了当今市场的轻量化趋势。

（五）毛纺产品倡导生态、环保的概念

羊毛是纯天然、可再生、可生物降解的纤维，是一种优秀的可持续发展纤维。

羊毛在生物降解过程中产生氧、硫、二氧化碳和水，为农作物和花草的生长提供原料。羊毛的纯天然性、来源的可持续性及其高性能的结构，能够为时装、室内装饰及环境带来很多益处。随着人们生活水平的提高，健康、舒适、环保、安全已经成为人们的消费主题。在世界纺织品市场上，各国也加强了对纺织品生态性和安全性的要求。

(六) 裘皮时装重回时尚

全世界有 300 多个品牌，很多明星，还有时装杂志也经常报道毛皮的时装。毛皮服装将向时装化发展，制品向系列化发展。

第五节　消费发展现状及特点

羊毛、羊绒制品的消费是绒毛用羊产业的最终环节，关系到绒毛生产者利益的实现及整个绒毛用羊产业的发展。对世界羊毛、羊绒制品消费发展现状及特点的研究有助于把握世界羊毛、羊绒制品消费发展的动态、趋势，对促进我国绒毛用羊产业的发展有重要意义。羊毛、羊绒制品是毛纺织制品的主要组成部分，考虑到数据的可获得性，在第一部分，我们以对世界毛纺织制品消费情况的研究来代表分析世界羊毛、羊绒制品的消费现状；在第二部分我们则分别分析了羊毛制品、羊绒制品的消费发展特点。

一、世界毛纺织制品消费发展现状

本部分分析世界毛纺织制品的发展现状，主要从世界毛纺织制品的消费总量及人均消费量方面进行分析。

(一) 2000—2011 年，世界毛纺织制品消费量呈现阶段性上升趋势

由图 2-6 可以看出，2000—2005 年及 2008—2011 年，世界毛纺织制品消费量总体呈上升趋势，2005 年世界毛纺织制品消费量达到最高水平，为 1 145.36 亿件；仅 2006—2008 年，世界毛纺织制品消费量呈下降趋势，总体来讲，2000—2011 年世界毛纺织制品消费呈现阶段性上升趋势。从毛纺织制品消费量占世界服装总消费量的比重来看，其比例变动情况同世界毛纺织制品的年消费量变动相似，2000—2011 年间，世界毛纺织制品占世界服装总消费量的比重平均为 23.28%。

(二) 2000—2011 年，世界毛纺织制品人均消费量总体呈现波动上升趋势

从图 2-7 可以看出，2000—2011 年，除 2003 年、2006 年外，世界毛纺织制品

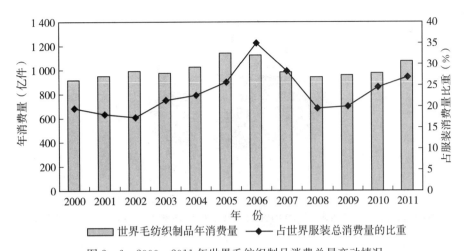

图 2-6 2000—2011 年世界毛纺织制品消费总量变动情况

[数据来源：国际毛纺织组织（IWTO）；国际羊毛局（IWS）；中国毛纺织行业协会（CWTA）]

人均消费量总体呈上升趋势；人均消费量最高的年份是 2005 年，为 14.4 件，最低年份是 2000 年，为 5.2 件，2011 年人均消费量为 13.1 件，是 2000 年的 2.5 倍。2000—2005 年，人均消费量显著上升，但波动较大；2006—2011 年，世界毛纺织制品人均消费量缓慢上升。

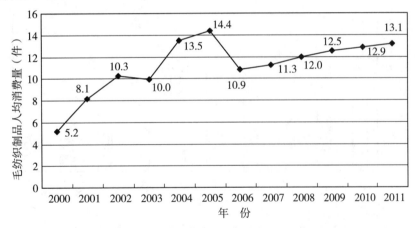

图 2-7 2000—2011 年世界毛纺织制品人均消费量情况

[数据来源：国际毛纺织组织（IWTO）；国际羊毛局（IWS）；中国毛纺织行业协会（CWTA）]

（三）中国、欧盟、美国、日本是世界毛纺织制品消费量排名前四位的国家，2011 年其毛纺织制品消费总量占世界消费总量的一半以上

由图 2-8 可以看出，世界毛纺织制品消费量最大的国家是中国，占世界毛纺织制品消费量的 19.98%，其次是欧盟，占 15.33%，然后是美国、日本，分别占 11.43%、9.67%，消费量排名前四位的国家毛纺织制品消费量共占世界毛纺织制品消费量的 56.40%，超过半数以上；其他毛纺织制品消费量较高的国家还有俄罗斯、

加拿大、印度，分别占比为 7.16％、5.76％、3.07％。

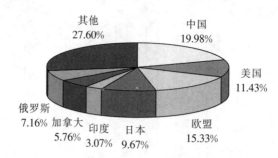

图 2-8　2011 年世界各国毛纺织制品消费量占比情况

［数据来源：国际毛纺织组织（IWTO）；国际羊毛局（IWS）；中国毛纺织行业协会（CWTA）］

（四）经济发达国家人均毛纺织制品消费数量较高，人均消费量高于世界平均水平

2011 年，世界人均毛纺织制品消费数量为 13.14 件，根据图 2-9 可以看出，2011 年，人均毛纺织制品消费量超过世界平均水平的国家依次有美国、欧盟、加拿大、日本、澳大利亚、俄罗斯，我国人均毛纺织制品消费量仅为 3 件，低于世界人均毛纺织制品消费数量，低于其他欧美发达国家人均毛纺织制品消费量。

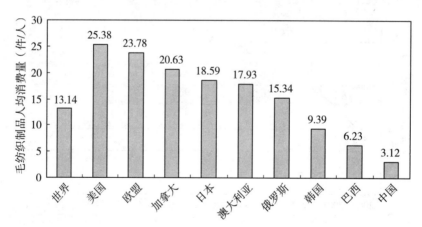

图 2-9　2011 年世界及各国毛纺织制品人均消费量情况

［数据来源：国际毛纺织组织（IWTO）；国际羊毛局（IWS）；中国毛纺织行业协会（CWTA）］

（五）在毛纺织制品消费中，羊毛制品的主导地位正逐渐削弱，羊绒制品在毛纺织制品消费中的比例正在提高

根据表 2-1 所示，在美国和欧盟，毛针织外套与针织衫中羊毛含量的比例正在缩减，羊绒含量的比例正在提高。比较美国和欧盟可以看出，美国消费的毛纺织制品中的羊毛含量要高于欧盟消费的毛纺织制品中的羊毛含量，而美国消费的毛纺织制品中的羊绒含量要低于欧盟消费的毛纺织制品中的羊绒含量。

表 2-1 主要毛纺织制品的毛纤维所占比例情况（%）

项目		毛针织外套			针织衫		
		羊毛	羊绒	其他	羊毛	羊绒	其他
美国	2000 年	55.23	39.87	4.9	43.48	50.23	6.29
	2005 年	45.1	40.83	14.07	40.52	51.29	8.19
	2011 年	40.97	50.38	8.65	39.24	54.23	6.53
欧盟	2000 年	53.23	41.56	5.21	41.53	52.23	6.24
	2005 年	42.18	43.71	14.11	39.67	54.68	5.65
	2011 年	39.67	53.28	7.05	38.75	56.55	4.7

数据来源：国际毛纺织组织（IWTO）；国际羊毛局（IWS）；中国毛纺织行业协会（CWTA）。

二、世界羊毛、羊绒制品消费发展特点

本部分将分析世界毛纺织制品消费发展的特点，目前，国内关于世界毛纺织制品消费特点的研究较少，相关数据资料比较缺乏且查找获取比较困难，鉴于此，我们对本部分的分析将主要参考借鉴已有的其他研究人员研究成果。

（一）世界羊毛制品消费发展特点

澳大利亚羊毛公司（2007）专门针对世界羊毛制品的消费特点进行了调查，调查覆盖10个国家的2.2万名消费者，调查发现，在羊毛制品消费方面有5个主要的特点：

1. 消费者越来越从健康角度考虑是否购买羊毛制品

在消费者购买羊毛制品时，越来越考虑制品对其健康的影响，消费者往往会把健康和天然两个方面划等号，因此，天然纤维更加受到消费者的青睐，羊毛是天然的纤维，能很好地适应消费者对自然的需求。可见，随着消费者健康意识的提高，对羊毛制品的要求已不单单停留在对其质量、款式、做工方面的要求，其消费需求越来越多元化。

2. 消费者环保意识增强

在购买羊毛制品时，消费者越来越希望得到知情权，希望了解购买的产品在生产过程中对环境造成什么样的影响。尤其是发达国家的消费者，其环保意识相对较强，不仅关心制品本身是否满足其自身的需要，还对制品对环境的影响比较关注。

3. 消费者购买羊毛制品时越来越追求穿着的时尚个性

消费者希望自己能够在众人当中通过时尚的着装和表现脱颖而出，因此将不再追求购买大众化生产的产品，而希望能够为自己打造一套与众不同的服装。传统上，羊毛往往是用做西服的面料，但是目前除了在中国、印度以及俄罗斯的市场上对西服的

需求继续强劲以外，在成熟的欧美市场，消费者越来越多地选择体现其时尚个性的休闲羊毛服饰制品。

4. 羊毛制品消费的高档化

全球对高档产品和奢侈产品的需求越来越大，在成熟的欧美市场，羊毛制品等高档奢侈品已经具备了稳定的消费群体，而在中国、印度、俄罗斯等新兴市场，人们的收入水平在不断提高，消费者也越来越富裕，高档羊毛制品越来越受到新兴市场消费者的青睐。

5. 羊毛制品消费越来越面临其他纺织纤维制品的冲击

过去，与其他纺织纤维制品相比，羊毛制品因其本身区别于其他纤维制品的特性而在消费方面具有一定的竞争力，但近来随着世界化纤工业的发展，以及纺织工业领域的技术创新和新产品开发，化纤制品、棉制品等其他纺织纤维制品正同样具有羊毛制品的特性，并且在性价比方面具有一定的竞争优势，羊毛制品消费正面临其他纺织纤维制品的冲击。

（二）世界羊绒制品消费发展特点

许海清、杨丽华（2008）对世界羊绒制品的消费变化特点进行了研究，研究总结出世界羊绒制品消费的 4 个特点，分别是：

1. 羊绒制品消费的季节性减弱

羊绒制品具有轻柔保暖的特性，因此消费季节主要是在寒冷的季节，尤其以冬季为主。但是，近年来随着纺织品工艺技术的创新，在羊绒制品中添加天丝、亚麻、竹等原料，使得羊绒制品的穿着不再仅限于冬季，在一年四季中都会有消费需求，尽管冬季仍是羊绒制品销售的旺季。

2. 羊绒制品消费由稀有转向流行

羊绒制品最初的特征是稀有、尊贵，式样保守单一，是穿着者身份的象征，但是，随着时尚元素在设计中的添加，羊绒制品的时装化渐成潮流。一些镶水钻、提花、色彩明快、设计个性化的羊绒制品尤其是羊绒衫已经成为流行性消费商品。

3. 羊绒制品逐渐由高档迈向平民化

羊绒制品在历史上就属于非常高档的消费产品，在山羊绒的传统消费地欧洲，羊绒制品的消费是收入较高阶层的专利，达官贵人以拥有羊绒制品为荣。但是，随着羊绒工业的发展，尤其是中国羊绒业的发展，羊绒产量增加，羊绒制品成本下降，羊绒制品的消费迈向平民化，羊绒制品的全球消费量正逐渐增加。

4. 消费者更加关注产品的安全性

随着生活水平的提高，健康、舒适、环保、安全已经成为人们的消费主题。在世界纺织品市场上，各国也加强了对纺织品生态性和安全性的要求，并且对产品规定了有害物质的限定值和检验规则的技术要求，所以，消费者在选购羊绒制品时也越来越关注产品是否会对人体的健康构成危害或造成威胁，是否符合国际或国家标准。

第六节 贸易发展现状及特点

一、羊毛贸易发展现状及特点

世界羊毛贸易的形成既由要素禀赋差异决定，也是商品贸易竞争的结果，同时还受国家或地区贸易政策的约束等。为研究世界羊毛国际贸易的现状及特点，本节首先分析世界羊毛贸易的规模和主要贸易国家的变化情况，然后通过分析当今世界羊毛的贸易流量特点，来分析羊毛的贸易格局现状。从全球范围来看，大洋洲、亚洲和欧洲之间的羊毛贸易最为活跃，羊毛主要从大洋洲的澳大利亚和新西兰流向亚洲和欧洲地区。在分析过程中，本节仍将羊毛分为原毛和洗净毛两类进行研究。

（一）世界羊毛贸易规模及特点

1. 1980 年以来世界羊毛贸易量总体呈波动下降趋势

1980 年以来，世界原毛贸易量总体呈现下降趋势。1980 年世界原毛出口量为90.6 万 t，到 2012 年原毛出口量为 54.16 万 t，下降了 40.2%。世界原毛出口量最大的年份出现在 1987 年，最高达到 101 万 t，这也是近 30 年来唯一出口量超过 100 万 t 的年份。原毛出口量最少的年份出现在 2003 年，仅为 49 万 t。

1980 年以来，世界洗净毛的贸易量先增长后下降。1980—1994 年，世界洗净毛贸易量先后出现两次较为明显的增长，1994 年洗净毛贸易量达到期间最高水平，当年洗净毛出口量是 50.5 万 t。随后的 20 年里，世界洗净毛出口量维持在 30 万 t 附近，最近 4 年进一步减少，到 2012 年世界洗净毛出口量仅为 16.93 万 t，较 1980 年下降了 47.5%。

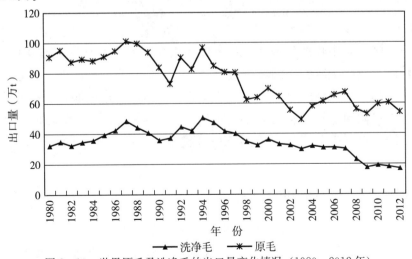

图 2-10 世界原毛及洗净毛的出口量变化情况（1980—2012 年）

（数据来源：FAO 数据库、UN Comrade）

世界羊毛贸易量总体呈下降趋势，主要由以下三方面原因造成：第一，世界羊毛产量总体下降，据联合国粮农组织统计数据库统计，在1980—2012年间，全球羊毛产量下降了30%以上，导致羊毛贸易量随之减少；第二，替代性纺织原料的竞争加剧，目前合成纤维质量不断提高，且价格低廉，而羊毛生产成本高，价格难以下降，较高的原料价格促使不少羊毛加工企业转向使用其他纺织原料，造成贸易量减少；第三，世界羊毛业的发展受经济发展制约，近年来，美国、日本和西欧等经济发达国家经济增长速度放缓，财政收支恶化及较高的失业率，使国际市场对羊毛及其制品的需求量逐渐减少。

2. 原毛贸易量明显多于洗净毛，原毛国际贸易相对活跃

在世界羊毛贸易中，原毛的贸易量明显多于洗净毛，原毛在羊毛贸易中所占的比重较大，其贸易量占世界羊毛总贸易量的62%～75%，洗净毛贸易量占世界羊毛总贸易量的25%～38%。2003年以前，洗净毛贸易量占世界羊毛贸易量的比例呈稳步上升趋势，2003年洗净毛贸易量占世界羊毛贸易量的比例接近38%，但自2004年开始，洗净毛在羊毛国际贸易中的比例则呈明显的下降趋势。至2012年，洗净毛贸易量占世界羊毛贸易量的比例为23.8%。

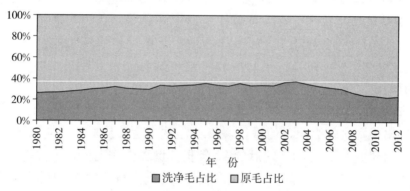

图2-11　原毛及洗净毛贸易量占世界羊毛贸易量的比例情况（1980—2012年）
（数据来源：FAO数据库、UN Comrade）

原毛在国际贸易中较洗净毛活跃，主要原因在于原毛在洗净过程中的人工、水、电等成本较高，造成洗净毛在国际贸易中价格明显高于原毛；此外，原毛在洗净过程中产生的副产品如羊毛油脂等，可进一步深加工或销售带来利润，所以羊毛进口企业在国际贸易中更倾向于进口原毛。不过随着一些国家生态保护政策的制定与加强实施，原毛在洗净过程中造成的环境问题被日益重视，部分进口国也开始限制原毛进口，转而鼓励洗净毛进口。

（二）世界羊毛主要贸易国家及特点

1. 出口方面，原毛出口国主要有澳大利亚、新西兰、南非、阿根廷、乌拉圭和法国等，洗净毛出口国主要有新西兰、澳大利亚、英国、阿根廷、中国和法国等

1980—2012年，世界原毛出口国主要有澳大利亚、新西兰、南非、阿根廷、乌拉圭和法国等，这 6 个国家原毛出口量占世界总出口量的比重在 80% 左右。其中，澳大利亚原毛出口量居世界第一，远远大于其他国家，占世界原毛出口量的 60% 左右；澳大利亚原毛出口量起伏较大，且呈下降趋势；1987 年，澳大利亚原毛出口达到最大值，为 67.7 万 t，最小值出现在 2003 年，为 26.8 万 t，到 2012 年澳大利亚原毛出口量为 31.6 万 t，占世界原毛出口量的 58.3%，是排名第二的新西兰原毛出口量的 7.7 倍。新西兰原毛出口量位居世界第二，近 30 年来，新西兰原毛出口量持续下降，20 世纪 80 年代其出口量还达到 14 万 t 以上，1989 年开始降至 10 万 t 以下，之后基本维持在 5 万 t 以下出口水平。南非、阿根廷、乌拉圭和法国出口量较少，并都呈现出下降趋势。在 1980 年这 4 国的出口量分别为 4.7 万 t、5.4 万 t、3.5 万 t 和 3.5 万 t，到 2012 年对应的出口量下降至 4.1 万 t、0.93 万 t、0.87 万 t 和 0.61 万 t，其中南非下降幅度最大，达 187.2%。

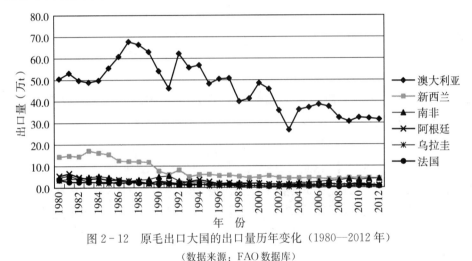

图 2-12 原毛出口大国的出口量历年变化（1980—2012 年）

（数据来源：FAO 数据库）

1980—2012 年，世界洗净毛出口国主要有新西兰、澳大利亚、英国、阿根廷、中国和法国等，这 6 个国家洗净毛出口总量占世界总出口量的比重在 70% 以上。其中，新西兰稳居世界洗净毛出口第一大国。1980 年新西兰洗净毛出口量为 14.1 万 t，是当时排名第二的澳大利亚洗净毛出口量的两倍多，1994 年新西兰洗净毛出口突破 18 万 t，之后开始下降，到 2012 年新西兰洗净毛出口下跌至 10 万 t 以下，为 8.7 万 t，比 1994 年的高点减少了 52.3%。澳大利亚在世界洗净毛出口国排名第二，它的出口量变化起伏也比较明显。1980—1994 年，澳大利亚洗净毛出口量大幅增加，从 1980 年的 6.1 万 t 增加到 1994 年的 13.5 万 t，出口量增长了 1 倍多，之后澳大利亚净洗毛出口量开始减少，到 2012 年仅有 2.2 万 t，仅是 1994 年出口量的 16.6%。英国、阿根廷、中国和法国洗净毛出口量比较少，这 4 国的洗净毛出口总量为 3 万～8 万 t。在上述 6 国中，只有中国洗净毛出口量总体呈现增长态势，较 1980 年增长了 168.7%；其他几个国家的洗净毛出口量均出现下滑，阿根廷洗净毛出口量降幅最大，达 96.4%，法国、澳大利亚、英国和新西兰的洗净毛出口量依次减少了 84.0%、

63.7%、55.0%和38.3%。

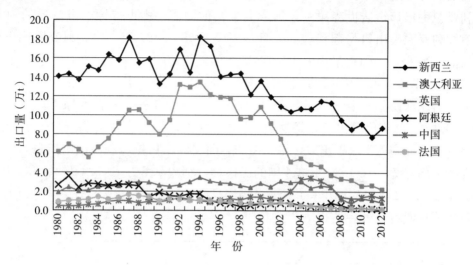

图2-13 洗净毛出口大国的出口量历年变化（1980—2012年）

（数据来源：FAO数据库）

2. 进口方面，原毛进口国主要有中国、日本、英国、意大利、印度和德国等，洗净毛主要进口国有中国、日本、英国、意大利、印度和德国等

1980—2012年，世界原毛进口国主要有中国、意大利、法国、英国、德国和日本等，这6个国家原毛进口总量占世界总进口量的比重在60%~70%。在上述国家中，中国原毛的进口量变化情况与世界其他国家形成鲜明对比，主要表现在20世纪80年代以来，世界大部分原毛进口大国对原毛的进口量出现了不同程度的下降，而中国的原毛进口数量却出现了明显的上涨。1980年中国原毛进口量为5.8万t，到1994年中国原毛进口达到25万t，增长了3倍。并且在1992年，中国原毛进口量超过英国，成为世界上最大的原毛进口国家。到2012年中国原毛进口量为25.1万t，占世界原毛总进口量的一半以上，远高于其他国家进口水平。法国、英国、德国和日本的原毛进口量均出现不同程度的下降，在1980年，这4国的原毛进口数量分别为10.3万t、6.3万t、7.6万t和13.0万t，到2012年，其进口数量分别下降到10.2万t、5.7万t、5.0万t和13万t。其中日本和法国的原毛进口量下降幅度最大，分别达到100%和99.6%。

1980—2012年，世界洗净毛进口国主要有日本、中国、英国、意大利、印度和德国等，这6个国家洗净毛进口总量占世界总进口量的比重在50%~60%。1980—1995年，日本洗净毛年进口量在5万t以上，位居世界前列，1987年最高进口量达到8万t，1995年以后日本的洗净毛进口量逐年下降，进口大国地位连年下滑，到2012年，日本洗净毛进口量仅为0.87万t，较1987年减少了80.8%。中国洗净毛进口量起伏较大，1980年进口仅为0.7万t，而1988年洗净毛进口量急剧上升，当年增加到10万t，随后两年出现快速回落，1990年进口量仅为2.5万t，较1988年回

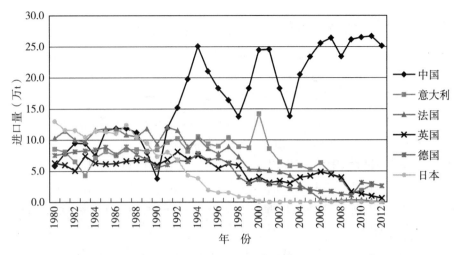

图 2-14　原毛进口大国的进口量历年变化（1980—2012 年）

（数据来源：FAO 数据库）

落了 3/4，此后，中国洗净毛进口量维持在 3 万～5 万 t。英国和意大利的洗净毛进口量逐年变化也较大，2000 年前，两国进口量大体保持逐步上升格局，分别在 1997 年和 2000 年达到各自的进口峰值 4.5 万 t 和 4.0 万 t，随后两国洗净毛进口又开始回落，到 2012 年其进口量均不到 4 000t。印度洗净毛进口呈现缓慢上升趋势，1980 年印度洗净毛进口量不足 100t，到 2001 年洗净毛进口量超过 4 万 t，超过意大利、英国和中国等洗净毛进口大国，成为世界第一大洗净毛进口国，2007 年受金融危机影响印度进口量有所下降，到 2012 年该国洗净毛进口量为 2.8 万 t。德国洗净毛进口量的变化最为平稳，从 1980 年至 2012 年，德国洗净毛进口量逐年减少，从 1980 年的 3 万 t 减少至 2012 年的 0.82 万 t，降幅达 72.2%。

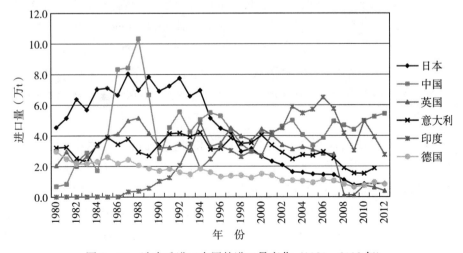

图 2-15　洗净毛进口大国的进口量变化（1980—2012 年）

（数据来源：FAO 数据库）

（三）世界羊毛贸易流量及特点

1. 从出口流量看，2012 年原毛出口大国的主要输出地有中国、捷克和意大利等，洗净毛出口大国的主要输出地有中国、印度和意大利等

2012 年，原毛出口量居世界前五位的国家依次是澳大利亚、新西兰、南非、德国和罗马尼亚，这 5 个国家的原毛出口量合计占世界原毛出口总量的 81.2%。其中，澳大利亚原毛出口目的国家居于前五位的依次是中国、印度、捷克、意大利和埃及。澳大利亚原毛主要出口至中国，2012 年澳大利亚原毛出口量为 31.56 万 t，出口中国 25.88 万 t，占其当年原毛出口量的 82.0%；对其他 4 国的出口量合计为 4.90 万 t，共占 15.5%。2012 年新西兰共出口原毛 4.10 万 t，对中国出口 3.60 万 t，占 87.9%，对德国、意大利、印度和乌拉圭 4 国合计出口 0.47 万 t，共占 11.4%。2012 年南非出口原毛 4.08 万 t，主要的原毛出口目的国也是中国，该年度对中国出口 2.66 万 t，占该国全年原毛出口量的 65.1%；南非其他原毛出口目的国家有捷克、印度、意大利和埃及等，对这 4 个国家合计出口 1.34 万 t，占比为 32.8%。德国原毛出口目的国中居于前两位的国家是捷克和中国，2012 年分别对这两个国家出口 2.36 万 t 和 0.17 万 t，占该国全年原毛出口的比重依次为 87.7% 和 6.4%，德国的其他出口目的国家还有比利时、意大利和乌拉圭等，对这 3 国合计出口为 0.11 万 t，仅占 4.1%。罗马尼亚的原毛出口量很少，2012 年仅出口 1.55 万 t，并且出口目的国也比较集中，出口到土耳其、中国和印度的数量合计为 1.42 万 t，共占 91.8%，出口到摩尔多瓦和斯洛伐克两国的数量为 0.12 万 t，仅占 8%。

表 2-2　2012 年原毛主要出口国的出口流向

出口国	澳大利亚	新西兰	南非	德国	罗马尼亚
	中国（82.0%）	中国（87.9%）	中国（65.1%）	捷克（87.7%）	土耳其（71.6%）
主要出口目的	印度（6.2%）	德国（6.3%）	捷克（15.0%）	中国（6.4%）	中国（13.4%）
地及占比	捷克（4.7%）	意大利（3.8%）	印度（11.2%）	比利时（2.0%）	印度（6.7%）
	意大利（3.7%）	印度（1.1%）	意大利（4.7%）	意大利（1.4%）	摩尔多瓦（5.3%）
	埃及（0.9%）	乌拉圭（0.2%）	埃及（1.9%）	乌拉圭（0.7%）	斯洛伐克（2.7%）

数据来源：UN Comrade。

2012 年洗净毛出口量居世界前五位的国家依次是新西兰、澳大利亚、中国、土耳其和英国，这 5 个国家的洗净毛出口量合计占世界洗净毛出口量的 82.8%。其中，新西兰是世界最大的洗净毛出口国，2012 年该国洗净毛的出口量为 8.68 万 t。新西兰洗净毛主要出口至中国、英国、意大利、印度和德国等国，其中，出口至中国的洗净毛为 3.26 万 t，占其出口量的 37.5%；出口到英国的洗净毛为 1.01 万 t，占其全年出口量的 11.6%；出口至意大利、印度和德国的洗净毛合计为 1.89 万 t，占 21.8%。澳大利亚是世界第二大洗净毛出口国，2012 年该国共出口洗净毛 2.23 万 t，仅是当年新西兰洗净毛出口量的 25.7%。澳大利亚洗净毛主要出口至韩国、中国、马来西亚和日本等亚洲国家，对英国也出口少量洗净毛。其中，2012 年澳大利亚出口至韩国的洗净毛为 0.42 万 t，占其全年出口的 18.9%；对中国出口洗净毛 0.25 万 t，占其全年出口的 11.2%；对马来西亚和日本共出口 0.48 万 t，合计占 21.7%；对英国出口 0.14 万 t，占其全年出口的 6%。

表 2 - 3　2012 年洗净毛主要出口国的出口流向

出口国	新西兰	澳大利亚	中国	土耳其	英国
主要出口目的地及占比	中国 (37.5%)	韩国 (18.9%)	韩国 (18.8%)	中国 (41.8%)	比利时 (26.6%)
	英国 (11.6%)	中国 (11.2%)	尼泊尔 (16.7%)	英国 (18.2%)	立陶宛 (16.4%)
	意大利 (8.5%)	马来西亚 (10.9%)	比利时 (16.0%)	印度 (12.9%)	丹麦 (14.7%)
	印度 (7.5%)	日本 (10.8%)	日本 (10.0%)	比利时 (8.9%)	意大利 (13.5%)
	德国 (5.7%)	英国 (6.0%)	德国 (7.5%)	意大利 (5.2%)	波兰 (5.1%)

数据来源：UN Comrade。

2012 年中国洗净毛出口量居世界第三位，为 1.29 万 t，其出口目的国中居于前五位的依次是韩国、尼泊尔、比利时、日本和德国等周边亚欧地区国家，对韩国、尼泊尔和比利时的出口量均在 2 000t 以上，对日本和德国的出口量为 1 000t 左右，依次占中国全年洗净毛出口的 18.8%、16.7%、16.0%、10.0% 和 7.5%。2012 年土耳其洗净毛出口量为 0.93 万 t，出口目的国居于前五位的依次是中国、英国、印度、比利时和意大利，对中国出口 0.39 万 t，占 41.8%，对其他 4 个国家的出口量合计为 0.42 万 t，占 45.1%。2012 年英国洗净毛出口总量为 0.85 万 t，其出口目的国主要是欧洲地区比利时、立陶宛、丹麦、意大利和波兰等，对这 5 个国家的出口量合计为 0.65 万 t，占英国全年洗净毛出口的 76.3%。

2. 从进口流量看，2012 年原毛进口大国的主要来源国有澳大利亚、南非和新西兰等，洗净毛进口大国的主要来源国有新西兰和英国等

2012 年原毛进口量居世界前五位的国家依次是中国、印度、捷克、德国和土耳其，这 5 个国家原毛进口量合计占世界原毛进口量的 84.9%。在这 5 个国家中，有 4 个国家的第一大进口来源国都是澳大利亚，仅土耳其的第一进口来源国是罗马尼亚。具体看来，2012 年中国全年进口原毛 25.14 万 t，从澳大利亚进口原毛 17.12 万 t，占其全年进口量的 68.1%，从新西兰、南非、乌拉圭和英国的进口量合计为 5.28 万 t，占 21.0%。2012 年印度进口原毛 4.68 万 t，从澳大利亚进口 1.16 万 t，占 24.8%，从巴基斯坦、中国、南非和叙利亚合计进口 1.40 万 t，占 30.0%。捷克在 2012 年进口原毛 2.66 万 t，从澳大利亚进口 1.44 万 t，占 54.1%，从南非、新西兰、马尔维纳斯群岛和英国合计进口 1.02 万 t，占 38.5%。2012 年德国和土耳其的原毛进口量分别为 2.60 万 t 和 1.62 万 t。德国从澳大利亚进口原毛 1.38 万 t，占该国原毛总进口量的 53.0%，从南非、新西兰、阿根廷和马尔维纳斯群岛合计进口 1.07

万 t，占 41.0%。土耳其从罗马尼亚进口原毛 1.10 万 t，占该国原毛总进口的 68.2%，从叙利亚、利比亚、英国和波黑共和国 4 国共进口 0.36 万 t，占 22.1%。

表 2-4　2012 年原毛主要进口地的进口流向

进口大国	中国	印度	捷克	德国	土耳其
主要进口来源地及占比	澳大利亚（68.1%）	澳大利亚（24.8%）	澳大利亚（54.1%）	澳大利亚（53.0%）	罗马尼亚（68.2%）
	新西兰（11.0%）	巴基斯坦（13.0%）	南非（22.7%）	南非（23.4%）	叙利亚（12.9%）
	南非（6.2%）	中国（5.8%）	新西兰（8.0%）	新西兰（9.6%）	利比亚（3.5%）
	乌拉圭（1.9%）	南非（5.7%）	马尔维纳斯群岛（4.5%）	阿根廷（5.5%）	英国（2.9%）
	英国（1.9%）	叙利亚（5.5%）	英国（3.3%）	马尔维纳斯群岛（2.5%）	波黑共和国（2.8%）

数据来源：UN Comrade。

2012 年洗净毛进口量居世界前五位的国家依次是中国、印度、比利时、俄国和日本，这 5 个国家洗净毛的进口量合计占世界洗净毛进口量的 64.8%。这 5 个进口国中，中国、印度、比利时和日本 4 国的第一进口来源国都是新西兰，俄罗斯的第一进口来源国是土库曼斯坦。具体看来，2012 年中国洗净毛进口量为 5.43 万 t，其中，从新西兰进口 3.02 万 t，占中国全年洗净毛进口的 55.6%，从蒙古国进口 0.52 万 t，占 9.6%，从英国、土耳其和乌拉圭 3 国的进口量合计为 1.14 万 t，占 21.0%。2012 年印度洗净毛进口量为 2.75 万 t，其中，从新西兰进口 0.36 万 t，占 13.0%，从澳大利亚进口 0.30 万 t，占印度全年洗净毛进口的 10.9%，从中国、巴基斯坦和英国 3 国的进口量合计为 0.65 万 t，占 23.7%。比利时主要从新西兰、英国和中国 3 国进口洗净毛，从这 3 个国家的进口量合计为 0.73 万 t，占比利时洗净毛进口的 59.7%，从西班牙和土耳其两国合计进口 0.16 万 t，占 13.4%。俄罗斯在 2012 年进口洗净毛 1.13 万 t，其主要进口来源国分别是土库曼斯坦、乌兹别克斯坦、德国、白俄罗斯和蒙古国等，进口量依次为 0.50 万 t、0.26 万 t、0.21 万 t、0.06 万 t 和 0.04 万 t。日本在 2012 年进口洗净毛 0.87 万 t，其中，从新西兰进口 0.36 万 t，占 40.9%，从澳大利亚、法国、英国和南非 4 国合计进口 0.48 万 t，占 55.1%。

表 2-5　2012 年洗净毛主要进口国的进口流向

进口国	中国	印度	比利时	俄罗斯	日本
主要进口来源地及占比	新西兰（55.6%）	新西兰（13.0%）	新西兰（25.4%）	土库曼斯坦（44.3%）	新西兰（40.9%）
	蒙古国（9.6%）	澳大利亚（10.9%）	英国（20.4%）	乌兹别克斯坦（23.4%）	澳大利亚（39.9%）
	英国（7.5%）	中国（9.0%）	中国（13.9%）	德国（18.2%）	法国（10.2%）
	土耳其（7.4%）	巴基斯坦（7.4%）	西班牙（7.4%）	白俄罗斯（5.3%）	英国（4.2%）
	乌拉圭（6.1%）	英国（7.3%）	土耳其（6.0%）	蒙古国（3.7%）	南非（0.8%）

数据来源：UN Comrade。

二、羊绒贸易发展现状及特点

为分析世界羊绒贸易的现状及特点，本节也是在对羊绒贸易规模和主要贸易国家研究的基础上，进一步分析了目前羊绒国际贸易的流量特点，从而来认识羊绒的国际贸易格局现状。由于中国和蒙古国是世界羊绒主产国，这两个国家的羊绒贸易特点是世界羊绒贸易格局的决定因素。

（一）世界羊绒贸易规模及特点

1. 2002 年以来世界羊绒贸易量呈波动下降趋势

2002 年以来，世界羊绒贸易呈波动下降趋势，原绒与无毛绒贸易方向基本保持同步。如图 2-16 所示，2002—2006 年，羊绒贸易小幅增长，其中原绒出口量由 2002 年的 1.06 万 t 增至 2005 年的 1.13 万 t，增长了 6.6%，2006 年小幅下降；无毛绒出口贸易由 2002 年的 1.62 万 t 增至 2006 年的 1.79 万 t，增长了 10.5%。2008 年世界范围的金融危机愈演愈烈，羊绒贸易量明显萎缩，2009 年随着世界经济的缓慢复苏，羊绒贸易有所恢复。至 2012 年，原绒出口量为 0.39 万 t，较 2002 年下降了 63.5%；无毛绒出口量为 0.85 万 t，较 2002 年下降了 47.8%。

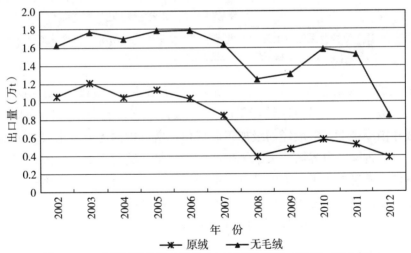

图 2-16　世界原绒及无毛绒的出口量变化情况（2002—2012 年）

（数据来源：FAO 数据库、UN Comrade）

2008 年世界羊绒贸易量大幅下降的主要原因是受世界范围的金融危机波及。以美国金融危机为导火索的金融危机爆发后，各国经济均出现了不同程度的下滑，欧盟和美国等主要经济体进口需求大幅减少，加上贸易保护主义抬头，国际贸易摩擦增加，汇率风险加大，羊绒贸易受到严重冲击，贸易量明显萎缩。2009 年随着世界经济恢复，羊绒贸易量有所增长，但近两年由于受欧美债务危机拖累，世界经济持续疲软，国际市场有效需求不足，世界羊绒贸易规模进一步下滑。

2. 无毛绒贸易量明显多于原绒，无毛绒国际贸易相对活跃

在世界羊绒贸易中，无毛绒的贸易量明显多于原绒的贸易量，无毛绒在羊毛贸易中所占的比重较大，其贸易量占世界羊绒总贸易量的60%～76%，原绒贸易量占世界羊绒总贸易量的24%～40%。2008年原绒贸易量占世界羊绒贸易量的比例一度跌至24%，不足世界羊绒贸易量的1/5，2008年之后该比例有所上升，至2012年原绒贸易量占世界羊绒总贸易量的比例为31.3%。

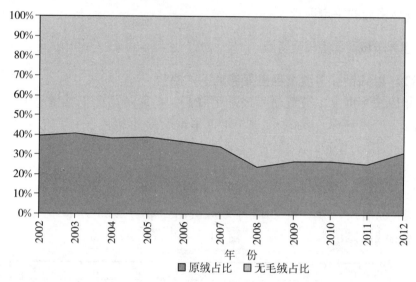

图2-17　原绒及无毛绒贸易量占世界羊绒贸易量的比例情况（2002—2012年）

（数据来源：FAO数据库、UN Comrade）

世界羊绒贸易以无毛绒为主，主要原因是受羊绒主产国的贸易格局决定。中国是世界第一大羊绒生产国，世界原绒产量的75%来自中国，但中国具有强大的羊绒加工能力，原绒外销率很低，一般经初级加工后出口，所以中国无毛绒出口量远高于原绒出口量。此外，蒙古国是世界第二大羊绒生产国，也是原绒的主要出口国，其国内大部分原绒用于出口，不过近年来蒙古国进行羊绒产业调整，政府有望提供更多扶持用以促进该国羊绒加工业的发展，并大力推进羊绒加工企业的技术更新，甚至禁止原绒出口或征收原绒出口关税，一旦蒙古国的原绒出口量减少，将进一步导致世界原绒贸易量下降。

（二）世界羊绒主要贸易国家及特点

1. 世界原绒出口国有蒙古国、美国、南非等，无毛绒出口国有中国、秘鲁、南非等

2002—2012年，世界原绒出口国主要有蒙古、美国、南非、英国、比利时和德国等，这6个国家原绒出口量占世界总出口量的比重在80%以上。2006年以来，蒙古国原绒出口量居世界第一，远远大于其他国家，占世界原绒出口总量的30%左右。而与之相比，美国原绒出口量下降明显，2003年美国原绒出口量达到最大值，

为 2 806t，此后逐步下降，到 2012 年美国出口量仅为 345t，较 2002 年减少了 84.6％。南非原绒出口量下降幅度也较明显，从 2002 年的 1 751t，减至 2012 年的 528t，下降了 69.9％。英国、比利时和德国出口量较少，也均呈现出下降趋势。2002 年这 3 国的原绒出口量分别为 987.5、924 和 680t，到 2012 年分别下降了 68.5％、28.6％和 50.7％。

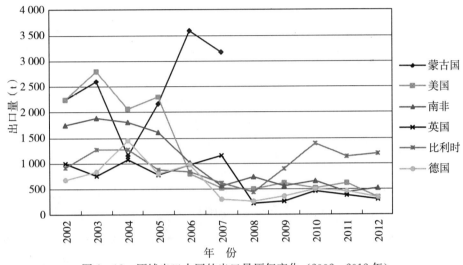

图 2-18　原绒出口大国的出口量历年变化（2002—2012 年）

（数据来源：FAO 数据库）

根据 2002—2012 年各国无毛绒出口总量数据，主要出口国家有中国、秘鲁、南非、阿根廷、法国和蒙古国等，这 6 个国家无毛绒出口量占世界总出口量的比重在 80％～90％。其中，中国是世界第一大无毛绒出口国，2002 年中国无毛绒出口量为 0.97 万 t，是当时排名第二的秘鲁的无毛绒出口量的 4 倍多，此后中国无毛绒出口量逐年减少，到 2012 年中国无毛绒出口为 0.47 万 t，比 2002 年减少了 51.3％。秘鲁年均出口量在世界无毛绒出口国中排名第二，它的出口比较稳定，年平均出口量在 2 968t 左右。南非无毛绒年均出口量较秘鲁稍低，不过在 2012 年首次超过秘鲁，成为当年世界第二大无毛绒出口国。其他 3 个国家无毛绒出口量相对较少，阿根廷和法国的无毛绒出口量均在 1 000t 以内。阿根廷无毛绒出口呈下降趋势，较 2002 年减少了 33.5％，法国无毛绒出口量明显减少，较 2002 年减少了 100％。

2. 世界原绒进口国有蒙古国、美国、南非等，无毛绒进口国有中国、秘鲁、南非等

根据 2002—2012 年间各国原绒进口总量数据，世界原绒进口国居前六位的国家依次是比利时、德国、意大利、日本、中国和英国，这 6 个国家原绒进口总量占世界总进口量的比重超过 85％。在上述国家中，中国原绒的进口量变化情况与世界其他国家形成鲜明对比。2002 年以来，世界原绒进口大国对原绒的进口量都出现了不同程度的下降，而中国的原绒进口数量却出现明显的上涨。2002 年中国原绒进口量为

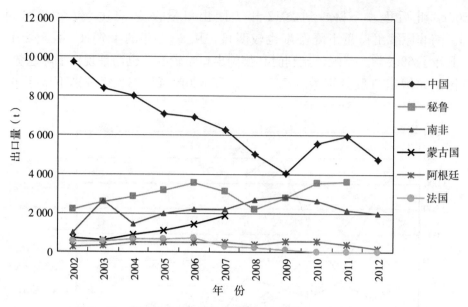

图 2-19 无毛绒出口大国的出口量历年变化（2002—2012 年）

（数据来源：FAO 数据库）

802t，到 2005 年达到 4 857t，增长了 5 倍；2006 年进口开始下降，不过 2008 年金融危机影响并不大，随后中国原绒进口仍继续增加，到 2012 年进口量增至 7 521t，是世界最大的原绒进口国，进口量较 2002 年增长了 8.4 倍多。意大利原绒进口量比较大，基本维持在 4 000t 左右。英国、比利时和日本的原绒进口量均呈现出不同程度的下降，2002 年，这 3 国的原绒进口数量分别为 3 540t、905t 和 3 226t，到 2012 年，上述 3 国的进口数量分别降至 1 034t、828t 和 396t。其中日本原绒进口量下降幅度最大，达到 87.7%，英国和比利时的原绒进口量分别下降了 70.8% 和 8.5%。

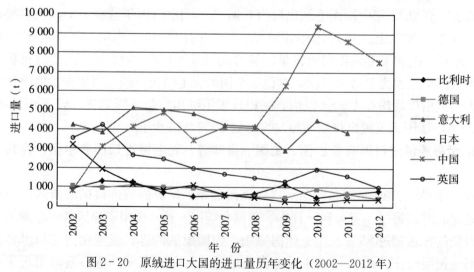

图 2-20 原绒进口大国的进口量历年变化（2002—2012 年）

（数据来源：UN Comtrade）

根据 2002—2012 年各国无毛绒进口数据，世界无毛绒进口国主要有中国、意大利、南非、德国、英国和韩国，这 6 国无毛绒进口总量占世界总进口量的比重在 70%～80%。其中，中国无毛绒进口在 2005 年达到 4 143t，此后有所回落，到 2012 年无毛绒进口为 2 426t，较 2002 年增长了 44.4%。南非、德国和英国无毛绒进口量呈下降趋势，截止到 2012 年，上述 3 国无毛绒进口量分别为 18t、85t 和 314t，较 2002 年分别减少了 98.8%、92.1% 和 62.6%。韩国在 2012 年的无毛绒进口量为 268t，较 2002 年下降了 29.5%。

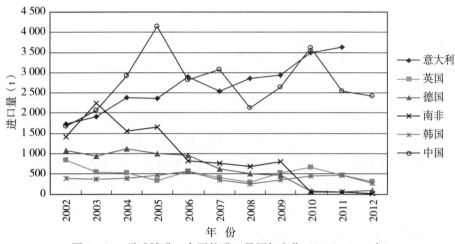

图 2-21　无毛绒进口大国的进口量历年变化（2002—2012 年）

（数据来源：UN Comtrade）

（三）世界羊绒贸易流量及特点

1. 从出口流量看，2012 年原绒出口大国的主要输出地有德国、英国和中国等，无毛绒出口大国的主要输出地有意大利、中国和英国等

2012 年原绒出口量居世界前五位的国家依次是比利时、南非、巴基斯坦、美国和德国，其原绒总出口量占世界原绒出口总量的 75.8%。其中，2012 年比利时原绒出口 1 188t，主要出口至德国、爱尔兰、土耳其、中国和英国，其中出口德国 577t，占 48.6%，出口其他 4 国合计数量为 588t，占 49.5%。2002 年南非原绒出口量为 528t，其中出口英国 324t，占 61.5%，出口到其他 4 个国家的羊绒合计为 203t，仅占 38.4%。2012 年巴基斯坦共出口原绒 527t，出口到中国的有 302t，占 57.3%，出口至土耳其、叙利亚、日本和沙特阿拉伯，合计 202t，占 38.4%。2012 年美国原绒出口 345t，主要出口至南非，对其出口量 253t，对英国和圣马丁岛分别出口 34t 和 25t，各占 10.0% 和 7.3%，美国原绒还有少量出口至加拿大和韩国，对这两国合计出口为 16t，仅占 4.6%。德国原绒出口量为 335t，主要出口至意大利和土耳其，其中出口到意大利的数量为 229t，占其全年原绒出口量的 68.2%，出口到土耳其的原绒数量为 45t，占 13.3%，出口到其他几个地区的数量仅占 11.2%。

表 2-6 2012 年原绒出口大国的出口流向

出口国	比利时	南非	巴基斯坦	美国	德国
主要出口目的地及占比	德国（48.6%）	英国（61.5%）	中国（57.3%）	南非（73.4%）	意大利（68.2%）
	爱尔兰（21.0%）	意大利（36.8%）	土耳其（15.2%）	英国（10.0%）	土耳其（13.3%）
	土耳其（20.4%）	中国（1.0%）	叙利亚（10.5%）	圣马丁岛（7.3%）	奥地利（4.9%）
	中国（4.2%）	日本（0.4%）	日本（8.5%）	加拿大（2.7%）	南非（4.4%）
	英国（3.9%）	尼泊尔（0.2%）	沙特阿拉伯（4.2%）	韩国（1.9%）	葡萄牙（1.9%）

数据来源：UN Comrade。

2012 年无毛绒出口量居世界前五位的依次是中国、南非、英国、玻利维亚和美国，这 5 个国家的无毛绒总出口量占世界洗净毛出口总量的 92.1%。中国是世界无毛绒出口第一大国，2012 年共出口 4 742t 无毛绒，其出口目的国中居于前五位的依次是意大利、英国、韩国、德国和日本，其中，出口到意大利的无毛绒为 2 120t，占其出口量的 44.7%；出口到英国和韩国的无毛绒总和为 1 437t，占其出口量的 30.3%；中国对德国和日本的出口量分别为 518t 和 344t，合计占 18.2%。南非是第二大无毛绒出口国，2012 年无毛绒出口量为 1 989t，其最大的出口目的国是中国，2012 年出口到中国的无毛绒有 653t，占 32.9%；出口至意大利的无毛绒有 581t，占 29.2%；出口至其他 3 个国家的无毛绒数量合计为 347t，占 17.4%。2012 年英国无毛绒出口量为 486t，仅为中国无毛绒出口量的 10.2%，英国的无毛绒主要出口至意大利，对其出口量为 348t，占该国当年出口量的 71.4%；对罗马尼亚、土耳其、法国和中国 4 国共出口 52t，占 10.7%。玻利维亚在 2012 年出口 374t，主要出口至意大利和英国，对这两个国家共出口 299t，占其当年无毛绒出口量的 80.0%，；对中国出口 71t，占其出口量的 19.1%，对秘鲁和丹麦两个国家的出口量合计为 2.94t，占 0.8%。2012 年美国无毛绒出口量为 231t，主要出口至英国和中国，其中对英国出口 116t，占当年其全部出口的 54.4%；对中国出口 61t，占 28.6%；对意大利、泰国和新加坡共出口 35t，占 16.3%。

表 2-7 2012 年无毛绒出口大国的出口流向

出口国	中国	南非	英国	玻利维亚	美国
主要出口目的地及占比	意大利（44.7%）	中国（32.9%）	意大利（71.7%）	意大利（48.4%）	英国（54.4%）
	英国（17.4%）	意大利（29.2%）	罗马尼亚（4.2%）	英国（31.7%）	中国（28.6%）
	韩国（12.9%）	保加利亚（7.3%）	土耳其（3.0%）	中国（19.1%）	意大利（9.4%）
	德国（10.9%）	日本（5.7%）	法国（1.9%）	秘鲁（0.78%）	泰国（6.4%）
	日本（7.3%）	土耳其（4.5%）	中国（1.7%）	丹麦（0.01%）	新加坡（0.4%）

数据来源：UN Comrade。

2. 从进口流量看，2012 年原绒进口大国主要从蒙古国和中国等羊绒主产国进口，无毛绒进口大国的主要来源地有秘鲁和南非等国

2012 年原绒进口量居世界前五位的国家依次是中国、英国、比利时、德国和南非，这 5 个国家的原绒总进口量占世界原绒进口总量的 88.2%。中国目前是世界第一大原绒进口国，主要从蒙古国进口原绒，2012 年中国从蒙古国进口原绒 6 084t，占其全年进口原绒的 80.9%，从其他四个较大来源国的进口量合计仅为 1 173t，占 15.6%。2012 年英国原绒进口量为 1 034t，是世界第二大原绒进口国，其进口来源国前五位依次是中国、南非、德国、美国和意大利，其中从中国进口原绒为 427t，占其原绒进口的 41.3%，从其他 4 个来源国南非、德国、美国和意大利的进口合计为 463t，占 44.8%。2012 年比利时进口原绒 828t，德国是其最大的进口来源国，从德国的原绒进口量为 451t，占比利时当年进口量的 54.5%；比利时从中国进口原绒 217t，占当年其原绒进口的 26.3%；比利时从其他 3 个来源国阿富汗、匈牙利和英国进口的原绒总量为 154t，合计占 18.6%。德国主要从中国进口原绒，2012 年德国从中国进口原绒 345t，占其进口总量的 78.2%，还从英国、秘鲁、意大利和蒙古国进口少量原绒，对这 4 个国家的原绒进口量合计为 70t，共占 15.9%。2012 年南非进口原绒 434t，从美国和澳大利亚共进口原绒 380t，合计占该国当年原绒进口的 87.4%；南非还从新西兰、德国和丹麦进口部分原绒，对这 3 个国家的进口量合计为 51t，占其全年进口量的 11.8%。

表 2-8　2012 年世界原绒进口大国的进口流向

进口国	中国	英国	比利时	德国	南非
主要进口来源地及占比	蒙古国（80.9%）	中国（41.3%）	德国（54.5%）	中国（78.2%）	美国（58.5%）
	哈萨克斯坦（5.8%）	南非（22.1%）	中国（26.3%）	英国（6.8%）	澳大利亚（28.9%）
	阿富汗（4.5%）	德国（12.1%）	阿富汗（15.0%）	秘鲁（3.4%）	新西兰（7.5%）
	巴基斯坦（3.2%）	美国（5.8%）	匈牙利（2.9%）	意大利（3.2%）	德国（3.4%）
	古尔吉斯斯坦（2.1%）	意大利（4.8%）	英国（0.7%）	蒙古国（2.5%）	丹麦（0.9%）

数据来源：UN Comrade。

2012 年无毛绒进口量居世界前五位的国家依次是中国、英国、罗马尼亚、韩国和日本，这 5 个国家的无毛绒总进口量占世界无毛绒进口总量的 79.2%。中国是世界无毛绒进口第一大国，2012 年其进口量为 2 427t，主要从秘鲁和南非进口，其中从秘鲁进口 1 226t，占中国全年无毛绒进口量的 50.5%；从南非进口 687t，约占 28.3%；从蒙古国、玻利维亚和新西兰 3 国合计进口 384t，共占 15.2%。2012 年英国进口无毛绒 314t，其中从秘鲁进口 97t，占该国当年无毛绒进口的 30.9%；从玻利维亚进口 80t，占其进口量的 25.6%；从南非、阿根廷和中国 3 国共进口 134t，占 42.6%。2012 年罗马尼亚进口无毛绒 308t，主要从意大利进口，进口量为 291t，占 94.4％；从南非进口 11t，仅占 3.6％，从英国、希腊和波兰 3 国合计进口 6t，仅占 2％。

表 2-9　2012 年世界无毛绒进口大国的进口流向

进口国	中国	英国	罗马尼亚	韩国	日本
主要进口来源地及占比	秘鲁（50.5％）	秘鲁（30.9％）	意大利（94.4％）	中国（55.3％）	秘鲁（42.8％）
	南非（28.3％）	玻利维亚（25.6％）	南非（3.6％）	秘鲁（26.7％）	南非（38.5％）
	蒙古国（9.2％）	南非（16.3％）	英国（1.8％）	南非（11.9％）	中国（17.9％）
	玻利维亚（5.3％）	阿根廷（13.6％）	希腊（0.17％）	英国（3.3％）	蒙古国（0.6％）
	新西兰（1.3％）	中国（12.6％）	波兰（0.03％）	阿根廷（0.7％）	意大利（0.2％）

数据来源：UN Comrade。

2012 年韩国进口无毛绒 268t，中国和秘鲁是其主要进口来源国，其中，韩国从中国进口 148t，占其全年无毛绒进口的 55.3％；从秘鲁进口 71t，占其全年进口的 26.7％；此外，南非、英国和阿根廷也是韩国的无毛绒进口来源国，从这 3 国合计进口无毛绒 43t，共占 16.0％。2012 年日本进口无毛绒 259t，秘鲁、南非和中国是其主要进口来源国，从这 3 个国家共进口无毛绒 257t，占该国当年全年无毛绒进口量的 99.2％，从蒙古国和意大利进口少量无毛绒，其进口量合计为 2t，仅占 0.8％。

第七节　供求平衡现状及特点

绒毛作为天然纤维，是世界纺织工业的重要原料。中国是世界绒毛生产和加工大国，世界绒毛的供给和需求状况如何，关系到我国绒毛产业的发展。因此，研究世界绒毛的供求平衡现状和特点，有助于为我国绒毛产业发展提供参考，为制定相关绒毛生产、加工和贸易政策提供借鉴。

一、世界羊毛供求平衡现状及特点

本部分主要利用美国绵羊产业协会月度羊毛杂志[④]、日本化纤协会和《纤维年报 2011》提供的相关图表和数据，从世界羊毛产量、库存量、需求量、库存消费比等方面分析和总结世界羊毛供求平衡现状及特点。

（一）世界羊毛供给现状及特点

1. 1980 年以来世界羊毛产量先增后减，近年来世界羊毛将保持较低生产水平

1980—2012 年，世界羊毛产量先增后减，呈现倒"V"形走势。如图 2-22 所

④　网址：http://www.sheepusa.org/Wool_Information。

示，1980 年世界羊毛产量在 167 万 t 左右，随后增加到 1990 年的历史最高水平 200
万 t 左右，约增长了 20 ％。此后，世界羊毛产量逐年减少，到 2012 年产量约为 107
万 t，较 1990 年约减少 46％，较 1980 年约减少 36％。导致世界羊毛产量下降的主要
原因有以下几个方面：第一，羊毛和羊肉比价不合理，饲养肉羊比毛用羊经济收益更
大，主要产毛国农牧民转产较普遍，造成世界毛用羊存栏数下降；第二，世界羊毛价
格暴涨暴跌，挫伤农牧民饲养毛用羊的生产积极性；第三，养殖大国如澳大利亚、阿
根廷等国出现干旱、火灾、水灾等恶劣气候和自然灾害，造成羊毛产量出现减缩；第
四，随着世界羊毛主要出产国的城市化进程，牧区青壮劳动力纷纷脱离畜牧业，养羊
人口老龄化，养羊业规模缩小，直接影响到了养羊数量和羊毛产量[5]。2012 年澳大利
亚、阿根廷、乌拉圭和南非等大多数主产国羊毛产量都下跌，国际毛纺织组织（IW-
TO）预测虽然一些羊毛主产国养羊的数量在增加，但是世界羊毛产量没有复苏迹象，
2013 年世界羊毛产量与 2012 年基本相同，可能只有 0.2％的增长。考虑到世界羊毛
产量在 2011 年和 2012 年分别下跌 2.3％和 1.4％，世界羊毛产量将保持较低的生产
水平。

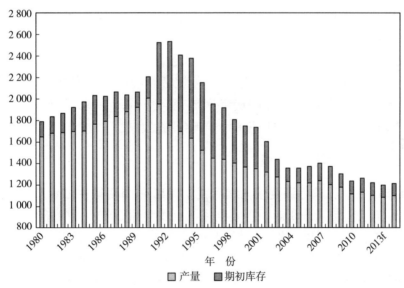

图 2-22 1980—2013 年世界羊毛产量变化（净毛，单位：千 t）
[数据来源：Poimena Analysis，国际毛纺织组织（IWTO）。注：2013 年是预测数据]

2.1990 年以来世界羊毛库存量波动下降，近年来库存量所剩无几

如图 2-23 所示，1990 年至 2012 年期间，世界羊毛库存量波动下降，从 50 万 t
左右下降至 6.7 万 t 左右，降幅达到 87％。1991 年，世界羊毛库存量最多，为 67
万 t 左右。此后世界羊毛库存量一直下降，并且自 2008 年开始，世界羊毛库存量较
少，维持在 6.5 万 t 左右，表明近年来世界羊毛结转库存量所剩无几。

⑤ 张克强，2008 年羊毛市场回顾与展望. 中国纺织工业发展报告（2008/2009），2009。

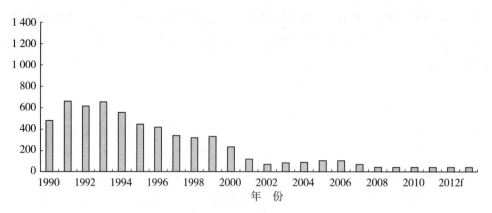

图 2-23　1990—2012 年世界羊毛库存量变化（净毛，单位：千 t）

［数据来源：美国羊毛委员会（AWC），乌拉圭羊毛局（SUL），国际羊毛局，南非羊毛公司 Capewools，阿根廷羊毛联合会（FLA），政府机构，Poimena Analysis］

3. 1980 年以来世界羊毛供给量先增后减，近年来世界可用羊毛数量下降

羊毛生产量和库存量之和决定了一定时期内世界羊毛的供应水平，如图 2-22 所示，1980 年以来，世界羊毛供给量先增后减。世界羊毛供应量先从 1980 年的 180 万 t 左右上升至 1992 年的历史最高水平 250 万 t 左右，此后由于世界羊毛生产量和库存量的持续减少，世界可用羊毛数量急剧下降至 2012 年的 120 万 t 左右，较 1992 年下降了 52%。美国绵羊产业协会指出 2012 年服装行业的羊毛产量（服装用羊毛）较 1990 年下降了 60%，装饰用羊毛的产量（地毯、垫子、毛毯）下降了大约 1/4。相对于纺织品的羊毛需求，羊毛供应量的下降幅度更大。

（二）世界羊毛需求现状及特点

1. 1980 年以来世界羊毛消费量先增后减，2012 年消费量在 120 万 t 左右

进行世界羊毛消费量分析时，主要利用《纤维年报 2011》中 1980 年至 2010 年的数据。此外，考虑到《纤维年报 2011》中缺乏 2012 年数据，故采用日本化纤协会[⑥]在 2008 年第七届亚洲化纤会议上的世界羊毛消费量预测数作为补充。

根据《纤维年报 2011》数据，1980 年以来，世界羊毛消费量呈现先增长后下降的趋势。如图 2-24 所示，世界羊毛消费量在 1980 年至 2010 年期间的变化以 1990 年为界分为两个阶段。第一阶段为 1980 年至 1990 年，此阶段世界羊毛消费量稳定增加，从 159.9 万 t 增加到 198.8 万 t，增长了 24.33%；第二阶段为 1990 年至 2010 年，此阶段世界羊毛消费量快速下降，到 2010 年消费量仅为 108.3 万 t，较 1990 年减少了 45.52%，较 1980 年减少了 32.27%。

日本化纤协会预测 2006 年至 2012 年期间世界羊毛消费量将以 0.6% 的年平均增长率增加，至 2012 年世界羊毛总消费量为 127.1 万 t。考虑到日本化纤协会在预测

---

⑥　日本化纤协会发布的 2005 年、2006 年世界羊毛实际消费量数据与《纤维年报 2011》公布的数据相差不大。

2005 年、2006 年世界羊毛消费量时分别高估了 6.7%、6.4%[⑦]，所以其对 2012 年世界羊毛消费量的预测可能存在高估情况。假设高估了 6.5%，那么 2012 年世界实际羊毛消费量应该在 120 万 t 左右，这意味着随着全球经济形势复苏，2012 年世界羊毛消费量较 2009 年、2010 年将会有所回升。

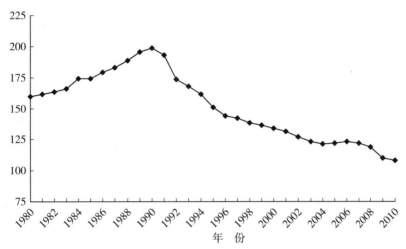

图 2 - 24　1980—2010 年世界羊毛消费量变化（净毛，单位：万 t）

〔数据来源：国际棉花咨询委员会（ICAC）、国际毛纺织组织（IWTO）、联合国粮食与农业组织（FAO）及自我的估计值〕

2. 1995 年以来世界羊毛与其他纤维的价格比率上升，使羊毛的需求量下降

羊毛与其他纤维的价格比率能够反映与其他纤维相比羊毛是否存在价格优势。根据美国绵羊产业协会月度羊毛杂志提供的图 2 - 25 可知，1995 年至 2013 年期间，世界羊毛与棉花的价格比率和羊毛与化纤的价格比率均波动上升。其中，羊毛与棉花的价格比率从 1995 年的 3.0 左右波动上升至 2013 年 3 月的 5.97；羊毛与化纤的价格比率从 1995 年的 2.2 左右波动上升至 2013 年 3 月的 5.14。根据国际毛纺组织信息委员会主席 Chris Wilcox 的数据模型经验，如果羊毛价格与棉花价格比率超过多年平均 4.5，与化纤价格比率超过多年平均 3.65，羊毛价格的竞争力就会下降[⑧]。目前羊毛与棉花的价格比率接近 6.0，羊毛与化纤的价格比率超过了 5.0。而且考虑到羊毛相对其他纤维的低水平世界供给，羊毛与其他纤维的价格比率在可预见的未来可能继续保持高位运行。这意味着与棉花、化纤相比，羊毛价格偏高，羊毛的价格竞争力越来越不如其他低价的纺织纤维。羊毛价格优势的丧失，使全球羊毛的需求量下降，最终可能导致厂商为了维持生产，采用棉花或其他纤维作为替代。

⑦　日本化纤协会在第四届（2002 年）、第五届（2004 年）亚洲化纤会议上分别预测 2005 年、2006 年的世界羊毛总消费量依次为 130.4 万 t、130.6 万 t，实际需求量是 122.2 万 t、122.7 万 t。

⑧　中国纺织报，"一生愿为羊毛狂"，http：//paper.ctn1986.com/fzb/html/2011 - 09/20/content _ 314432.htm，2011.9；全球纺织网，"2011 年国内毛纺市场分析点评及 2012 年行情展望"，http：//www.tnc.com.cn/info/c -- d - 189972.html，2012.1。

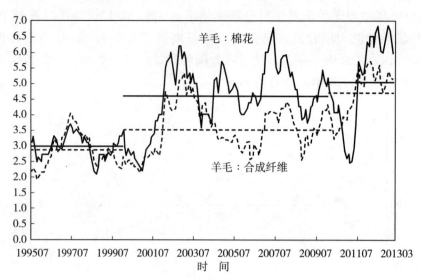

图 2-25　1995—2013 年羊毛与其他纤维的价格比率

注：与 $21\mu m$ 羊毛比较，时间截止到 2013 年 3 月

［数据来源：澳大利亚羊毛交易所（AWEX），棉花展望公司，全球纤维及相关行业专业咨询公司 PCI Fibres，国际人造纤维和合成纤维委员会（CIRFS），Poimena Analysis］

（三）世界羊毛供求平衡现状及特点

判断世界羊毛供求平衡状况的重要指标之一是羊毛库存消费比，其定义为在一个年度期间，世界羊毛市场期末羊毛库存量占世界羊毛消费量的比例。研究表明，世界羊毛市场的合理库存消费比值为 $20\%\sim25\%$，即当羊毛的库存消费比接近合理数值时，羊毛的供求处于平衡状态；当库存消费比高于合理数值时，预示着羊毛市场供大于求，库存的压力较大；当库存消费比指数低于合理数值时，表示该国羊毛市场供不应求。从图 2-26 可以看出，1980 年以来，世界羊毛库存消费比值呈现先增后减的变

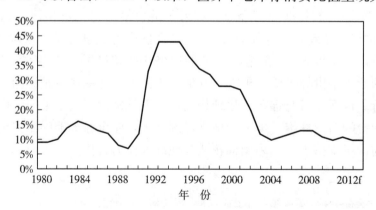

图 2-26　1980—2012 年世界羊毛库存消费比变化

注：2012 年为预测数

［数据来源：Poimena Analysis，国际毛纺织组织（IWTO）］

动趋势。具体来看，1980 年至 1989 年期间，羊毛库存消费比在 5%～17%之间徘徊，世界羊毛市场表现为供不应求；1989 年至 1995 年期间，羊毛库存消费比快速上升至 43%左右；1995 年至 2003 年期间，羊毛库存消费比下降至 10%左右；2003 年以后，羊毛库存消费比一直徘徊在 10%左右，低于合理的库存消费比水平，表明近年来世界羊毛市场供不应求。

二、世界羊绒供求平衡现状及特点

考虑到世界羊绒供求平衡相关数据的缺乏，本部分主要利用中国羊绒产量占世界羊绒产量的比重反推出世界羊绒产量，以分析世界羊绒供给情况；世界羊绒需求情况分析主要根据已有的相关新闻报道总结。

（一）1995 年以来世界羊绒产量先增后减，中国是最大的羊绒生产国

现有关于羊绒产量研究表明，中国是世界上羊绒产量最大的生产国，约占世界总产量的 70%以上，蒙古国生产羊绒约 20%，还有极少一部分羊绒生产于其余国家（薛凤蕊等，2008）。考虑到其他国家羊绒产量较少且相关数据不可获得，主要利用中国和蒙古国的合计羊绒产量来代表世界羊绒产量。如图 2-27 所示，1995 年至 2011 年期间，世界羊绒产量先增后减，从 1995 年的 1.06 万 t 波动增加到 2010 年的 2.48 万 t，然后下降至 2011 年的 2.24 万 t。具体来看，世界羊绒产量随着山羊存栏量的增加，从 1995 年的 1.06 万 t 增加至 2007 年的 2.34 万 t，较 1995 年增加了 1 倍多。此后由于经济危机影响，羊绒产业需求小幅下降，世界羊绒产量下降至 2008 年的 2.31 万 t 左右。2009 年开始，世界羊绒产量回升，至 2010 年世界羊绒产量达到历史最高

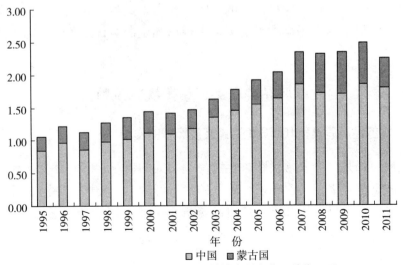

图 2-27　1995—2011 年世界羊绒产量变化（单位：万 t）

（数据来源：《中国统计年鉴》《蒙古国统计年鉴》）

水平的 2.48 万 t。2011 年，由于中国禁牧等政策的作用显现和蒙古国 2010 年严冬畜牧灾害影响，世界羊绒产量下降至 2.24 万 t。目前，世界上主要羊绒生产国家有中国、蒙古国、伊朗、阿富汗、哈萨克斯坦、吉尔吉斯斯坦、巴基斯坦、土耳其等。中国是世界上最大的羊绒生产国，同时也是最大的羊绒加工国，世界超过 90％的羊绒原料在中国完成初加工处理（刘莉，2010）。

（二）自 2002 年以来，世界羊绒消费量以每年 15％的速度递增

山羊绒作为稀有的特种动物纤维，是世界上珍贵的纺织原料，在国际市场有"纤维的钻石""软黄金"之称。张立中（2009）指出羊绒是一种不可代替的特种纤维，其他纤维织品对羊绒产品不可能构成威胁。根据国家有关部门统计资料显示，从 2002 年起全球的羊绒消费量正以每年 15％的速度递增[⑨]。鄂尔多斯集团总裁王林祥（2008）也指出，羊绒服装以其自然高贵典雅的品质与世界经济形势的改善将大大增强消费者的信心，预计今后几年世界羊绒消费市场将呈逐年上升趋势，尤其是美国和日本两国，它们已经成为最大的羊绒产品的消费国。

（三）世界羊绒供求平衡关系表现为对优质羊绒的需求超过了羊绒供给

一些羊绒业界人士指出，羊绒业是一个资源依托型产业，原料的有限性极大地制约着产业的发展，同样羊绒产品又是一种外向型出口产品，国际市场的需求变化是羊绒市场的晴雨表，旺盛的需求和有限的供给是世界羊绒市场趋势[⑥]。值得指出的是，2008 年由于全球经济危机的影响，尤其是欧美等国羊绒市场的不景气，导致世界羊绒市场供过于求的矛盾极其突出。近年来，随着世界经济不断复苏和人民多样化消费需求产生，世界各国尤其是美国、欧洲和远东地区对健康、舒适的羊绒制品的消费需求增长迅速，而受政府环境保护政策的影响，作为羊绒生产大国的中国山羊饲养量增速放缓，使得世界羊绒市场供求平衡关系表现出加工商对优质羊绒的需求超过了羊绒供给。

三、世界裘皮供求平衡现状及特点

（一）世界的经济危机和欧债危机影响裘皮产业的发展

国际裘皮市场是一个非常活跃且年贸易量很大的市场，同时，受各种外界因素的影响，价格波动也较大。裘皮相当一部分的消费群体位于美国、欧洲、日本、韩国等发达国家，受国际金融危机和欧债危机的持续影响，终端消费者必然减少购买数量，引起消费需求萎缩，裘皮类服饰的销售数量必然要受到影响。

---

⑨　中华人民共和国商务部，"纺织品配额取消将有利于我国羊绒产业发展"，http：//www.mofcom.gov.cn/aarticle/o/ 200411/20041100301932.html，2004.11。

（二）中国的市场需求影响裘皮价格

按目前的消费水平，虽然中国没有达到发达国家的消费水平，但由于中国人口基数大，现在已经出现了一定的裘皮消费群体。有消费才会有市场，中国买家在毛皮拍卖会上将会成为最大的买家。

（三）俄罗斯市场对毛皮的需求是裘皮行情变化的基石

俄罗斯是一个拥有无穷潜力的裘皮消费市场，俄罗斯大部分地区冬季长达 6 个月，俄罗斯人历来就喜欢穿着裘皮制品。在俄罗斯市场，当地人对裘皮的青睐及需求是很高的，目前，俄罗斯市场目前是世界最大的裘皮市场，因此俄罗斯市场是裘皮价格行情变化的晴雨表。

第八节　主产国产业政策研究

从世界范围内来看，国外的羊毛主产国主要包括大洋洲的澳大利亚、新西兰，非洲的南非，美洲的阿根廷等国家，羊绒主产国主要是蒙古国。这些国家在绒毛用羊产业发展过程中均实行过各有特色的产业政策。此外，美国在绒毛用羊产业上虽然不具有很强的比较优势，但是作为农业发达国家，其产业政策具有很多值得借鉴的地方。本节将对前述绒毛主产国和美国在绒毛用羊产业发展过程中采取的产业政策进行系统梳理。

一、澳大利亚的绒毛用羊产业政策

澳大利亚饲养的绵羊主要是美利奴羊，所产羊毛主要是服装用毛，质量稳定可靠，非常适合加工企业的需要。羊毛产业在澳大利亚对外贸易中占有十分重要的地位，因此政府对羊毛产业的发展十分关注，采取了最低价格保护、降低羊毛税等多项产业政策振兴和发展羊毛产业。澳大利亚政府的产业政策注重从羊毛产业链角度出发，在研发、生产、流通和加工等多个环节采取了具有针对性的措施，建立了完整的产业政策体系，这也使得澳大利亚羊毛产业始终处于世界领先地位。澳大利亚羊毛产业政策主要体现在以下方面：

（一）政府出资建立公益性组织从事产业研发，不断增强羊毛产业创新能力

澳大利亚羊毛产业的持续发展有赖于产业创新能力的提高。澳大利亚政府将牧民交纳的羊毛税建立澳大利亚羊毛产业创新公司（Australian Wool Innovation Limited，缩写为 AWI），该公司作为公益性组织主要负责全国羊毛产业研发项目的管理，并将研发项目的成果推向市场，促进澳大利亚羊毛产业技术创新走在世界最前沿。澳大利亚羊毛产业技术创新领域十分广泛，体现出从产业各个环节联合创新的

特点，其羊毛产业的技术创新领域包括：绵羊的卫生条件改善、动物福利保护、剪羊毛技术改进、养羊环境改善、羊毛产业技术培训与拓展、毛纺工业发展条件下纤维质量的改善、次等毛纺品与地毯制造、羊毛纤维知识传播以及毛纺工业创新等。

近年来，澳大利亚羊毛产业创新公司不断增加羊毛产业创新资金投入，并将研发项目从农场内部延伸到农场外部。澳大利亚羊毛产业创新公司 2009 年度对农场内部技术研发支出规模已经高达 1 230.8 万澳元，对农场外部的技术研发支出达到 820.6 万澳元，研发总支出规模达到 2 051.4 万澳元。该公司 2010—2011 年度可利用的资金规模总计可到达 5 210.4 万澳元，其中 50% 的资金用于研发活动，农场内部技术研发投资、农场外部技术研发投资分别占 30%、20%[⑩]。

（二）推动牧民生产合作组织成立及羊毛产业的生产社会化服务，完善羊毛产业链条

为了应对日趋激烈的竞争和资源环境压力，澳大利亚政府积极推动羊毛生产者成立自己的经济合作组织——羊毛生产者协会。澳大利亚政府法规规定生产者合作组织不受反垄断法的限制，以保护生产者的利益。羊毛生产者协会在羊毛产业政策的制定、执行与改革等方面有很强的影响力，在产业内部与外部关系、环境与气候变化、贸易与税收等产业政策上拥有自己的话语权。羊毛生产者协会还负责任命澳大利亚羊毛检验局和澳大利亚羊毛交易所的董事会成员，肩负全国羊群卫生疾病的预防工作，保护羊群免于遭受口蹄疫等重大疫病的危害，并改善羊群的动物福利水平。澳大利亚数以万计的羊毛生产者加入该协会，并通过协会维护自身利益。

澳大利亚还大力推动羊毛生产的社会化服务，构建了完整的羊毛产业链。澳大利亚农业政策部门、管理部门和农业科研部门积极合作，为农牧民提供完整、便于操作的技术决策与经济决策的指导规范，并利用互联网等现代信息技术手段发布给农牧民，供他们随时使用，也有针对性地召开各种培训或研讨会，将专业技术和经营管理技巧传授给农牧民。牧场主负责绵羊饲养、剪毛和初步清拣。打包公司负责羊毛打包并交付经纪商。此外，还有羊毛检验所、库存毛有限服务公司、羊毛交易所等从事销售服务的专业机构。

（三）积极推行羊毛收获流程科学管理制度，有效控制羊毛质量

羊毛收获是羊毛生产过程中十分重要的一个环节，澳大利亚推行一系列的制度设计用以严格管理羊毛收获流程，有效控制羊毛质量。这些制度设计的主要措施包括：第一，在全国范围内各个农场附近，统一修建标准化的剪毛棚作为剪毛场所，用于羊毛收获作业。标准的剪毛棚内，剪毛台通常是由光滑的木板材料制作而成，可以使羊毛不被杂物污染；为了提高剪毛效率，剪毛棚内还专门设有羊只排队进入剪毛台的入口。第二，由专业人员从事羊毛收获，羊毛收获包括剪羊毛和分级整理两项重要操

---

⑩ Australian Wool Innovation Limited，AWI Performance Report 2011，http：//www. wool. com/grow. htm。

作，这两项操作必须经专业剪毛员和专业分级员分别完成，否则羊毛质量将会受到影响。专业人员必须参加过相关专业培训，并获得羊毛收获从业资格证书。第三，建立羊毛质量的追溯体系。在此过程中，羊毛分级操作是保障羊毛质量最为关键的一个环节。不同品种、不同性别和年龄的羊只所产羊毛存在很大差异，即使是同一只绵羊，其身体不同部位（如头部、颈部、腹部、胫部、腿部和臀部等）的羊毛品质也存在着差异。分级操作就是消除羊毛品质差异的过程，其基本做法就是将品质相近的羊毛放在一起，将品质不同的羊毛区分开来。羊毛分级操作的成功与失败直接关系到后续检验、市场销售等环节的完成，因此，在澳大利亚只有获得职业资格证书且近 3 年连续从业的羊毛分级员才能从事该项工作。每当羊毛分级员分级操作完毕，需要其使用专业工具在所分级的羊毛外包装上加盖戳记。由于戳记的编码是唯一的，且与羊毛分级员从业身份证编号对应，当羊毛分级出现偏差，产生羊毛质量问题时，可以通过戳记来追溯到相应的羊毛分级员，实现对羊毛质量在分级阶段的全面控制。

（四）建立客观的羊毛分级和质量监测体系，实现羊毛优质优价

传统的羊毛实物交易过程中，采购商通过现场观察（凭借眼力和手感）判断羊毛的品质状况以及是否适应企业加工要求，然后再与出售方进行价格谈判，交易过程中往往需要消耗买卖双方大量的时间和精力。交易过程中，羊毛品质差异主要凭借肉眼观察等主观因素进行判断，因此其客观性和公正性常常备受质疑。澳大利亚联邦政府在 1957 年正式成立羊毛检验局（Australian Wool Testing Authority Ltd，缩写 AWTA），其重要职责就是建立起严格、客观的羊毛检验体系。目前，澳大利亚羊毛检验体系拥有世界最为先进的检验设备和专业化的检验人员，羊毛检验数据经过计算机处理后，生成电子数据，可以直接进入拍卖市场或个人专门数据库使用，澳大利亚羊毛检验局在羊毛检验的各项参数与加工企业对羊毛纤维的要求之间建立了一整套数理关联公式，增强了检验结果的应用性。加工企业结合自己的加工实践，充分利用数理关联公式对企业自身的加工技术进行调整，这样就可以迅速地适应某一批次羊毛纤维特点，大幅度提高了企业的生产效率，降低了加工成本。澳大利亚羊毛检验局对羊毛检测的结果是市场交易的基准，目前澳大利亚销售的每一个毛包一般都要经过检验才可以正式销售，检测后的毛包上都会标注判断羊毛质量的各种参数（例如，羊毛纤维直径、净毛率和草杂含量等指标），羊毛在交易所按照优质优价公开拍卖的原则售出，有效保证了羊毛生产者和加工企业双方的利益。

（五）推动羊毛标识及品牌建设，提升澳毛市场知名度

澳大利亚不仅将生产优质的羊毛作为其产业发展的策略，更将羊毛标识及品牌建设作为产业持续发展的动力。通过授权使用羊毛标识，可以增加羊毛产业的附加价值。澳大利亚从 1960 年开始建立纯羊毛标识。纯羊毛标识（Woolmark）的作用是向

消费者提供一种保证——消费者所购买的纺织品或服装含有纯天然羊毛纤维。服装、纺织品等制造商如果需要使用羊毛标识，需向澳大利亚羊毛标识公司提出申请，在羊毛标识公司进行专业检验、鉴定之后授权制造商可以在其产品上使用羊毛标识。澳大利亚羊毛标识经历40多年的发展获得很多荣誉，在澳大利亚商界被评选为澳大利亚十大贸易品牌之一，在世界范围内成为消费者青睐的国际品牌。澳大利亚羊毛标识及品牌也成为全球羊毛产业的行业标准，这也是澳大利亚羊毛产业在世界羊毛及纺织行业处于领导地位的重要原因之一。

（六）适时采取价格支持政策和减税措施，保护国内羊毛生产者利益

20世纪50年代是澳大利亚羊毛产业的繁荣时期，此后20年间，羊毛价格一路下跌，羊毛产业发展受价格影响停滞不前。为了防止羊毛价格过低或者剧烈波动损害羊毛生产者的利益，澳大利亚从1974年开始采取实行羊毛最低保护价政策。该政策规定当羊毛拍卖价格低于预定的最低保护价格时，澳大利亚羊毛公司（Australia Wool Corporation，缩写为AWC）收购全部羊毛，等到以后年份价格如果回升，再将羊毛销售出去。AWC羊毛收购资金来源是通过向羊毛生产者按照羊毛产值进行征税获得的。羊毛最低保护价格政策实行了近20年，有力地保护了国内羊毛生产者的经济利益，但是由于澳大利亚制定的羊毛最低保护价格水平较高，政府财政支出大幅增加，而且随着全球经济一体化、国际贸易不断发展，多边贸易谈判对成员国国内价格政策的压力越来越大，削减扭曲贸易的各项价格政策在澳大利亚这样的农业发达国家的要求越来越强，澳大利亚不得不考虑减少对价格支持政策的依赖。20世纪90年代初期，羊毛价格支持政策被迫终止，此后10年间，澳大利亚羊毛产业发展又陷入了低迷，羊毛生产者以及生产流通环节的其他经营主体（例如，羊毛代理人和经销商等）的利益受到损害。在这一背景之下，澳大利亚政府开始推行以降低羊毛税税率为主要措施的羊毛价格政策改革。2000年以前，澳大利亚羊毛税率为4%，羊毛生产者税赋较重，生产受到抑制。经过广泛调查之后，政府认为应当多听取羊毛生产者关于羊毛税率的意见。2000年，澳大利亚政府对羊毛生产者进行了第一轮羊毛税率调查，调查结果显示，大多数羊毛生产者倾向于2%的羊毛税率，于是，澳大利亚政府最终确定羊毛税率为2%，这样羊毛生产者的税赋比以前下降一半，税赋有所减轻。此后澳大利亚政府在《2000年羊毛服务私营化法》中明确规定：澳大利亚羊毛产业创新公司负责对全国羊毛生产者每3年进行一次羊毛税收民意调查（The Wool Levy Poll），将调查结果及建议征收的税率提交给农渔林部，然后再经农渔林部审核后执行新的羊毛税率。同时还规定羊毛产业创新公司在开展羊毛税收调查时，必须向受访者提供包括0税率等5种不同的税率进行选择；羊毛生产者（包括个人、企业、委托人或者合作者）只要在3年内缴纳超过100澳元的羊毛税就有资格投票，如果缴纳的税收每超过100澳元，羊毛生产者就可以进行额外的一次投票。澳大利亚分别于2003年、2006年、2009年、2012年举行过羊毛税率调查，这4次投票结果显示羊毛

生产者仍然支持 2% 的税率⑪。

(七) 实施积极的抗旱政策，支持生产者适应气候变化

澳大利亚羊毛产业受旱灾影响较大，尤其是近几年澳大利亚出现多次旱灾，草场生产状况恶化，羊毛产量受此影响出现下降。澳大利亚政府在西澳大利亚地区进行抗旱措施试点改革，然后制定一系列新的抗旱政策，以支持羊毛生产者提高应对旱灾的能力。抗旱政策主要包括以下内容：对受到旱灾影响，流动资产存在问题，或者资金存在困难的羊毛生产者给予收入支持，构建旱灾保护的安全网；向羊毛生产者提供直接援助，鼓励他们继续经营牧场，支持他们制定必要的计划，对发生旱灾后的风险实施有效管理；将抗旱政策延伸到农村社区，援助农村社区应对干旱及其他困难，改善农村社区预防旱灾的条件；制定自然资源管理和干旱预警战略，加大季节性自然灾害预测相关的研究等。

随着羊毛产业发展受到气候变化的不利影响越来越明显，澳大利亚农林渔部积极作出政策调整，出台了推动牧场适应气候变化的政策。这些政策通过具体的项目来促使生产者预防气候变化带来的影响，或者对气候变化带来经济损失的生产者直接进行补偿。具体措施主要包括：①牧场防范气候变化的项目。该项目包括气候变化补贴和适应气候变化的产业发展补贴两个部分，前者的标准是每个财政年度为养羊农民提供 1 500 澳元参加培训课程，包括住宿费用、差旅费等，后者对符合条件的牧场每个财政年份给予最高额度为 8 万澳元的补贴。②推动牧场调整适应气候变化的项目。加入该项目的生产者可以直接获得最高额度为 5 500 澳元的政府补贴，用于支付参加咨询机构、教育机构或大学提供的各种培训课程的学费，或者为获取法律、专业人士和研究机构的业务咨询而产生的咨询费。生产者若要获得这个项目的补贴，还需完成关于农场的商业分析、财务评估与长期前景预测等内容，并制定适应气候变化的具体行动方案；对于那些受到气候变化影响较大、选择退出绒毛用羊养殖的生产者，可以直接获取最高额度为 15 万澳元的政府补贴，以及最高额度为 5 500 澳元的建议与培训拨款⑫。③临时收入支持项目。受气候变化影响而导致财务发生困难的牧场，可以享受最高额度为 5 500 澳元、最长期限为 12 个月的政府补贴，获得政府补贴之后，还需接受适应气候变化调整牧场的专业建议与培训。

二、新西兰的绒毛用羊产业政策

新西兰是世界第三大羊毛生产国和第二大羊毛出口国，在全球羊毛生产与贸易中

---

⑪　澳大利亚农渔林部："羊毛税收民意调查"，http：//www.daff.gov.au/agriculture-food/meat-wool-dairy/wool/levy-polls。

⑫　澳大利亚农渔林部："气候变化的调整、援助"，http：//www.daff.gov.au/climatechange/。

占有重要地位，其所产的半细羊毛享有较高的美誉度。新西兰注重先进管理技术的推广应用、羊毛品牌建设、草场资源保护及产业市场竞争能力的培育，经过多年发展，新西兰目前已经成为全球先进养羊国家之一。新西兰羊毛产业政策主要体现在以下方面：

（一）推行政府、商业化机构、学校和科研机构、私人机构相结合的农业科技服务模式，注重羊毛产业的科技服务

新西兰高度重视羊毛产业中的科学技术研发的推广和应用，鼓励农业基础产业的研究与开发。目前新西兰实行的是政府、商业化机构、学校和科研机构、农协、私人机构相结合的农业科技服务模式。对于农业基础性和公益性研究、重大关键性技术研究项目，主要由政府公共财政经费投资，农业研究机构来承担；对于实用性技术开发应用项目，主要由农业行业组织和农业合作公司投资，委托农业研究机构完成，或者成立专门研发机构完成。依靠农牧业科技进步及其创新研究，保障农牧业发展的持续性与竞争性，成为新西兰政府部门、学术团体与农场主的共识。

新西兰政府鼓励农业基础产业的研究与开发，依靠强大的科技和产业支撑养羊业的发展，培育优良绵羊与山羊品种，大力开发人工草场。研究人员利用分子育种技术开发牧草新品种，提高畜牧业生产力，研究主要饲草功能基因组。同时，开展羊基因组研究与繁殖和克隆技术的研究，鉴定、发现生产和动物健康相关的重要基因。目前，新西兰财政预算中直接用于科技的经费占18%，科技经费中用于农业的占30%。

新西兰农业科技服务的目标是帮助生产者更好地从事经营活动，提高生产效率。农业科技服务通过多种方式促进牧民积极采用各种先进的管理技术以提高羊毛生产效率，如因时因地制宜进行绵羊育种，推广采用围篱养羊管理方式，大力开发人工草场等。新西兰在科技推广和应用方面主要采取了三种方式，一是借助广播、公共实习日、杂志、电视录像、信件等大众传媒形式，帮助牧民掌握更多的机会信息，为牧民提供方向性指导。二是带动牧民参与集体活动，通过研讨小组、示范农场、讲座等形式来增加农民的知识，激发农民采用新的、改进的做法。三是农业科技人员直接送技术到牧民手中，为其解决实际问题，协助牧民规划和监测农场经营。

（二）健全生产者培训体系，提高羊毛生产者素质

新西兰非常重视绒毛用羊产业人力资源开发与利用，积极筹建与羊毛产业发展相关的职业技术学校，开展羊毛生产的专业技术教育或培训项目。新西兰羊毛产业职业技术学校课程设置完备，培训手段专业化，培训方式灵活，为新西兰羊毛产业输送了大批高素质的生产者，保障了羊毛产业能够可持续发展。以新西兰最大的培训机构——"泰克特拉（Tectra）"的职业技术学校为例，该校拥有50年的专业剪毛培训和教育史，师资力量十分雄厚。学员或学生在经过严格的专业技术训练并考核合格后，都可以获得全国从业资格证书。该校培训方式十分灵活，根据不同的剪毛方式

（机器剪毛、刀片剪毛）分别开设培训课程，并按照不同技术熟练程度设置不同水平的课程。该校不仅开设短期培训班，也为具有一定熟练技能的高级操作人员提供高级培训课程（涉及剪毛、整理及打包等方面的技能培训）。此外，新西兰的培训体系也相当国际化，拥有新西兰羊毛产业从业资格证书的剪毛员或分级员，到澳大利亚再进行一次短期培训（一般为期 3 个月）后就可以在澳大利亚从事羊毛产业工作。

（三）重视羊毛品牌建设，增强新西兰羊毛标识影响力

新西兰非常重视羊毛的品牌建设，积极开发并推广粗纺工业用毛（半细羊毛）品牌。新西兰从 1994 年开始就组建新西兰羊毛公司，建设新西兰羊毛标识（Wools of New Zealand）——蕨叶标志。该标识成为地毯毛、毛垫用毛行业的新标准。为了增强新西兰羊毛标识的影响力，新西兰不断改进质量认证体系、质量追溯体系，稳定羊毛产品的质量。与澳大利亚的纯羊毛标识仅表明商品是否是羊毛制品不同，能够获得新西兰羊毛标识的羊毛必须满足一系列的质量要求，例如，羊毛纤维含量必须占80％以上，其中新西兰羊毛纤维至少占 60％，且必须经过一系列的质量检验（例如强度、色泽等要求）。除了新西兰羊毛标识之外，近年来新西兰还积极推动另外两个品牌——"拉那维"（Laneve）和"沃悦"（WoJo™）的建设。"拉那维"品牌的特色在于体现出羊毛产业发展的可持续性和羊毛质量的可追溯性。要获得"拉那维"羊毛品牌的认证，需要满足如下两个条件：第一，羊毛生产必须符合动物福利（例如重视动物疾病和卫生、动物营养等）、环境、土地管理以及农场管理的要求，即体现出羊毛生产符合产业可持续发展的要求；第二，必须建立羊毛质量追溯的机制，即对出现质量问题的羊毛，能够追溯到生产该批羊毛的农场，做到羊毛质量的全程控制。"拉那维"品牌日益成为新西兰羊毛的主打品牌。"沃悦"是由新西兰一家名为 The Formary⑬的工业设计机构倡导的新的工艺概念，其做法是使用"拉那维"品牌羊毛纤维做成的布料，对在欧美市场经营的星巴克咖啡馆的沙发面进行翻新，该品牌的意义在于促进羊毛产业价值链的进一步延伸，促进羊毛品牌与其他世界知名品牌互动。

（四）适时调整价格支持和补贴政策，促进产业自立与发展

20 世纪 70～80 年代，受工业发展的影响，新西兰农业的竞争力遭到破坏，包括羊毛在内的农产品无法适应该时期国际市场激烈的竞争，出口下降。为了促进本国羊毛产业发展，新西兰政府在 20 世纪 80 年代初对羊毛产业实施保护政策。新西兰政府成立了专门的委员会，对羊毛产业给予高额补贴以稳定羊毛及制成品的价格，而对投入品的补贴还包括化肥补贴和运输补贴等。1980—1984 年，投入到农业中的补贴总额和转移支付已增加到农业总产值的 33％，其中 1983 年生产者支持水平最高，为35％。该时期是新西兰历史上对农业的补贴最高的一个时期，新西兰该段时期内羊毛

---

⑬　The Formary 是新西兰一家著名的工业设计机构，该机构专注于纺织品等其他商业废料的可持续利用。

市场需求先是大幅度上升，羊毛价格居高不下，大量生产者纷纷进入，羊毛产业迅速扩张，紧接着羊毛市场供给逐步超过需求，羊毛及其制品价格开始下跌，羊毛产业发展逐渐开始走下坡路。新西兰政府财政支持目标从早期促进羊毛产业发展开始转向维持羊毛产业的稳定，采取增加财政赤字的方式收购羊毛，确保羊毛生产者维持基本的生活水平。随后为了保护羊毛生产者的利益，并弥补高估汇率和成本提升给生产者带来的损失，新西兰政府又实施最低收购价格方案，推行羊毛价格支持政策。

农业生产补贴政策与羊毛价格支持政策接连实施，使新西兰政府财政不堪重负，经常项目赤字巨大。1984年，新西兰的财政赤字占国内生产总值的9%，公共赤字占公共支出的15%。同时，借贷信用下降，国内通胀压力巨大，经济状况被推到崩溃的边缘。政府为了化解国内经济状况恶化的危机，1984年开始实施一整套经济改革方案。改革方案的主要构想是促使新西兰成为自由市场经济国家。在农业领域，改革方案提出要减少对农场主的资金补贴，逐渐取消资金补助及其他援助计划，逐步取消在税收、产品检验和技术咨询方面的优惠措施。这样，政府的补贴政策全面转变成指导性政策，而羊毛最低价格收购制度同年也被废除。1994年以后，新西兰取消了农业市场保护，消除各种贸易壁垒，促使农业生产者必须面临更加自由竞争的市场。经历了20世纪80年代中期的经济改革之后，羊毛的市场价格支持水平大幅下降，1998年以后至今，羊毛的市场价格支持下降到0，是OECD成员国中生产者支持力度最小的国家。

（五）建立有效的草场建设投资机制，重视草场建设与改良

历史上新西兰曾因追求产量、过度放牧而产生过严重的草地退化和水土流失等问题，但是问题的产生很快引起了国家及地方政府的高度重视，并通过制定分区管制、税收调节和集中治理的措施，促进了退化草场的生态恢复，新西兰政府进而确立了"以草定畜"的经营原则，即确保草场产草能力与家畜牧草需求总量之间处于一个相对平衡的状态。

新西兰政府草场建设投资机制较为合理。新西兰政府为了充分利用牧草资源，对不同地区的草场实行不同的所有制形式和投资办法，自然条件好的草场，大多为农场主私人所有，投资建设草场由私人负责，草场可以自由转卖；干旱、半干旱地区的荒漠草场多为国家所有，农场主要通过合同租用或者由国家土地开发公司建成可利用的草场后，再卖给农场主。为了鼓励牧场主对草场进行开发和建设，国家曾经对大面积围栏、平整土地、大型水利工程等项目给予一定的投资补助，并发放低息和无息贷款。这种草场建设投资机制改善了草原的整体状况，草原的载畜能力提高。随着市场的逐步完善，近年来政府已经逐步减少或停止了对私人草场建设的优惠。

新西兰政府还注重建设优质人工草场，选育最佳牧草品种，新西兰的人工草场一般是以70%的黑麦草籽和30%的红、白三叶草籽混播，三叶草喜温暖气候，夏季生长量大，起固氮作用，而黑麦草则在冷凉、潮湿的冬、春、秋季节都能生长。这种科

学的结合能使全年草量比较均衡。人工草场每半个月即可轮牧一次，每公顷可养羊
15～20 只，高的可达 25 只以上，比植被好的天然草场提高 5～6 倍，而且人工草场
播种一次可使用多年。新西兰的农牧场主十分重视人工草场的管理，为防治草场退
化，人工草场每年要用飞机施肥 1～2 次，平均每公顷施过磷酸钙或磷、钾复合肥
150～200kg，在缺乏微量元素的地区，施肥时还要加入硼、硫、铜、锌等微量元素肥
料，以保证家畜营养的需要。

三、南非的绒毛用羊产业政策

南非是世界上第四大羊毛出口国，羊毛是南非第二大出口农产品。南非主要生产
服装制造用的细羊毛以及马海毛。南非属于中等收入的发展中国家，是非洲经济最发
达的国家。南非自然资源丰富，但国民经济各部门发展水平、地区分布不平衡，城
乡、黑白二元经济特征明显。南非羊毛产业政策的发展与南非农业市场总体改革大的
背景直接相关，自从 1996 年开始，南非政府实施一系列政策推动国内农产品市场改
革。经过市场化改革后，南非羊毛产业方面政府干预能力大幅下降。目前南非羊毛产
业政策主要体现在以下方面：

（一）政府重视和支持合作组织发展，促进绒毛生产

由于南非特殊的国情，政府特别重视和支持合作组织的发展。南非政府 1981 年
就出台了合作社法，用于指导、规范合作社发展，2005 年又重新制定颁布了合作社
法。政府还制定了相关扶持政策，包括制订合作社发展规划、建立合作社发展基金、
开展一系列同合作社业务相关的项目、设立发展合作社激励措施，希望合作组织在促
进就业、提高收入、根除贫困、广泛地促进黑人经济权利中扮演重要角色。

绒毛用羊产业方面，由于南非众多中小规模养殖户经常面临出现疫病流行、养殖
成本增加等困难，对绒毛用羊产业的发展产生不利影响，为此南非专门成立了全国羊
毛生产者协会（NWGA）和南非马海毛生产者协会等合作组织，以支持绒毛用羊产
业发展。南非全国羊毛生产者协会已经达到 1 万名成员的规模，目前协会全部成员生
产的羊毛占南非当年总产量的 80%。每年协会大约生产 4.80 万 t 羊毛，其中 90% 用
于出口，大约能够获得 20 亿南非兰德的收入。协会在羊毛生产方面对基础设施建设、
金融服务、基因繁育、羊群营养管理、疾病防控、羊毛质量控制、市场准入、羊毛分
级和包装等多个方面进行支持，如该协会积极推动修建标准化剪毛棚的工作，利用剪
毛棚不仅完成了剪毛、分级和羊毛销售，还通过农民互助剪毛活动[14]提高了剪毛员和
分级员的技术水平。小农户还可以得到以下几个方面的支持：羊群管理培训、饲料、
繁育、选择繁育品种、药浴、分级、打包、加盖标注等。南非马海毛生产者协会积极

---

⑭　让具备熟练剪毛技术和分级技术的农民为邻村农民实施剪毛、分级和打包操作。

推出各种培训项目，改善安哥拉山羊农场管理，强调质量，修建标准化剪毛场所，对马海毛实行分级分类，并在金融信贷上为农民提供帮助，还培养农民的企业家精神等。

（二）政府不断加大研发投入，提升羊毛产业科技水平

研发是绒毛用羊产业发展的关键一环，南非不断加强产业各个环节的科研力度，确保产业能够处在发展的前沿。首先，南非开发新的羊群管理体系，加强农场内的科研。在农场养殖绒毛用羊的过程中，南非从基因遗传、育种、羊群结构管理、草牧场开发、动物卫生防疫和饲料利用等多个方面开展科学研究。其次，南非特别注意羊毛作为纺织业工业原料的特点，加强羊毛纤维适应纺织业加工要求的研究。南非不断开发新的羊毛制成品，改进旧的羊毛制成品，提高羊毛纤维在加工过程中的使用效率，降低加工成本。这种农场之外的研发，是对羊毛在产业价值链中的作用进行重新理解和定位，对提升羊毛在整条价值链中的价值十分有益。再次，南非不断加强纤维检验流程和检验方法的科研，推动羊毛质量检验向客观化、国际化和科学化发展。最后，南非不断加强绒毛用羊产业经济方面研究，尤其是在测算绒毛用羊产业发展的经济影响，绒毛市场营销和加工体系的经济效果以及羊毛价格决定机制等方面的研究。专门负责产业研发管理的南非开普羊毛公司每年都要展开一次科研项目调研，了解产业发展最需要开展的科研项目有哪些，对申请的各类科研项目进行评审、筛选，再立项实施。

（三）积极开展羊毛生产者培训计划，提高人力资源素质

南非农业部非常重视农业劳动力技能开发和劳动生产率的提高，通过出台《技能开发法》（1997）、《继续教育与培训学院法》（2006）、《全国农业教育与培训战略》（2005）等实施各种农民培训计划，促进农民素质提高。剪羊毛培训项目是全国羊毛生产者协会"生产者服务计划"的重要组成部分。该项培训分别设有初级课程和高级课程，在培训过程中还在剪毛员之间开展剪羊毛比赛，促使剪毛员的专业技术达到更高水平。其他方面的培训还包括羊群管理、羊毛分级、羊群疫病防控和如何减少羊毛污染等。除了全国生产者协会提供的生产方面的培训和开普羊毛公司提供的市场销售方面的培训之外，南非积极争取海外合作对农民进行培训。2012年，南非羊毛产业获得新西兰的支持。新西兰提供120万美元用于南非东开普省和夸祖鲁省（KwaZulu）在剪毛和羊毛处理技术方面的农民培训，由新西兰Gemmell Wools公司、南非农业部门教育培训局（Agri-SETA）和全国羊毛生产者协会（NWGA）合作开展。

（四）加强羊毛检验和质量认证，规范羊毛交易

为了促进绒毛交易更加公平公正，南非成立了自己的羊毛检验局（Wool Testing

Bureau S. A)。南非羊毛检验局是一家非盈利公司，其收益全部用于羊毛产业的检验和科研事业，继续促进绒毛用羊产业发展。羊毛检验局通过客观和专业的羊毛检验服务和提供绒毛质量认证，为绒毛用羊产业发展奠定了基础。为了规范交易商的行为，南非羊毛公司要求在南非羊毛交易所（South African Wool Exchange）进行拍卖交易的交易商必须首先加入南非羊毛和马海毛采购方协会（South African Wool and Mo-hair Buyers Association，缩写为 SAWAMBA）。换言之，只有该协会的成员才可以在南非羊毛交易所交易，这也有效保证了交易的可持续性和信赖性。

此外，南非还通过其他产业政策促进绒毛用羊产业发展，如开发"南非美利奴羊毛"标识，借此稳固市场份额；强化产业信息公开发布的力度，让生产者、交易商和消费者充分了解到各种信息；构建科学的畜牧业管理体系，加强动物疫病防控、营养供给管理等；实施积极的出口政策，加大向海外市场出口等。

四、阿根廷的绒毛用羊产业政策

阿根廷是世界重要的羊毛出口国之一。阿根廷绒毛用羊产业主要有两大方面的特色：第一，实施养羊业振兴计划，通过一系列政策措施推动产业振兴和发展；第二，专门针对羊毛收获、流通方面形成了一整套科学的管理体系，提升了羊毛质量，强化了羊毛市场竞争力。

（一）实施养羊业振兴计划

阿根廷羊毛产业的发展曾经比较落后，2001 年 4 月 27 日，阿根廷出台《全国养羊业振兴计划》（第 25.422 号法律），提出采取一系列有效措施，刺激绒毛用羊养殖规模扩大，振兴绒毛用羊产业，并进一步促进农村地区经济发展。阿根廷的养羊振兴计划覆盖的政策内容包括：支持农户重组羊群，改进生产率，改善羊毛生产的质量；使用恰当的技术推广管理制度，重新分配股份，促进企业之间的联合与合作；改进剪羊毛、羊毛分级和羊毛打包操作；实施卫生控制，防止野生动物对绒毛用羊养殖的危害；支持小规模农户，促使生产者在生产上实施商业化、产业化运作模式，推动产业垂直一体化等。此外，在振兴计划中，阿根廷也强调绒毛用羊产业生产者发展按照一定的标准进行养殖，实现自然资源的可持续利用。

加入养羊产业振兴计划的农户必须向政府部门提交一份详细的生产计划或者投资项目计划。政府在不超过 90d 的时间内对农户的生产计划或投资计划进行审核，然后批准计划给予拨款。阿根廷政府尤其重视绒毛用羊小规模养殖户，不仅将其与大规模农户区分开来，而且还与非政府组织一起满足他们在绒毛生产上的各种需求，特别是资金信贷的需求。即使部分小规模农户不能完全满足贷款条件，但是，阿根廷政府也主动给予资金帮助。政府还引导农民依靠既有农业生态环境和土地资源发展养羊业获得更多收入，还要求农户恰当使用自然资源，实现可持续发展。

养羊业振兴计划的支持资金主要来自阿根廷中央政府财政部拨款、国际组织和各个省生产者的捐款和银行贷款。根据《全国养羊业振兴计划》的规定，计划实施的头10年里，每年用于绒毛用羊产业振兴计划的资金预算不得少于2 000万美元。为了保证项目顺利实施，常年养羊地区可以优先获得资金分配。这些地区通过发展绒毛用羊养殖，增加农民收入，促进当地农村发展。养羊业振兴计划的支持资金还可以用于对产业科研人员的补贴或支付咨询费，给生产者和雇工执行生产计划的培训费，贷款的利率补贴以及对受到自然灾害、市场价格低迷等不利因素影响的生产者实施紧急援助等。

根据《全国养羊业振兴计划》，政府还将引导生产者关注市场，并将市场信息传递给生产者；积极促进市场流通，保持市场开放；强化国家级和省级防疫部门在羊群卫生防疫方面的支持力度；支持与土壤、水和植物等有关的基础研究工作等。

（二）实施普罗拉纳（PROLANA）羊毛质量提升行动

阿根廷于1994年推出"普罗拉纳（PROLANA）羊毛质量提升行动"。这项行动的主要目的是为了提高本国生产羊毛的质量，促进本国羊毛在国际市场的竞争力。该项行动是在阿根廷农林渔食品部秘书处的主导下，由政府各部门、私人部门共同参与。该行动在阿根廷帕塔格尼亚省（Patagonia）率先实施，而后覆盖到全国各省。目前，阿根廷92%的羊毛都是按照普罗拉纳标准进行生产的羊毛。

羊毛质量提升行动包括如下几个方面：第一，促进羊毛生产者采用更加先进的剪毛技术，促使生产者积极做好毛包准备工作，改进剪羊毛操作，做好羊毛产品展示；第二，在生产者和产业各个部门之间，建立信息沟通机制，将市场信息、价格信息、技术信息和其他方面的信息及时传递到生产者和其他产业利益主体；第三，除了在羊毛收获过程中的质量管理改进之外，提升行动还要解决如何与羊毛公司之间进行协调的工作，尤其是发掘羊毛产业链中创造新价值的可能性，换言之，将羊毛公司的需求反馈到生产者，实现绒毛生产有的放矢；第四，建立普罗拉纳质量管理体系，提高质量管理标准。

2002年，在产业技术研究所的技术支持和各省的建议下，阿根廷推动普罗拉纳质量管理体系进一步完善，即促进羊毛生产者达到国际标准化组织ISO 9000认证的质量管理标准。2005年，普罗拉纳质量管理体系获得国际标准化组织ISO 9001：2000的认证。

经过连续10年的运行，普罗拉纳羊毛获得一定的地位和认同，取得一定成效。阿根廷羊毛生产逐渐恢复，保证了科学的剪毛方法的运用，羊毛分级标准被统一。阿根廷在此期间，不断加大对分级员和剪毛员培训的力度，并且为羊毛生产者、剪毛员和分级员设定了最低工资标准。阿根廷羊毛产业链一体化进程加快，使得其羊毛在海外市场获得更多价值。

五、蒙古国的绒毛用羊产业政策

蒙古国是世界第二大羊绒生产国,羊绒年产量约占全球产量的1/5。近年来,蒙古国积极采取措施,不断加大对绒毛产业的投入,促进了绒毛产业的发展。

(一)重视畜种改良,不断提高绒毛用羊良种化水平

蒙古国政府相关部门、科技工作者和广大牧民,在实践中逐步认识到绒毛羊的优良畜种与改良畜种都具有较好的品质和较高的生产性能,可以在不增加饲养量的情况下,获得较多的产品和较好的经济效益,因此他们积极开展畜种改良工作,帮助广大牧民提高认识,推广人工冻精配种技术,积极扶持国营农牧社、专业饲养户和广大农牧民做好畜种改良工作。其主要做法包括:投入一定资金,从异地引进优良牲畜,精心饲养,进行纯种繁殖;推广应用、改良技术,用优良种畜杂交改良本地牲畜;组织本地兽医部门弄清本地牲畜资源,选择繁殖良种,及时淘汰劣种,积极开展绒毛羊品种的提纯,防止野外乱配,保持地方品种特色。蒙古国育成的绒毛羊优良品种有戈壁古尔班赛罕绒山羊、查玛尔半细毛羊、鄂尔浑半细毛羊和杭爱细毛羊等。

(二)重视先进科学技术应用,积极推广科技养畜

蒙古国牧民自古以来以草原畜牧业为主业,传统上一直习惯于在草原上放牧,过着靠天养畜、逐水草而居的游牧生活。为了改变传统的生产养殖方式,蒙古国加大了投资力度,制定了发展草原畜牧业的远景规划,科技工作者加强引进先进的科学技术对传统的绒毛用羊养殖管理方式和方法进行改造,如积极推广人工种草、兴修水利、普及推广圈舍饲养方式、实施生产管理的机械化生产等,而且还筹建学校,培养兽医人才、畜牧业专家指导疾病防控工作。

(三)加强草原建设,优化草原生态环境

蒙古国地域辽阔,草原资源丰富。早在20世纪50年代,蒙古国政府就意识到草原建设的重要性,不断加大资金投入,维护草原、建设草原。其采取的主要措施有:利用河流、积雪等水利资源,扩大草原灌溉面积;增加机井,修建人畜饮水站;扩大人工草场,种植适宜当地生长的各种饲草;提高打草工艺,节约饲草资源,实行草田轮作。由于政府的关注,现在该国已经逐步实现了机械化打草、捆草,牧草改良,储存饲料逐渐增加,缓解和减少了养殖过程中冬春季饲料的不足。

六、美国的绒毛用羊产业政策

美国虽然不是绒毛用羊主产国,但是作为世界发达国家,其绒毛用羊产业政策相

对成熟，具有较强的借鉴意义。

（一）美国的羊毛价格政策

美国羊毛价格政策自 20 世纪 50 年代大致经历三个重要阶段，第一个阶段是针对羊毛自给率低，制定刺激羊毛扩大生产的奖励支付政策，第二个阶段是在第一阶段生产奖励支付政策失败后实施的直接补贴政策，第三个阶段是现行的市场销售援助贷款政策与贷款差价补贴政策。

1. 羊毛生产奖励支付政策

美国为了保护本国羊毛产业，于 1954 年通过《国家羊毛法案》，对进口羊毛征收关税，并将其中一部分关税收入专门为羊毛生产者设立了一项生产奖励支付计划。该生产奖励计划的目的有两个，一是促进羊毛产量的提高，提高美国羊毛自给率；二是鼓励羊毛生产者提高原毛的质量。这项奖励计划具体做法与其他种植业农产品支持方法不同，其他种植业农产品采用的是按照固定比例的直接补贴方式进行支持，而羊毛（或安哥拉山羊毛[15]）的补贴支付带有明显的奖励性特征，即当羊毛（或安哥拉山羊毛）的市场销售价格越高，农民获得的支付就越高。首先，美国农业部设定目标价，如果全国平均价格超过规定的目标价格，农民不能获得奖励支付，如果目标价格超过全国平均价格，农民才可以获得奖励支付；第二步，确定奖金率，其计算公式等于目标价格减去全国平均价格的差额除以全国平均价格，奖金率代表对农民平均收益提高的百分比程度[16]；最后，对羊毛生产者每年支付一次奖励支付（通常在 3 月末），每个羊毛生产者的奖金额等于其实际市场销售收入乘以奖金率，市场销售收入越高，其得到的奖金就越多。

奖励支付计划实施后，美国的羊毛产量不仅没有提高反而持续下降，这使得《国家羊毛法案》对于促进羊毛产业发展的作用受到广泛质疑。美国国会同意从 1992 年起，用两年多的时间来逐渐停止奖励支付计划，并规定 1994 年、1995 年的奖励支付分别下降到原来支持水平的 75%、50%[17]。1995 年之后，美国政府执行长达 42 年的羊毛产业奖励支付政策彻底结束。

2. 直接补贴政策

美国羊毛产量在 1995—2000 年继续处于下降趋势，羊毛进口数量激增，这种情形迫使美国政府不得不重新为羊毛生产制定政策，促进国内羊毛扩大生产，保证供给增加，于是从 1999 年到 2001 年连续实施直接补贴政策。

根据美国《2000 年的农业风险保护法案》规定，1999 销售年度实施羊毛和安哥

---

[15] 安哥拉山羊毛也称马海毛。

[16] Economic Research Service of United States Department of Agriculture. Economic Impact of the Elimination of the Wool Act（April 1999），http：//www. ers. usda. gov/Briefing/Sheep/WoolActStudy. pdf。

[17] One Hundred Third Congress of the United States of America（The first session）. Amendments to the National Wool Act，1993。

拉山羊毛生产者直接补贴（作为联邦政府"市场亏损援助计划"的一部分），该补贴通过美国农业部的商品信贷公司来执行。羊毛生产者获得的补贴标准是 0.20 美元/磅*，安哥拉山羊毛生产者获得的补贴标准是 0.40 美元/磅。美国《2001 年农业经济援助法案》批准，对在 2000 年出售羊毛和安哥拉山羊毛的生产者给予 0.40 美元/磅的补贴，该项补贴通过美国农业部的商品信贷公司来执行，总补贴额不得超过 2 000 万美元；对在 2001 年获得过贷款差价补贴的羊毛和安哥拉山羊毛生产者再次给予直接补贴，该项直接补贴总额控制在 1 690 万美元。

因为羊毛生产的直接补贴没有考虑到羊毛或安哥拉山羊毛质量问题，也没有考虑到补贴与市场价格周期波动之间的联系，这使得不同质量的羊毛或安哥拉山羊毛可以获得相同数额的直接补贴，不同年份羊毛或安哥拉山羊毛价格即使忽高忽低，但也获得相同数额的直接补贴。因而该政策仅在 1999—2001 年实施，没有继续延长。

3. 市场销售援助贷款政策与贷款差价补贴政策

随着 2002 年以后美元开始贬值，国际羊毛价格下跌，羊毛直接补贴政策取消，羊毛生产者收益下降，美国政府从 2002 年开始对羊毛产品实施市场销售援助贷款与差价贷款补贴政策。

羊毛的市场销售援助贷款政策的具体做法是：生产羊毛的农民以当年羊毛为抵押，依据"贷款率"获得"无追索权"的市场营销贷款，"贷款率"的作用相当于保护价格；收获时，如果市场价格高于"贷款率"和利息之和，农民通过销售来还贷，如果市场价格低于"贷款率"和利息之和，农民可以把抵押的羊毛卖给政府来还贷，贷款期限最长为 9 个月，不可延长期限。对羊毛和安哥拉山羊毛生产者来说，2002—2007 年贷款率是：分等级的羊毛 1.00 美元/磅，未分等级羊毛 0.40 美元/磅，安哥拉山羊毛 4.20 美元/磅[18]。2008—2009 年贷款率是：分等级的羊毛 1.00 美元/磅，未分等级羊毛 0.40 美元/磅，安哥拉山羊毛 4.20 美元/磅；2010—2012 年贷款率是：分等级的羊毛 1.15 美元/磅，未分等级羊毛 0.40 美元/磅，安哥拉山羊毛 4.20 美元/磅[19]。

贷款差价补贴则是市场销售援助贷款的一种替代形式，如果农民放弃选择享受"无追索权"的市场销售援助贷款及其收益，可以选择获得贷款差价补贴。其具体做法是：即使市场价格低于市场营销贷款率时，农民仍然把羊毛拿到市场上去出售，但对于市场价格低于贷款率的部分，农民可以获得国家予以的直接补贴[20]。这样做的好处是，市场价格仍然由供求关系决定，农民的收入因价格能够保持在贷款率水平之上

---

　　* 磅为非法定计量单位，1 磅等于 453.592g。

　　[18] 《2002 年农场安全与农村投资法》（即美国 2002 年农业法案），第 1 202 条款，无追索权的市场销售援助贷款利率。

　　[19] 《2008 年食品、资源保育与能源法》（即美国 2008 年农业法案），第 1 202 条款，无追索权的市场销售援助贷款利率。

　　[20] 《2008 年食品、资源保育与能源法》（即美国 2008 年农业法案），第 1 205 条款，贷款差价支付。

而没有减少，同时还有效地缓解了市场销售援助贷款给商品信贷公司造成的库存压力。

（二）美国养羊协会实施的产业政策

在美国，农业发展离不开生产者协会的主导。美国养羊农民的生产者协会是美国养羊业协会（American Sheep Industry Association，缩写为 ASI）。美国养羊业协会在产业政策制定和执行上扮演着重要的角色。美国养羊业协会是全国性的养羊业商业协会，代表美国养羊者的利益。养羊者有很多机会对产业政策的各个议题提出意见，并通过民主方式对政策方案进行表决。美国养羊业协会通过产业政策直接指导养羊业的生产活动，实施各种项目服务产业发展。

1. 合理制定产业发展政策

美国养羊业协会在产业政策制定和执行环节有严格的程序。由于美国养羊业协会所代表的是行业整体利益，在产业政策的制定上特别强调产业各个环节、各个部门对产业政策的不同意见。因此，在美国养羊业协会年度会议正式召开之前，各州生产者首先要提出各种产业政策建议，生产者所在的各州协会要进行必要的答复，然后将政策建议在每年的年度会议正式召开期间提交给美国养羊业协会开设的政策论坛上进行讨论。政策论坛是按照不同主题组织各种议题的会议，并邀请各州的会员来进行投票，政策论坛会综合考虑来自全国、各州和生产者的各种政策措施建议。

美国养羊业协会的董事会在年度会议上进一步考虑这些政策建议。年度会议结束之后，相当一部分政策建议将会被采用，形成政策措施。修改、重写或者取消政策措施都由董事会做出。政策措施和指导原则经过董事会决定之后，就交给养羊业协会的执行委员会。如果政策需要立法支持，就要提交给立法行动委员会。如果没有出现修改或取消等情况，政策措施一旦制定，就要在 15 年内一直实施。年度会议闭会期间，如果出现一些新情况没有政策可供指导或规范，那么执行委员会有权制定临时政策，解决产业发展存在的问题。但是临时政策的有效期到下一次年度会议之前为止，下次年度会议召开时临时政策就立即停止。

2. 积极应对进口羊毛纺织品的冲击

目前，美国羊毛主要销售给国内的纺织工业，但是，美国羊毛产业不断受到进口羊毛和进口羊毛服装的威胁。美国养羊业协会与纺织工业都认识到发展国内纺织产业对美国经济十分重要。因此，美国养羊业协会支持政府采取一些政策保护措施，管制羊毛等相关产品的进口，降低其对国内纺织市场的威胁。

3. 规范羊毛流通环节、提高羊毛质量

在美国，羊毛流通最为突出的问题是羊毛标签丢失现象严重，羊毛毛包污染严重。为此，美国养羊业协会积极努力，改善羊毛流通中存在的问题，并提高羊毛质量。

第一，规范流通中的羊毛制成品贴上羊毛标签（Wool-Content Labeling）。在美

国，羊毛服装等制成品，如果含有羊毛纤维应当贴出标签。但是，由于存在大量丢失标签的现象，损害了消费者利益，进而也对羊毛产业各个部门产生危害。为此，美国养羊业协会支持美国联邦贸易委员会和关税部（Federal Trade Commission and Custom Department）出台关于在国内市场出售包含羊毛的毛线和服装要贴明标签的行动。

第二，防治羊毛毛包污染。非纤维污染不仅导致美国纺织工业每年上百万美元的经济损失，而且降低了美国羊毛在国内市场和国际市场的声誉。羊毛毛包的主要污染物是聚丙烯，来源不明的毛发、髓毛、杂色毛等。美国养羊业协会意识到，这个问题需要各个部门长期协调，一起努力加以解决，但是对羊毛产业明确提出三项要求：羊毛毛包要避免受到污染，生产更高质量羊毛，支持美国纺织工业发展。此外，美国养羊业协会积极寻找羊毛毛包污染问题的解决方案，例如，评估实施羊毛质量的认证项目，促进美国羊毛产业的健康发展。

第三，美国养羊业协会非常重视羊毛质量的提高，支持国内羊毛按照国际标准进行生产。美国养羊业协会经过调查，根据国际标准开发了一整套羊毛毛包准备准则。按照羊毛毛包准备准则的羊毛经过准备、打包、抽样、检验等操作过程之后，基本达到国际市场和国内市场要求。美国羊毛协会积极推动美国羊毛产业各个部门采用羊毛毛包准备准则，并对羊毛产业人员实施继续教育。同时，美国养羊业协会还开展羊毛质量的基因改良项目，提升羊毛质量。

4. 促进羊毛产业技术研发

在美国养羊业协会的主导之下，羊毛产业进行了大量的羊毛技术研发。美国养羊业协会给大学和政府研究机构拨付研究资金，帮助开发羊毛产业的新技术。美国羊毛产业的技术研发领域包括如下几个方面：第一，积极开展羊毛产业的基因研究，该类研究是美国养羊业健康发展十分重要的因素。第二，加强美国军队服装制作使用羊毛技术的研究。在美国，羊毛产业为国防部生产军队服装提供原料，在美国养羊业协会的积极努力下，大量公司成功与国防部签订了订单。为了更加有效地适应军队服装用毛的要求，为军队提供更好的服装材料，美国羊毛产业不断调整技术标准，改进羊毛生产技术和初级加工技术，促进美国军队更多地使用国产羊毛用于军队服装生产。同时，美国农业部和农业研究服务部（USDA/ARS）也开展大量的羊毛研究活动，补充美国养羊业协会的技术研发工作。

第九节　国际经验借鉴

澳大利亚、新西兰、南非、阿根廷、蒙古国等绒毛主产国在本国绒毛产业发展诸方面，如生产养殖、科技发展、绒毛流通与加工等各环节都积累了成熟的产业发展经验，值得我国绒毛用羊产业借鉴。本节将根据国外绒毛产业发展情况对绒毛主产国的先进经验进行总结，以期对促进我国绒毛产业的发展提供借鉴。

一、制定绒毛产业振兴计划，完善产业政策体系

从各国产业政策体系看，澳大利亚等绒毛主产国均对本国绒毛产业的发展具有明确的产业规划。澳大利亚着力从完整的羊毛产业链各环节进行设计，新西兰则是注重先进技术的运用和加强绒毛产业自我发展能力培育，阿根廷更是专门制定了全国养羊振兴计划促进本国绒毛产业的发展。从绒毛主产国产业振兴计划的内容看，各国均按照各自的资源环境情况、产业发展现状及前景等多方面考虑，从生产、加工与流通各个环节构建完整的政策支持体系。在生产方面，促进农牧户使用优良的品种和先进的生产养殖方式，为农牧户提供必要的标准化基础设施，改善绒毛生产的技术装备。在羊毛收获环节，推广更加科学的剪毛收获方式。在流通方面，促进优质羊毛质量维持较高的价格，确保绒毛质量在流通过程中得到控制，同时，加强与加工企业的合作，了解加工企业对绒毛原料的具体要求，改进羊毛纤维的质量，开发更加适合加工的羊毛产品。在绒毛检验方面，构建规范的、公平的质量检验体系，改进检验技术手段，促进检验过的绒毛进入市场后信息及时披露，成为绒毛交易的参考标准。在市场营销方面，加强对绒毛作为天然纤维的市场宣传，改善羊毛制成品的质量标准，迎合现代消费者的消费习惯等。

二、注重绒毛用羊产业技术研发，提升产业创新能力

从产业发展的规律来看，绒毛用羊产业发展最终要依靠提升产业创新能力，提高生产效率来实现羊毛、羊绒产品质量的改善及增加产业附加值。从绒毛主产国科技发展实践看，各国普遍重视绒毛用羊品种选育与改良、圈舍设计与使用、疾病防控、草场改良等方面的技术研发工作。从澳大利亚、新西兰等世界养羊先进国家的经验看，绒毛用羊产业技术研发工作重点有以下三方面：一是加强绒毛用羊品种的繁育和改良，从品种基因的角度强化技术研发；二是加强农场内部各种技术研发力度，即围绕绒毛用羊养殖、疾病预防、卫生环境和羊舍修建等方面开展技术研发；三是加强绒毛检验环节的科研，绒毛检验不仅要求有一支专业化程度高的人员队伍和先进的绒毛检测设备，更重要的是引入现代化的绒毛检验技术，通过检验方法的改进，提高检验的效率和准确性，为绒毛用羊产业增加产品价值服务。

三、重视绒毛用羊先进技术推广应用，不断提高养殖管理水平

澳大利亚等绒毛主产国均高度重视绒毛产业中先进科学技术的应用。澳大利亚通过对影响羊毛细度的基因进行研究，应用基因定位和转基因技术等多项先进技术培育出高品质种羊，开展羊毛超微结构研究并应用于羊毛加工技术创新，采用胚胎移植和

体外胚胎生产技术，扩大超细型美利奴羊数量等，这些技术的广泛应用使得澳大利亚养羊业始终保持世界领先地位。新西兰研究人员利用分子育种技术开发牧草新品种，提高畜牧业生产力，也开展羊基因组研究与繁殖和克隆技术的研究，鉴定、发现生产和动物健康相关的重要基因。20 世纪 90 年代以来，养羊业较为发达的国家日益将科研和生产紧密结合，基本上实现了绒毛用羊品种良种化、天然草场改良化与围栏化、生产过程机械化，因此劳动生产率和经济效益都比较高。

四、推进专业合作组织建设，提高生产组织化程度

从各国绒毛生产组织化程度看，无论农牧户养殖规模大小，他们大多参加了养殖专业合作社，例如南非成立了羊毛生产者协会和马海毛生产者协会，解决中小规模养殖户经常面临的疫病流行、养殖成本加大等问题。澳大利亚农牧户养殖规模较大，但是也大多参加了羊毛生产者协会，在养殖、剪毛、分级、打包等生产环节密切合作，提高绒毛质量，逐步增强绒毛用羊产业的生产组织化程度，农牧民还通过协会参与羊毛产业政策的制定、执行和改革，维护自身利益，澳大利亚羊毛产业相关从业者也都有代表其利益的合作组织，如代表中间商的澳大利亚全国羊毛销售经纪商协会，代表加工者的澳大利亚羊毛加工者协会，这些合作组织增强了其成员生产经营能力和抵御风险的能力，也增强了本国绒毛产业整体实力。

五、强化羊毛生产的专业分工协作，健全社会化服务体系

澳大利亚、新西兰等绒毛主产国羊毛生产过程中各参与人员之间的专业化分工协作程度非常高，羊毛产业已经形成了完整的产业链条，如牧场主负责饲养绵羊、疾病防控、机械剪毛和毛套的初步清拣，打包公司将羊毛打包后交付经纪商，羊毛销售服务机构有羊毛检验所、羊毛交易所等。澳大利亚、新西兰为绒毛用羊产业发展配套的社会化服务体系非常健全，服务领域涉及生产、经营、加工、运输、销售的各个方面，其中专业协会等合作经济组织的作用非常明显，他们与农户构成了紧密的利益共同体，既是农业产业化龙头企业，又是以农户为股东的股份合作制企业。新西兰有1/3 的牧民属于各类合作经济组织成员，农产品由合作经济组织运作。澳大利亚除了有各种类型的专业合作社外，还有遍布各地的农业公司、行业协会等服务组织，其为绒毛用羊产业发展提供各种社会化服务，对绒毛用羊产业发展起到了重要作用。

六、适时实施绒毛价格支持政策，保护国内生产者利益

从绒毛主产国实施的各项政策看，价格政策是促进绒毛生产效果最直接的政策措施。澳大利亚、新西兰等世界先进养羊大国均在本国羊毛价格低迷、羊毛产业发展低

谷时期实行过最低羊毛保护价格政策，政策的实施避免了市场价格过低带给绒毛生产者带来的损失，迅速刺激了绒毛生产，当绒毛生产能力提高、绒毛产业发展相对稳定后，这些国家又纷纷取消价格支持政策，转向其他方面的政策，促进绒毛产业发展。借鉴绒毛主产国价格政策的实践，在目前我国绒毛价格波动比较频繁、波动幅度较大的情况下，适时出台绒毛价格支持政策，能够维持绒毛价格处于合理水平，并刺激生产。就我国绒毛生产现状而言，细羊毛产量低、毛纺加工需求大，因此应当主要针对优质细羊毛实施价格支持政策，以达到促进羊毛产业结构调整的目的。从澳大利亚、新西兰废除羊毛最低保护价格政策的原因看，除了国际贸易自由化要求削减国内支持外，还因为价格政策快速有效地增加了绒毛产出水平，一旦超过市场需求，那么政府就会因为收储绒毛陷入收购支出攀升、财政赤字增加的负担之中，所以就我国现有经济发展水平看，长期依靠财政收入对绒毛实施价格支持政策并不现实，因此，我国可以考虑适当实施短期价格支持政策。

七、严格绒毛分级与质量管理，塑造羊毛标识与品牌

澳大利亚、新西兰等国家所产的羊毛长期以来保持较高的国际美誉，与这些国家在羊毛生产过程中严格的羊毛分级和质量监测制度密不可分。澳大利亚拥有科学、公正、权威的羊毛检验机构，这些检验机构引导牧民从生产开始就严格控制质量，如绵羊饲养过程中将按照性别等标志分群饲养，剪毛时亦按照不同级别分别对待，使用专用的包装袋分别捆扎包装，最后经权威羊毛检验所抽样检验后就可以按质论价公开拍卖，澳大利亚羊毛产业创新发展公司（AWI）拥有的纯羊毛标志（WOOL-MARK）——三环标志荣膺世界上最具声望的纺织标志并已成为备受尊敬的品牌之一。

新西兰亦拥有较为完备的检验与质量管理体系，新西兰所有交易的羊毛均须进行检验，检验证书由经新西兰测试注册协会（TELARC）审查注册的羊毛测试机构签发。羊毛检验最初只是对原毛的净毛率和洗净毛的含水率检验，目前已经开始对涉及羊毛性能和纤维直径、色泽、长度、强度及膨松度等的测量。新西兰羊毛局 1998 年还打造了国际性的纯羊毛标志——蕨叶标志，标有该标志的产品，至少含有 80％的新西兰羊毛，其所用羊毛必须符合生态农业的标准，其产品生产过程必须符合环保要求，产品原料以新西兰羊毛为主，并且必须通过超过 20 项的严格的产品质量检测，代表着高质量的新西兰羊毛，通过最新技术加工工艺，生产出来的高质量的产品。

八、重视草场建设，促进产业可持续发展

草场资源是绒毛用羊产业发展的重要物质基础，澳大利亚、新西兰、蒙古国等绒毛主产国均注重保护草场资源。澳大利亚草原资源丰富，但是从国家到地方，均重视

保护生态环境和草场资源，如通过规定饲养规模，确定科学的载畜量，以防止草场荒漠化；通过草地分块、围栏放养和定期轮牧，使牧草有适当的恢复期，并保证草场不受破坏和牧草的优质生长。新西兰较早就开始了按照草畜平衡原则，根据气候和草场产量合理规划牲畜存栏量。澳大利亚和新西兰还充分利用现代科学技术成果，要求农牧场经营者必须以可持续发展的眼光和投入产出的原则来科学经营草场。如应用卫星遥感监测和牧场实地调查取得的数据，对不同地区分别确定控制人口的密度和牲畜头数、放牧时间。一旦发现有超载过牧或草场退化现象，立即采取果断措施，对草场过牧严重者，国家以法律规定强制收回其草场经营权并进行统一管理，以稳定草场生产能力。蒙古国也不断加大对草原生态保护建设的投入，以期实现草原生态环境优化，保证产业可持续发展。

战略研究篇

ZHANLÜE YANJIU PIAN

第三章　中国绒毛用羊养殖战略研究

第一节　养殖发展现状

一、我国绒毛用羊存栏量和绒毛产量变化

我国是世界上绒毛用羊养殖大国，目前无论是绒毛用羊养殖数量还是羊毛、山羊绒产量均居世界第一位；我国也是世界上最大的原毛、原绒进口国。据中国农业统计年鉴数据显示，我国绵羊和山羊存栏数量多年来呈现波动上升趋势，绵羊存栏量从1980年的1.03亿只增加到目前的1.4亿只左右，山羊存栏量由0.81亿只增加到1.42亿只左右。2004年是我国山羊和绵羊存栏量最大年份，均达到1.52亿只，羊存栏量突破3亿只。1994年以前，我国绵羊存栏量一直高于山羊存栏量，到1995年以后，山羊存栏量首次超过绵羊，到2004年绵羊存栏量又超过山羊，但2008年以来，山羊存栏量又再次超过绵羊。绒毛用羊存栏量的变化反映了国家与地方政府对绵、山羊养殖政策以及市场对羊肉、绒毛需求的变化。

20世纪80年代以来，我国羊毛产量总体呈稳步上升趋势，羊毛产量主要是指绵羊毛产量，山羊毛仅占10%～12%。据中国农业统计年鉴数据，1980年绵羊毛产量为17.6万t，此后稳步上升，2005年达到历史最高的39.3万t，此后年产量稳定在36万t以上，2011年又达到39.3万t，比1980年增长了1.2倍。

随着20世纪80年代绒毛用羊品种选育和杂交改良等工作的开展，细毛、半细毛的产量和质量都呈现稳步上升的态势，2011年细毛和半细毛产量分别为13.3万t和12.0万t，比1980年增加了6.4万t和8.5万t。但由于近年来，羊肉和羊毛价格的不对称，饲养细毛羊成本高，经济效益低，致使部分养殖户减少细毛用羊的饲养数量，将部分细毛羊逐步向肉羊倒改，出现羊毛细度变粗，细羊毛占羊毛比重呈逐年下降的趋势，从1996年到2011年下降7%～8%，但半细毛比重有所增加，增加9%～10%。

20世纪90年代以来，国内外山羊绒市场异常繁荣，山羊绒加工行业发展迅速；另一方面，山羊绒价格的提高以及绒山羊养殖科学技术的普及和提高，促进了我国绒山羊养殖，绒山羊饲养量和生产性能不断提高，绒毛产量呈现稳步增长的趋势。1980年山羊绒产量为0.81万t，2011年达到1.80万t，增加了约1.2倍，但养殖数量基

本稳定在 6 000 万只左右。

二、绒毛用羊主要饲养品种现状

(一) 细毛羊

经过我国几代畜牧科技人员艰辛努力和国家财政的支持，新疆和内蒙古以及吉林、甘肃、青海等省（自治区），自 20 世纪 80 年代以来，相继培育出既能适应当地生态环境又具备良好生产性能的细毛羊品种，如中国美利奴、敖汉细毛羊、鄂尔多斯细毛羊、甘肃高山细毛羊、青海细毛羊、新吉细毛羊等优良品种，这些自主培育的地方优良品种为改良当地粗毛绵羊的生产性能、提高我国优质细毛产量和质量具有重大的意义。同时，国家投入了较大的人力、物力建立了保种场，为我国优质细毛羊的遗传品质的保存起到了很大作用，这些品种经过近 30 年遗传改良，个体生产性能都有很大改善，羊毛产量和质量不断提高。

表 3-1　部分地区细毛羊品种及其相关羊毛生产性能

地区		品种	细度（支数）	长度（cm）	净毛率（%）	产毛量（kg/只）
新疆	拜城县	中国美利奴（新疆型）	66~70	7.0~8.5	55~64	4.0~4.8
	温宿县	中国美利奴（新疆型）	66~70	7.0~8.5	50~55	3.8~4.5
内蒙古	乌审旗	鄂尔多斯细毛羊	66	9.0	48~50	6.0~7.0
	敖汉旗	敖汉细毛羊	66~70	10.0~12.0	36~38	6.0
吉林	通榆县	新吉细毛羊	64~66	8.0~10.0	48~55	3.5~4.0
	前郭县	新吉细毛羊	66~70	8.0~10.0	50	5.3

资料来源：肖海峰等《中国绒毛用羊产业经济研究（第一辑）》，中国农业出版社，2012 年。

(二) 半细毛羊

半细毛羊产业是我国绒毛用羊产业体系的重要组成部分，我国的半细毛羊主要分布在云南，四川、西藏、青海和内蒙古等少数民族地区，主要有云南半细毛羊、西藏彭波半细毛羊、凉山半细毛羊三大主体品种。云南半细毛羊是 20 世纪 60 年代后期，利用当地粗毛羊为母系、用长毛种半细毛羊（罗姆尼、林肯等）为父系通过级进杂交再横交固定选育而成，1996 年 5 月正式通过国家新品种委员会鉴定验收，成为我国第一个粗档半细毛羊新品种，2000 年 7 月被国家畜禽资源委员会正式命名为"云南半细毛羊"。云南半细毛羊成年产毛量成年公羊 4.69kg、成年母羊 5.16kg；毛长度成年公羊 13.46cm，成年母羊 14.48cm，净毛率成年公、母羊分别为 70% 和 66%，羊毛细度 48~50 支。西藏彭波半细毛羊的中心产区位于拉萨市林周县南部原彭波农场所辖的几个乡，主要分布在日喀则、山南、拉萨等地区。至 2008 年群体数量 6 万余只。彭波半细毛羊公羊剪毛量（2.16±0.47）kg，毛长（9.08±1.24）cm，母羊产毛量（1.83±0.45）kg，毛长度为（8.63±1.45）cm，毛细度 25.1～31.0μm，其中主体细度 25.1～29.0μm，净毛率 50%～55%。四川省凉山地区半细毛羊品种是凉山半细毛羊，经过国家"七五"、"八五"重点科技项目攻关，历经 20 年培育成功的我国第一个 48～50 支半细毛羊新品种，2009 年经国家畜禽遗传资源委员会命名为"凉山半细毛羊"，主要分布在四川省凉山彝族自治州的昭觉、会东、金阳、美姑、布拖等地。

（三）绒山羊

绒山羊是我国独特的种质资源，许多优良特性为世界上独有。绒山羊主要分布在我国北部、西北部、青藏高原等 10 余个省（自治区）的干旱半干旱山区和荒漠半荒漠草原。我国绒山羊主要优良地方品种包括内蒙古绒山羊、辽宁绒山羊、河西绒山羊、新疆绒山羊、西藏绒山羊。近年来，又相继培育成罕山绒山羊、陕北绒山羊、柴达木绒山羊和晋岚绒山羊。其中内蒙古绒山羊和辽宁绒山羊因其独有的优良品质而享誉世界。内蒙古绒山羊绒白、细、长，对干旱半干旱的荒漠化草原具有很强的适应能力。辽宁绒山羊因其体型大、产绒量高、绒综合品质好、遗传性能稳定，对改良其他绒山羊品种具有重要的意义。西藏、青海等地区绒山羊的原始品种，虽绒产量较低，但羊绒品质好，这些绒山羊具有很强的耐受高寒缺氧能力。近年来通过选育，生产性能有大幅提高。

表 3-2　我国主要绒山羊品种成年羊产绒性能

品种			产绒量（g）	细度（μm）	净绒率（%）
内蒙古绒山羊	阿尔巴斯型	公	1 014±129.43	16.51±0.83	42.06
		母	623±86.32	15.2±1.1	37.76
	二郎山型	公	760±174	13.92±1.84	56.56
		母	415±78	14.2±1.82	50.04
	阿拉善型	公	576±84.13	14.75±0.62	68.62
		母	404.5±76.97	14.46±0.56	66.8±6.558
辽宁绒山羊		公	1 368±193	16.7±0.9	74.77±8.15
		母	641±145	15.5±0.77	79.20±7.95
河西绒山羊		公	323.5	—	48.8
		母	279.9	—	46.7
柴达木绒山羊		公	540±110	14.7±0.99	55.88±7.3
		母	450±110	14.72±0.72	53.76±8.4
罕山白绒山羊		公	754.16±1.52	14.12±1.21	—
		母	514.28±1.52	13.93±0.80	—
陕北白绒山羊		公	723.8±125.7	14.46	61.87
		母	430.37±76.8	14.46	61.87

资料来源：《中国畜禽遗传资源志·羊志》。

近年来，我国绒毛羊遗传繁育研究从理论、方法、技术到育种实践，均取得了很大进展，育种规划、性能测定技术、BLUP 遗传评定、杂种优势利用以及人工授精、精液冷冻保存及鲜精大倍稀释、胚胎移植、幼羊体外胚生产、体细胞核移植等繁殖控制新技术的研究与示范，为我国绒毛羊在生产性能、繁殖性能、生长发育性能、毛绒品质等各方面具有特色的新品种（系）提供了理论基础和技术支撑。内蒙古白绒山羊高繁新品系成年公、母羊绒长平均 9.5 cm 和 9 cm，绒毛比 2∶1，成年公羊产绒量 1 250 g、母羊 680 g，净绒率 60% 以上，体重分别达 68 kg 和 35 kg 以上，屠宰率 52%，繁殖率达到 150% 以上；辽宁绒山羊常年长绒型新品系，绒的生长期由明显的季节性生长延长到 11 个月以上，绒纤维细度保持在 16 μm 以下，成年公羊、母羊绒长平均 9.5 cm 和 9 cm，绒毛比 2∶1，成年公羊产绒量达到 1 250 g，母羊 700 g，净绒率 60% 以上，成年公、母体重分别达到 70 kg 和 40 kg，屠宰率 52%。

（四）粗毛羊

我国地域辽阔，生态条件差异大，除饲养的一些细毛羊品种（如中国美利奴、鄂尔多斯细毛羊、新吉细毛羊）、半细毛羊品种（如凉山半细毛羊、云南半细毛羊、西藏彭波半细毛羊）和绒山羊品种（内蒙古绒山羊、辽宁绒山羊、陕北绒山羊）外，在内蒙古、新疆、西藏、青海和宁夏等地区，还饲养着大量粗毛羊品种，如内蒙古及其周边地区饲养的蒙古羊，西藏、青海地区饲养的藏绵、山羊以及新疆地区饲养的哈萨克羊和宁夏及其周边地区饲养的滩羊等，这些优良粗毛羊地方品种因适应性强，耐粗饲，仍是当地养殖主体。这些地方粗毛羊品种除生产羊肉外，以生产地毯毛，羔、裘皮为特色产品，但生产水平较低。

总之，我国绒毛用羊分布具有很强的地域性。这些地区普遍存在生态环境较差，交通不便，经济也欠发达。目前，绒毛用羊饲养主要还是以半农半牧的散户饲养为主，集约化和规模化养殖程度不高，加上我国农牧民受教育程度普遍较低，对绒毛用羊养殖技术和市场信息反应不敏感，产业技术大范围推广难度较大，绒毛用羊产业基础仍然较为薄弱。

目前我国羊毛供给结构中细毛羊占 35%，粗毛羊和半细毛羊合计占 64%，国产细羊毛还难以满足国内毛纺工业的原料用毛需求，我国优质细毛羊的数量较少，细毛羊生产性能与澳大利亚等国还有较大差距，整体存在单产低，生产性能差异大、羊毛综合品质较差等问题。长期以来细毛羊、地毯毛羊的选育不足，加之最近几年羊肉价格提高，养殖户将细毛羊、半细毛羊倒改肉羊，导致品种退化现象严重，同时也缺乏绒细度在 15 μm 以下的超细型绒山羊品种（系）。

虽然我国绒山羊养殖数量和产绒量均居世界首位，并具有世界独特绒山羊种质资源，但由于山羊绒销售市场不规范，山羊绒销售没有严格实行以质论价，因而养殖者片面追求山羊绒产量而忽视绒毛细度，致使山羊绒细度有整体增粗的趋势。

第二节　饲养存在的问题

我国绒毛用羊的养殖有悠久历史，但绒毛用羊的生产主要是由农牧民家庭管理完成的，集约化程度低，现代化和机械化养殖技术应用水平低。饲料饲养是绒毛羊生产过程中主要环节。饲养包括饲料、饲料营养与饲草料加工，也包括生产管理等，我国绒毛羊在饲养过程中还存在不少问题，主要表现在：

一、缺乏科学养殖理论指导

在养羊业发达国家，为便于羊的科学化、标准化饲养，由科技工作者根据羊的生理状况、生产水平、体重制定饲养标准，养殖者按照饲养标准饲养。我国因从事绒毛用羊的营养研究基础较差，加之不同品种、不同用途以及不同地区生态条件差异，至今尚未正式颁布用于指导生产细毛羊、绒山羊饲养标准，致使在生产实践中无标准可依，在实践过程中，或是造成饲料营养不平衡，或是造成饲料营养浪费。

二、饲养管理方式落后，现代化和机械化水平低

我国的国产羊毛与澳大利亚、新西兰等存在较大差距，除了养殖区域自然环境因素外，我国农牧民受教育程度低，对现代化养殖技术以及市场意识淡薄，大部分养殖户在羊舍修建与改造、饲料收割运输、加工调制、剪毛、药浴等方面都缺少必要的专门化知识和机械化机具，管理方式落后，这在很大程度上制约了绒毛用羊养殖过程中各种要素投入使用效率的提高。

三、饲料营养与饲草料加工方式落后

长期以来，我国反刍动物以放牧为主，对饲料的依赖程度较弱，饲料需求量较低，近年来，伴随着反刍动物养殖规模的快速扩大、养殖方式的转变和饲料产业结构的调整，我国反刍动物饲料的生产规模和需求也快速扩张。相比其他反刍动物，绒毛用羊 TMR 饲料研发、饲料营养调控和高效利用、功能性添加剂和新饲料资源开发利用研究进展较缓慢，农牧民对绒毛用羊的营养知识和饲草料加工利用技术知识缺乏，不重视营养需要和饲料配合，主要根据经验进行简单配比，造成营养素不足、过量或者供给不平衡，影响生产性能发挥和饲料资源浪费。

另外，饲草料加工方式落后，优质牧草生产和加工利用率不足也是绒毛用羊发展过程中的制约因素。国外苜蓿、羊草等优质牧草的加工和种植已经发展到成熟的商业化阶段，我国在这方面发展还有较大空间，生产技术规范以及质量控制等方面还有待

提高。我国是一个作物秸秆产量大国，但目前大部分秸秆焚烧或者不经处理饲喂，营养价值较低，无法满足动物的营养需要，不仅浪费饲料资源而且造成环境污染。因此，科学的饲草料加工技术，提高饲草料利用率仍是今后主要的研究方向。

四、绒毛用羊专业合作社发展相对滞后，规模化、产业化发展受到制约

农牧民养殖专业合作社有利于增加小规模分散经营养殖户的市场力量，实现规模化和集约化养殖，有利于现代化养殖技术推广。目前，猪、鸡等家畜（禽）养殖的专业化、集约化程度较高，而绒毛用羊专业合作社发展相对滞后，农牧民分散养殖的小生产无法与大市场有效连接，制约了绒毛用羊产业的发展。随着禁牧、舍饲半舍饲技术推广，建立绒毛用羊专业合作社是今后绒毛用羊养殖的发展趋势。

近两年羊肉价格上涨较快，肉羊活重价格达到 24～30 元/kg，屠宰加工后的羊肉价格更是水涨船高，饲养肉羊的养殖效益明显高于绒毛用羊饲养；近年来，牧区和半农半牧区加强草原生态环境保护，饲养方式由放牧转向舍饲半舍饲，绒毛用羊养殖成本增加，绒毛用羊养殖利益微薄，甚至面临赔钱的境地，面对这样的局面，部分养殖户转产肉羊养殖，倒改、淘汰绒毛羊。养殖户对于利益的追求也无可厚非，问题的关键在于政府相关部门和畜牧工作者对整个产业的引导和扶持，政府加大绒毛用羊专业合作社养殖设施建设和良种补贴的力度和范围，同时制定羊毛保护收购价格和政策，绒毛羊今后的生产方向应从单一注重绒毛生产向绒毛、肉兼用型综合方面发展，加快畜群周转、淘汰低质个体，促进绒毛羊品种选育提高，共同促进绒毛用羊产业的健康和可持续发展。

第三节 绒毛用羊疫病防控现状及存在的问题

据世界动物卫生组织（OIE）统计，当前世界范围内流行的羊的主要疫病有 54 种，其中传染病 35 种、寄生虫病 19 种。在这 35 种传染病中，病毒性传染病有 11 种，细菌性传染病有 18 种，其他微生物类传染病 6 种。根据国内有关羊病的资料：羊的 54 种主要疫病中，在我国都曾经发生过，其中至少有 9 种属人兽共患病，这说明我国羊疫病防控形势严峻，必须对防控策略进行认真思考和研究，以便改进和完善。

一、现状与问题

1. 免疫预防方面存在缺陷
免疫是预防、控制乃至消灭疫病最为有效的手段，国外在消灭某种普遍存在的动

物疫病前均通过较长时间的疫苗免疫来实现。目前，我国对重大动物疫病实施强制免疫，如高致病性禽流感、口蹄疫、猪瘟和高致病性猪蓝耳病；对布鲁氏菌病等人兽共患病采取分区控制、免疫与扑杀相结合的原则；对大多数疫病政府未采取干预政策。存在的问题主要为三方面：一是免疫病种和疫苗种类方面，二是免疫程序方面，三是免疫效果检测方面。

在免疫病种和疫苗种类方面，羊三联四防疫苗是必免疫苗，国内规模化羊场免疫密度接近 100％，防控效果良好；但炭疽、羊痘、羊口疮和羊传染性胸膜肺炎及其他疫病为选择性免疫项目，只有受到威胁时才紧急免疫接种，导致这些疫病频频发生和蔓延。此外，国内动物生物制品企业以追求利润为目的，很少生产甚至停止生产羊用疫苗，部分羊用疫苗无法满足市场需求，出现一"苗"难求的局面，如羊传染性胸膜肺炎疫苗、羊口疮疫苗等严重短缺。

在免疫程序方面，目前国内规模化羊场没有根据当地疫情制定科学合理的免疫程序，很多疫苗免疫没有经专家认可的规范化免疫程序，全凭经验或感觉进行免疫，使疫病免疫防控效果大打折扣。

在免疫效果检测方面，国内很多羊场因经费短缺、技术力量落后、缺乏商品化检测试剂等因素的限制，免疫效果评价一般仅针对口蹄疫，没有对其他疫病的免疫效果进行评价。

2. 科研投入不足，疫苗和检测试剂研发力量薄弱

由于养羊业发达的地区多为偏远山区和经济较为落后的地区，且养羊业在畜牧业中占据比例较低，因此相关部门对羊病防控技术研发重视不够，使得针对羊疫病的科研资金投入严重不足，导致相应的科研力量薄弱，致使羊疫病新型疫苗和检测试剂研究落后。

疫苗研制方面，近年来疫病病原体不断变异，而制苗生产的菌（毒）株未能做到"与时俱进"地更新，再加上生产工艺落后等因素使疫苗保护效率下降。如临床上使用的羊传染性胸膜肺炎灭活疫苗，因毒株多年未更换在某些地区保护率仅为 20％左右；再如羊布鲁氏菌病活疫苗对羊是弱毒，对人则是强毒，临床使用风险较大。

检测试剂方面，除口蹄疫具有可检测抗原、抗体的商品化试剂盒外，其他羊传染病很少甚至没有抗原、抗体快速检测试剂盒，即使有些疫病有试剂盒，但因操作程序复杂或准确性差等缺陷而无法推广应用。如目前我国使用的羊布鲁氏菌病检疫技术为经典的平板凝集试验和试管凝集试验，该方法不能区分疫苗免疫抗体与野毒感染抗体，所以在注射布鲁氏菌病疫苗的地区，普查或监测布病变得十分困难。

3. 基层兽医技术力量薄弱，疫病防控技术体系建设不完善

我国动物疫病防控体系建设存在的最大问题是经费。其结果：一是经济发展状况不同导致经费投入的多寡不同，东、中、西部差异很大；二是中、西部地区，甚至东部地区的部分贫困区基础建设和设施条件落后；三是在基层专门从事动物疫病防控的人员少、学历低、待遇差，队伍不稳定；四是基层队伍培训不到位，兽医人员技术能力差，导致疫病诊断、防控工作落实不到位，无法满足疫病防控需求，也有很多羊场和养羊地区由于位置偏远而无专职的兽医人员，免疫、驱虫、疫病监测和检查由饲养员代替，难免会出现误诊、漏诊以及错误的操作等。

4. 疫病防控中病畜扑杀的政府补贴标准偏低，有待提高

当发生重大动物疫病如口蹄疫、羊布鲁氏菌病等疫病时，按照相关法规，发病动物和阳性（或疑似）带毒（菌）动物必须扑杀，以防止疫病扩散蔓延或对人类健康造成威胁。当然，扑杀动物将给养殖户或养殖企业带来重大的经济损失，因此政府应给予一定的补贴。但由于我国目前制定的补贴标准与市场价相差很大，农户和养羊企业扑杀的积极性不高，甚至有抵触，有的为了逃避扑杀、减小损失而瞒报疫情，即使上报也希望尽量少扑杀或不扑杀。那些未能扑杀的"漏网之鱼"给疫病的暴发和流行埋下了隐患，增加了疫病防控的难度，也使得疫病控制和净化成为纸上谈兵。

二、防控对策

在养羊业发达地区，羊是当地人民唯一的生产、生活资本，其重要性不言而喻。但在这些地区，羊主要以放牧为主，流动性较大，而且当地经济一般比较落后，技术力量相对薄弱，疫病防控难度与集约化养殖的家畜相比要大得多。因此，高度重视羊病防控，强化制度建设，提高防控技术水平，保障养羊业健康、安全发展，这对于经济发展、社会稳定意义重大。

1. 加强法律法规建设，树立依法制疫理念

《动物防疫法》是我国的兽医大法，其总结了我国几十年来的实践经验，体现了预防为主、从严管理的精神，对促进养殖业生产、保护人体健康、提高防疫灭病水平发挥了重要的作用。因此，应大力宣传和普及《动物防疫法》，使养羊从业人员懂法守法，明确养殖者作为疫病防控责任的主体地位，积极自觉做好防疫工作，不买卖病死病畜，不瞒报疫情或报假疫情，主动与检疫机构配合，有效地贯彻执行《动物防疫法》。但是，《动物防疫法》也有许多不完善的地方，需要修订。同时，必须有实施细则与其配套，各地应该因地制宜地制定一些地方防疫法规与该法配套，健全动物防疫法律法规体系。此外，要加大兽医法律、法规、政策的宣传和普及力度，强化养殖者和兽医从业人员的法制观念，形成知法、懂法、守法的社会氛围。

2. 加快管理体制改革，理顺兽医机构职能

坚定不移地推行官方兽医制度和执业兽医制度并行的兽医管理体制，使公益性的防疫执法行为与经营性的治疗服务相分离，确保执法到位及执法的公正性。建立以县兽医行政部门为主导，以县乡兽医为骨干、以执业兽医为基础的动物疫病防疫体系，并加大专业技能培训力度，不断提高基层兽医人员的素质和业务工作能力，使其能够完全胜任新形势下的疫病防控工作。

3. 改变经费投入机制，提高资金保障能力

要逐步建立中央政府、各级地方政府和养殖者三方共同投入的防治经费保障机制。中央政府和地方各级政府的投入应着力保障各自职权范围内的相关支出，如政策性补贴、官方兽医队伍建设、官方实验室建设、政府所属兽医队伍工作经费、购买社会服务等；养殖者要树立谁养殖谁负责疫病防治的观念，摒弃等、靠、要的思想，自觉搞好疫病防控。

4. 贯彻国家防治规划，推行疫病区域管理

我国针对动物疫病流行现状，制定了科学的中长期防治规划。各级兽医部门应切实贯彻执行，坚持实行强制免疫、疫情监测、预测预警、疫病净化、根除消灭等措施，做好疫病防治工作。根据目前羊的疫病流行情况，应积极推行疫病的区域化管理，依靠国家绒毛用羊产业体系的力量，在规模化羊场大力推进"无规定疫病生物安全区"建设，并逐步扩大建设范围，在有条件的地区开展疫病的净化或消灭计划。但应该清醒地认识到，无规定疫病生物安全区的建设不可能一蹴而就，而是一个时间较长的过程，如美国猪瘟扑灭计划由 1961 年持续到 1977 年，最终成功地扑灭了猪瘟，而其伪狂犬病扑灭计划则历时 7 年之多；而澳大利亚则用了 22 年时间才扑灭了牛布鲁氏菌病和结核病等。我国对绒毛羊疫病实行区域化管理，应注意不搞"齐步走"和"一刀切"，而是遵循羊的养殖方式和疫病防控规律，首先在规模化舍饲养羊场进行示范，在取得成功后才会并逐步推广。

5. 整合科技创新资源，加强防控技术研发

科研院所和大专院校具有其独特的科学技术优势，与疫病防控系统的实验室互为补充。把科研院所的研究工作纳入到动物疫病防控的主战场上来，充分利用大专院校和科研单位的技术优势，把动物疫病防控与科技支撑体系紧密地结合在一起，搞好疫病普查、流行病学、检测技术、防治产品、预警预报、技术集成和综合防控模式研究，缩短与发达国家先进水平的差距。应大力扶持羊用生物制品的研究和开发，集中力量研制高新技术产品，加快兽用生物制品的更新速度，解决目前生产面临的技术难题，以满足临床疫病防控需求；同时应进一步加强对生物制品质量的监管，严厉打击假冒伪劣，保护生物制品研究人员和生产企业的利益，提高疫苗及检测试剂的质量。

第四节　绒毛用羊产业战略思考及政策建议

绒毛用羊是我国畜牧业的重要组成部分，主要分布在边疆少数民族地区，是边疆少数民族地区农牧民重要的生活资料和生产资料，是其他家畜不能替代的；此外，绒毛用羊分布主要地区生态环境恶劣，不适宜其他家畜生存和生产，而绒毛用羊不仅能生存，而且为人类提供畜产品；细羊毛及其制品是我国重要进出口物资，尽管我国养殖细毛绵羊经济效益不高，但细羊毛生产对抑制国际羊毛价格上涨、保障国内羊毛加工企业供给具有重要作用；山羊绒是我国独特资源，对我国出口创汇有重要作用。因此，绒毛用羊养殖不是可有可无。国家和有关部门应从产业战略思考，使绒毛羊主产区牧业经济发展和生态环境保护和谐发展。

一、完善舍饲半舍饲和草原休牧、划区轮牧政策，保护生态环境

目前，我国草原生态保护和牧民增收问题面临严峻形势。一是草原退化严重，可利用草原面积减少，生态功能弱化。目前，全国约 90％的可利用天然草原不同程度退化，中度和重度退化面积达 23 亿亩*，产草量比 20 世纪 80 年代平均下降 30％～50％，部分草场完全丧失生产能力。草群高度和盖度大幅下降，季节性和永久性裸地面积不断扩大，导致草原生态功能弱化，水蚀、风蚀造成水土流失严重。为了遏制生态环境恶化的趋势，在 2003 年国家实施了基本草地保护政策，制定了草原划区轮牧、休牧等政策，半农半牧区逐渐实行舍饲半舍饲的养殖方式。这一政策实施 10 年来，生态环境得到改善，草原沙化、盐碱化的趋势得到遏制，畜牧业生产水平有所提高。2011 年国务院在内蒙古、新疆（含新疆生产建设兵团）、西藏、青海、四川、甘肃、宁夏和云南 8 个主要草原牧区省（自治区），全面建立草原生态保护补助奖励机制，保证政策实施的效果和农牧民的收入水平。

我国绒毛用羊主要分布在生态环境脆弱的荒漠和半荒漠的少数民族边疆地区，未来将继续完善舍饲半舍饲政策的措施，不同生态区域因地制宜，进行政策实施效果的评估和草畜平衡奖励持续实施，直至形成草原合理利用的长效机制。

二、加大绒、毛产业政策扶持力度，促进养殖户增收

绒毛用羊产业是我国畜牧业的重要组成部分，绒毛用羊养殖也是我国中西部地区农牧民经济收入的主要来源之一。长期以来延续低投入、低产出、低效益的生产方式，农牧民收入微薄，加大低收入农牧民的政策扶持，是我国长期以来的一项既定政策。加大对改善绒毛用羊养殖农牧户的养殖条件和养殖设施的补贴资金投入力度，加强银行和农村信用社对农牧户的信贷支持力度，加大对绒毛用羊养殖农牧户养殖设施建设的各项补贴投入力度，加快推广各种先进养殖机械、设备、设施等在绒毛用羊养殖过程中的使用，为农牧户绒毛用羊养殖业的发展提供良好的环境和条件，提高各种要素投入在实际养殖过程中的使用效率。同时促进科技成果示范补贴政策，不同地区根据当地主推的成果示范项目，制定相宜的扶持和奖励政策，保证先进、科学养殖技术的推广和实施。

加大政府对科研部门的投入及基层部门的资金支持，确保品种选育和改良工作能持续开展。对于绒毛用羊养殖来说，羊良种补贴政策实施对羊遗传改良、提高生产性

---

* 亩为非法定计量单位，1 亩＝$1/15hm^2$。

能、提高农牧民收入具有积极的促进作用，鉴于之前所述，羊良种补贴面临的问题是补贴力度和范围较小，鉴于此，应继续加大对羊良种补贴力度，扩大补贴范围，对能繁良种母羊也给予一定补贴，切实保障绒毛用羊养殖户的利益。

积极实施绒毛用羊的科技攻关项目，鼓励科技人员深入生产第一线开展研发和技术推广工作，推动绒毛用羊产业通过创新获取更高的经济效益，同时保障基层单位工作经费，充分发挥种羊场、改良站、扩繁站等基层单位在品种选育和改良工作中的积极作用。增加基层单位基础设施的建设和设备的购置投入，提高基层技术人员的待遇，吸引高级人才进入绒毛产业从业。

三、规范羊毛流通市场，出台羊毛、绒保护价收购政策

我国羊毛交易市场正处于低级向高级、从混乱向规范转变的过渡时期，以分散化的商贩收购为主，多种交易并存，发展无序化，导致流通体系的混乱和低效率。为加快我国羊毛产业化进程，密切上下游的协作关系，必须推动和规范我国羊毛流通市场建设，加强羊毛生产者协会建设，推进绒毛产业的规范化和规模化养殖，逐步推广羊毛分级制度，实行羊毛公正检验，重视羊毛经纪人队伍建设，制定羊毛产业发展政策，提升政府加强羊毛销售环节的监控，设置羊毛、绒保护价收购政策等。

第四章　中国绒毛用羊生产管理发展战略研究

第一节　生产管理发展战略

一、提升绒毛用羊养殖规模化和组织化程度

绒毛用羊主要是以家庭为单位进行饲养，规模化和机械化设备投入不足，大部分农民缺少现代科学养殖技术，科技知识普及不够，绒毛用羊规模化和组织化程度较其他家畜发展较为缓慢，现在普遍还停留在低投入、低产出、低效益的"靠天养羊"的局面。提升绒毛用羊养殖的组织化和规模化程度，按照《农民专业合作社》的法规，引导和鼓励农民按照自愿、民主的原则发展多种形式的专业合作社，开展绒毛羊养殖、绒毛、肉加工、运输、销售以及畜舍建设等一系列生产资料供应和技术培训与推广等，带动散户和中小规模户发展，提升绒毛羊养殖规模化和组织化程度。在此条件下，制定饲料加工、合理营养供给、疾病控制与预防、绒毛加工与流通相关技术标准和实施规范，发挥龙头企业和标准化示范场的市场竞争优势和示范带动作用，鼓励龙头企业建设标准化生产基地，采取"公司＋农户"等形式带动农户发展畜牧业。

二、继续实施绒毛用羊良种工程建设

我国绒毛用羊良种化水平低，平均单产低、生产性能差异大，实施畜禽良种工程建设，加强绒毛用羊品种选育与利用是今后发展的重点。增强良种供种能力，重点支持种畜原种场、种公畜站、扩繁场和精液配送站建设，扶持畜禽遗传资源保护场、保护区和基因库的基础设施建设，强化遗传资源保护利用。加强种畜禽生产性能测定中心和遗传评估中心建设，推进畜禽优良品种选育。监督和引导农牧户自觉进行优秀种羊选育，扩大绒毛羊良种补贴水平和范围，实行种羊轮换制度，积极开展人工授精技术以及先进繁殖技术的推广，促进绒毛用羊良种化工程建设。

第二节　营养与饲料发展战略

一、草原划区轮牧和休牧政策结合人工
草场建设，保护草原生态环境

我国是世界上草地资源最丰富的国家之一，草地面积占世界草地总面积的12.4%，仅次于澳大利亚，居世界第二，但我国草地的产草量与国外同类草地相比产量较低，我国天然草地平均产草量为 $75\sim1\,050\text{g/m}^2$，单位面积所生产的畜产品数量相差很大，我国每公顷草地平均年产毛量为 0.45kg，还不及美国的 1/20。我国草地资源丰富，可被家畜采食的牧草种类达到 400 多种，牧草资源具有极大的潜在优势，但是近年来随着环境恶化、草原过度放牧等问题，草原生态环境受到破坏，出现草原沙化、荒漠化等问题，实行科学划区轮牧和适度的休牧政策，针对当地自然环境特点和畜牧业生产现状，结合生态保护政策，退耕还草，逐步有计划地开展禁牧、休牧、划区轮牧，同时积极开展人工草场建设，逐步改良天然低产的天然草场。国外养羊业较为发达的国家大多重视人工种草，天然草场改良，同时实施围栏放牧，合理利用草场资源。目前，澳大利亚和英国的改良草场面积分别占本国草场面积的 66.5% 和 64.5%。新西兰在世界上首先推广飞机施播草籽和表土施肥，使天然草场改良为人工草场，并相继建成了一些新型牧场，推广使用围栏养羊，完全摆脱"靠天养畜"。在新西兰，已经有 2/3 以上草场经过了改良并建为人工草场。

二、积极发展饲草料种植业和饲料加工业，
开发非常规饲料，保障饲草料供给

我国是一个世界人口和畜牧业大国，粮食安全始终是举国上下关注的关系国计民生的永恒主题。作为粮食消费的重要组成部分，饲料粮消费对我国粮食安全的影响越来越大，关于人畜争粮的问题也愈加明显，发展高效节粮型畜牧业，对保障我国国民的粮食安全以及动物和食物质量安全尤为重要。饲料是养羊的物质基础，保证饲料安全和充分开发与和合理利用各种饲料资源是提高羊毛产量与质量的重要保证，饲料安全包括饲料数量充足，结构合理和质量达标等方面的内容。考虑到我国当前饲料资源短缺的实际情况，应积极发展饲料种植业和饲料加工业，开发非常规饲料资源，健全和完善饲料加工技术，强化饲料生产和安全监管，实施饲料安全建设工程，加强专用饲料作物开发工程项目建设以及绿色饲料和环保饲料研制与开发建设项目，提高饲料的有效供给能力。

当前，我国种植业结构正由粮食作物＋经济作物的传统二元种植结构逐渐向粮食

作物＋饲料作物＋经济作物的三元种植结构转变，所以应抓住这一有利时机，促进草田轮作和"三元"种植结构形成，推进优草优畜战略，积极推广牧草良种、种植良法、饲喂良效，推广优质牧草的人工种植，建立优质饲料生产基地，增加优质粗饲料的供给能力。根据绒毛用羊分布在荒漠半荒漠的草原以及半农半牧地区，应种植紫花苜蓿类、红豆草、沙打旺等豆科牧草以及青贮玉米、老芒麦、苏丹草等禾本科优质牧草，这些牧草蛋白质含量高，种植技术成熟且具有较强的适应能力。

我国的作物秸秆资源总量达 7 亿 t，但用于反刍动物饲用的秸秆总量约 2.1 亿 t，仅占秸秆总量的 30％，随着秸秆生物、化学处理技术和生物发酵饲料等一些非常规饲料开发利用技术的发展，使得这些饲料营养价值进一步提高，现在已有用秸秆生物处理技术进行养羊成功的例子，说明了秸秆饲料化技术和高效利用的可行性。进行非常规饲料的开发和处理技术的研究，对粮、油加工副产物、糟渣以及新型生物发酵饲料资源进行绿色、环保、安全和高效利用，是今后饲料与营养发展的另一个新热点，具有较大的潜力，同时也具有很大的经济和社会效益。

三、制定绒毛用羊饲养标准，实现绒毛用羊饲料的高效利用

在畜禽养殖成本中，饲草料成本一般占 60％以上，因此，饲料和营养发展情况会在很大程度上影响和决定着绒毛用羊毛产业的发展。随着饲养规模不断扩大，绒毛用羊饲养逐渐向规模化、产业化方向发展，需要根据不同生产方向和生理阶段的营养需要和饲养标准为依据，进行科学的日粮配合。目前，我国绒毛用羊饲料配合大多通过经验或者借鉴国外绒毛羊饲养标准。由于环境、品种特点、生产性能等各种因素的差异，这些标准并不完全适合我国绒毛用羊的生产，尤其是我国的一些地方品种和绒山羊品种，由于其独特的地理环境、遗传特性和国外绒毛用羊有较大差距，使用国外饲养标准并不能发挥出我国优良种质资源潜力。最近几年，通过体系项目建设，开展了绒毛用羊饲养标准制定工作，也取得了很多具有实用价值的研究成果，并在绒毛用羊生产实践中获得良好效果。但是，营养需要量的制定工作是一个耗时、耗力的基础工作，特别是绒毛用羊需要量制定工作起步较其他单胃动物迟，且长期以来未受重视，与奶牛、肉牛等反刍动物相比也有一定差距。总体来说绒毛用羊饲料营养研究基础较薄弱，绒毛用羊饲料营养价值评价工作也滞后，目前饲料营养价值的净能、小肠可消化蛋白质、矿物质、维生素、微量元素含量等指标数据量还有欠缺，这些数据的收集和整理是一个长期的积累和不断修正的过程。所以，未来产业还应在这方面做较大的科研和人力投入。

四、建立符合中国特色的日粮体系

我国绒毛用羊规模化养殖发展较晚，同时由于饲养标准的缺乏，生产实践中借鉴

欧美等发达国家的饲养标准及日粮体系，建立了以玉米豆粕型精补料为主的日粮体系。随着玉米和豆粕等作为生物能源的开发利用，一方面是世界范围内饲料资源日趋紧张，另一方面是由于日粮营养不平衡所导致营养物质的大量排放而引起严重的环境污染，使我国绒毛用羊产业发展面临更大的挑战。在成本和环保的双重压力下，要提高我国绒毛用羊养殖业的生产水平，促进畜牧业的和谐发展，就有必要通过深入研究我国绒毛用羊的饲料营养代谢规律，开展各种技术之间系统集成以及日粮营养平衡技术深层次研究，同时结合各地区的不同生态区域特点，开发当地特色非常规饲料资源，最终建立符合我国饲料资源特点的日粮体系。

第三节　疫病防控发展战略

我国是养羊大国，养羊业是传统产业，在少数民族聚居的许多地区是唯一的生产和生活方式。随着经济和社会的发展，我国养羊业发生了巨大的变化，主要表现在两个方面：①养羊数量增加，发展成畜牧业中的一个重要的支柱产业。20 世纪 90 年代以来，中国在绵羊、山羊饲养量和出栏量、羊肉、羊皮、羊毛、羊绒产量等方面均居世界第一位。据统计，2011 年我国羊存栏量达 28 235.8 万只，出栏量达 26 661.5 万只，而且近十多年来一直维持在这个水平。养羊不仅是我国牧区人民赖以生存的物质基础，也是农区和半农半牧区畜牧业的组成部分。②随着科技的进步和畜牧业的发展，养羊业的生产方式出现了新的转变。主要是生产区域从牧区转向农区，养殖方式逐步由放牧转变为舍饲和半舍饲，养殖规模由分散饲养向规模化饲养转变，养殖品种由地方品种向优良品种转变。这种养殖模式的转变对于绒毛用羊产业的可持续发展极为重要和有利。

但是，我国并不是一个养羊强国，在制约养羊业发展的因素中，疫病防控也是一个重要因素。动物疫病防控的目的就是控制和消灭动物疫病，保护动物健康，为养殖业保驾护航，最终目标是确保人类健康。同时，动物疫病防控也关系国家食物安全、公共卫生安全和社会和谐稳定，代表一个国家的经济发展实力和文明程度。因此，动物疫病防控发展战略的制定和实施对国家稳定发展、人民生活水平改善提高意义重大，是政府部门的一项重要工作职能。目前，我国绒毛用羊疫病防控工作在各级政府部门和广大兽医人员的努力下取得了巨大成绩，疫病防控的基础更加坚实。但随着我国养羊业的快速发展，羊疫病的流行状况更加复杂，如何进一步做好羊疫病防控工作，为绒毛用羊产业发展保驾护航，对于促进我国经济、社会的发展，促进动物、人类和自然和谐发展，提高人民生活水平具有重要意义。为此，国家在加强各级疫病防控机构建设的同时，出台了和制定了一系列疫病防控的政策法规、设立了诸多推动和提高疫病防控技术水平的项目，从多方面着手提高动物疫病防控能力。

一、加强疫病防控法规建设

《动物防疫法》1998 年 1 月 1 日实施。2007 年 8 月 30 日由第十届全国人民代表大会常务委员会第二十九次会议又进行了修订，自 2008 年 1 月 1 日起施行。新修订的《动物防疫法》增加了 3 章 26 条，重点对免疫、检疫、疫情报告和处理等制度作了修改、补充和完善，新增了疫情风险评估、疫情预警、疫情认定、无规定动物疫病区建设、官方兽医、执业兽医管理、动物防疫保障机制等方面的内容，对于提高动物疫病防控能力，保障畜牧业发展发挥了积极作用。2005 年 11 月 16 日国务院第 113 次常务会议通过《重大动物疫情应急条例》，制定 10 个相关配套规章，出台了应急预案、防治规范和标准 1 348 个，指导重大动物疫病发生时的防控对策。随后又出台了《兽药管理条例》等法律法规，基本实现依法开展疫病防控。

二、实行动物疫病强制免疫制度

根据《动物防疫法》，国家对严重危害养殖业生产和人体健康的动物疫病实施强制免疫，国务院兽医主管部门确定强制免疫的动物疫病病种和区域，并会同国务院有关部门制定国家动物疫病强制免疫计划。县级以上地方人民政府兽医主管部门组织实施动物疫病强制免疫计划，饲养动物的单位和个人应当依法履行动物疫病强制免疫义务，按照兽医主管部门的要求做好强制免疫工作。经强制免疫的动物，应当按照国务院兽医主管部门的规定建立免疫档案，加施畜禽标识，实施可追溯管理。

三、建立和实行动物疫情监测和预警制度

动物疫病监测是指按照国家法律法规对动物及其产品进行疫病检查，是政府为了掌握强制免疫效果、开展动物疫情预警预报、消灭传染病所采取的一项带有强制性的技术行政措施。该制度规定，国务院兽医主管部门制定国家动物疫病监测计划，动物疫病预防控制机构按计划对动物疫病的发生、流行等情况进行监测。县级以上人民政府应按规定建立和健全动物疫情监测网络，加强动物疫情监测，防止动物疫病的流行。制度规定监测工作只能由疫控机构承担，其他科研教学机构不能承担，只能进行科研或一般性检测，这就明确了监测工作的主体，避免了责任主体不明、互相推诿，同时也避免了在向社会公布疫情消息时出现多个疫情版本，或不负责任乱发疫情消息，引起社会恐慌。制度还强调从事动物饲养、屠宰、经营、隔离、运输以及动物产品生产、经营、加工、贮藏等活动的单位和个人应主动、积极配合疫控机构监测采样等各项工作，不得拒绝或者阻碍。这些制度的制定对于疫病监测的顺利开展提供了保障，对于掌握疫情动态、防止疫病流行提供了保障。

四、实行动物疫病区域化管理制度

为了解决动物疫病控制和消灭的难题，我国政府和兽医人员一直探索完善动物疫病防控措施的途径，而借鉴国外经验是捷径。国外动物疫情控制的先进经验是 OIE 倡导的区域化管理理念，很多兽医人员也认为解决我国动物疫病防疫难题的手段之一是引入 OIE 的区域化管理理念，在我国开展建设无规定疫病区和生物安全隔离区建设。欧盟、美国、加拿大、澳大利亚、巴西、智利、阿根廷等国都开展了无疫区建设，泰国也从 2004 年开始生物安全隔离区划建设，OIE 也将从 2008 年起，在泰国和巴西开始生物安全隔离区划试点。目前，全世界已有 74% 的国家实行动物疫病区域化管理，64% 的国家有专门的法律规定。

2001 年，我国根据区域经济社会发展水平、畜牧产业布局、动物卫生状况、自然地理条件，重点在四川、重庆、吉林、山东、辽宁和海南等 6 省（直辖市）开展无规定疫病示范区建设，积累疫病控制方面的经验，这有利于在我国分区域有计划地根除主要的动物疫病，促进动物产品国际贸易和我国畜牧业健康、稳定、可持续发展。

五、实施动物疫病的控制、扑灭和净化计划

动物疫病的控制措施有：一是发生动物疫病时，采取隔离、扑杀、无害化处理、消毒等措施，防止其扩散蔓延，做到有疫不流行；二是对已经存在的动物疫病，采取监测、淘汰等措施，逐步净化直至达到消灭该动物疫病。动物疫病的扑灭，一般是指发生重大动物疫情时采取的措施，即是指发生对人畜危害严重，可能造成重大经济损失的动物疫病时，需要采取紧急、严厉、综合的"封锁、隔离、销毁、消毒和无害化处理等"强制措施，迅速扑灭疫情。动物疫病净化，是指通过采取监测、检疫、消毒、扑杀或淘汰等技术措施，使某一特定区域或养殖场的某种或某些动物疫病在限定的时间内，达到个体不发病和无感染状态，这个"特定区域"是人为确定的一个固定范围，范围可大可小，可以是一个养殖场、一个自然区域、一个行政区划，也可以是一个国家，完全根据当地经济基础、地理位置、设施条件、技术力量等多种因素综合权衡后设定。疫病消灭的基础和前提条件是不同地区或养殖场同时进行疫病净化，然后根据净化结果各自扩大范围，最后连片成区，最终达到全部无疫。因此，疫病净化目前是国际上许多国家对付某种动物传染病的通用方法。

我国根据目前国情和动物疫病流行情况，制定了《国家中长期动物疫病防治规划（2012—2020 年）》并于 2012 年 5 月 20 日颁布实施，该规划采取分病种、分区域、分阶段的动物疫病防治策略，开展有计划地控制、净化和消灭严重危害畜牧业生产和人民群众健康安全的多种主要动物疫病。优先防治的国内动物疫病共 16 种，其中绒毛用羊疫病种类有口蹄疫（A 型、亚洲 I 型、O 型）、布鲁氏菌病、包虫病、沙门氏菌

病等，重点防范的外来动物疫病共 13 种，其中绒毛用羊疫病种类有绵羊痒病、小反刍兽疫、口蹄疫（C 型、SAT1 型、SAT2 型、SAT3 型）等，同时明确规定了这些疫病重点控制和防范区域、防治考核标准、各种保障措施及组织实施方式等。规划的制定对我国动物疫病防治具有里程碑式的战略指导意义，将有力推动我国动物疫病的防控。

六、严格执行动物和动物产品检疫制度

《动物防疫法》规定在屠宰、出售或者运输动物以及出售或者运输动物产品前，应当向当地动物卫生监督机构申报检疫；卫生监督机构依照国务院兽医主管部门的规定对动物、动物产品实施检疫；具体实施检验者为动物卫生监督机构的官方兽医。该规定的严格执行有利于防止动物疫病的传播扩大、保障肉类和动物产品的安全及消费者的健康。但目前我国在动物检疫中也存在一些问题，如产地检疫中有"隔山开证"违法行为，检疫申报点设施和人员不能满足检验需求，动物卫生监督执法办案的力度和宣传不到位等，严重影响了动物疫病的防控。

七、大力推行官方兽医制度和执业兽医制度

2005 年 5 月 14 日，《国务院关于推进兽医管理体制改革的若干意见》明确提出"参照国际通行做法，逐步推行官方兽医制度，逐步实行执业兽医制度"。官方兽医是指具备规定的资格条件并经兽医主管部门任命的，负责出具检疫等证明的国家兽医工作人员。在具备规定的资格条件，取得国务院兽医主管部门颁发的资格证书方可成为官方兽医。执业兽医是指从事动物诊疗和动物保健等经营活动的兽医。通过国家组织的执业兽医资格考试合格的人员，获得国务院兽医主管部门颁发的执业兽医资格证书方可成为执业兽医，执业兽医从事动物诊疗活动时，还应当向当地县级人民政府兽医主管部门申请注册。除乡村兽医服务人员可以在乡村从事动物诊疗服务活动外，只有经注册的执业兽医，才有资格从事动物诊疗、开具兽药处方等活动。官方兽医和执业兽医制度的实施，对于明确兽医人员职责、提高兽医人员水平、有效控制动物疫病等方面将发挥巨大作用。

八、推动现代农业产业技术体系建设

2007 年年底，农业部开始实施的现代农业产业技术体系建设，10 个农产品按照"现代农业产业技术体系"的政策思路悄然运行，2008 年年底，50 个农产品的现代农业产业技术体系建设全面推进。随后，各省、自治区按照地方农业发展现状、资源特点等，与现代农业产业技术体系相呼应，各自启动了地方农业产业体系建设。现代农

业产业技术体系建设的开展，使动物疫病防控在病原学、流行病学、诊断检测、疫苗研制、综合防治等方面具有创新优势的现有中央和地方科研力量和科技资源，围绕绒毛用羊产业发展需求开展研究，其最新的疫病防控方面的科研成果在主产区的综合试验站立即进行技术集成和试验示范，然后带动周边县、市推广，有力地提高了我国动物疫病防控能力，促进了产业发展，增强了我国农业竞争力和创新能力。

第四节　环境控制与圈舍设计发展战略

我国绒毛用羊生产多数位于经济发展比较落后的地区，过去绒毛用羊生产主要依赖草地资源，常年放牧饲养，在圈舍建筑方面投入很少，简陋的圈舍，只是起到把羊圈住防止乱跑丢失的作用。近20年多来，随着放牧草地资源减少，舍饲、半舍饲的饲养方式推广，以及限牧、禁牧政策的实施，圈舍建筑才逐渐受到农牧民重视，尤其是绒毛用羊规模化、标准化养殖不断发展，圈舍设计和建造成为养羊业的重要组成部分。

当前羊舍建筑设计的发展方向，在于建造适合地域气候条件的功能型圈舍，并应用新型建筑材料，改善建造工艺，使圈舍设计尽可能符合绒毛用羊生理特点，为绒毛用羊提供较好的生长发育和生产条件，以提高生产性能，降低疫病发生，提高生产效益。

羊场环境是存在于羊场周围的可直接或间接影响羊牲畜的自然与社会因素之总体。近十几年来，家畜环境和畜舍环境控制的研究进展较快，在一些畜牧业生产发达国家在生产中已广泛采用"环境控制舍"，可为最大限度地节约饲料能量、有效发挥家畜的生产力、均衡获取优质产品创造条件，并成为畜牧生产现代化的标志之一。

环境控制与圈舍设计作为一项在绒毛用羊生产中的基础性工作，因为不能直接看到生产效益而常常被忽略，而实际上却贯穿于整个养殖生产的全部过程，在整个行业的发展中，所起到作用不可忽视。

一、我国绒毛用羊圈舍设计发展现状与存在问题

(一) 大部分绒毛用羊圈舍仍然处于落后状态

我国大部分养羊地区环境比较艰苦，通过养羊或其他方面得到的收入，先要用来改善家庭住房条件，即使养羊户收入很高时，也极少将资金投入修建羊舍，只有少数养羊户建造了较好的圈舍。我国西北地区是绒毛用羊的主产区，养羊户的圈舍较好的有羊棚，可以遮风避雨，大部分还停留在只有围圈的状态。半农半牧地区的圈舍情况稍好些，但也是在自家住房就近建造的简易棚舍，这也是从便于饲养管理的角度修建的，都不符合防疫和环境控制要求。

（二）规模化养殖企业圈舍比较规范

2000 年，农业部启动了养殖业"良种工程"项目，全国大部分绒毛用羊国家重点种畜场都得到了"良种工程"项目支持，圈舍条件得到了改善。有些绒毛羊场通过国家或地方其他项目资金资助，改善了羊场硬件条件。近十多年来，各地有很多企业进入绒毛用羊养殖领域，其养羊的圈舍建筑起点都比较高，大部分采用了新型建筑材料，圈舍建筑设计比较规范。绒毛用羊饲养优势地区，也建设了较多集中规模化饲养小区，如新疆的细毛羊、陕北的绒山羊和宁夏的裘皮羊等，都有不同规模的饲养小区，这些饲养小区圈舍设计建筑也比较规范，成为当地绒毛用羊生产的生力军。

（三）圈舍设计建筑方面投入较少

我国绒毛用羊生产的主体仍然属于农牧民养殖户，受饲养方式、资金、养羊户思想观念等方面影响，对圈舍方面的投入较少。从业人员增加收入的思路，首先关注的是饲养数量和产品价格，较少有人想到通过改善饲养条件和提高产品质量来获取经济效益。建造规范化圈舍，改善饲养管理条件，对于增加经济效益方面，不是直接的，而是间接的。例如，寒冷地区建造保温型圈舍，首先能够减少羊本身的能量消耗，降低死亡率，提高羔羊成活率，间接地提高了饲养经济效益。

二、发展趋势与战略思考

（一）改变传统观念，重视圈舍建筑设计

现代养殖业追求的是经济效益最大化，就要抛弃过去粗放饲养观念，在各个环节当中减少损失，提高饲料资源转化率。第一要改变靠天养羊、粗放饲养的传统观念，不断推进标准化、规模化、精准化饲养模式，设计建筑符合绒毛用羊生产特点的实用性圈舍。传统养羊基本不重视圈舍建设，简单地建个栅栏，放牧结束晚上把羊圈进栅栏就行，风吹雨淋也不管，并误认为绒毛用羊抗逆性较强，冷点热点都无所谓，结果是饲养数量不少，经济收入却不高。第二要改变经济效益取向。不能只关注通过饲养数量，还要关注改善饲养条件，提高每只羊的饲养效益。北方寒冷地区要有相对保温的棚舍，南方湿热地区要注意圈舍减低温湿度，给羊比较舒适的生活和生产环境，才能提高羊场或羊群的饲养效益。

（二）根据地域气候特点和品种类型需求设计新型圈舍

北方寒冷地区设计圈舍时主要考虑保温性能，封闭式保温羊舍是寒冷地区的主要羊舍类型。对于毛用羊来讲，保温羊舍能够在寒冷季节减少能量散失，有利于生长发育。而绒山羊生产的保温羊舍主要用于产羔和育羔。影响圈舍保温的因素包括：地势

朝向、墙体保温、门窗保温、顶棚保温等。近年来，新型建筑材料为设计建筑保温圈舍创造了条件，墙体、门窗和顶棚的保温均有新型建筑材料可以利用。以墙体保温为例，过去在建造保温羊舍时，墙体厚度要求在40cm左右。随着建筑材料和工艺的更新，墙体保温多采用固定泡沫板方式做外墙保温。采用外保温时，由于蒸气渗透性高的主体结构材料处于保温层内侧，在墙体内部一般不会发生冷凝现象，因此能够减少舍内产生潮气，降低舍内湿度。同时外保温墙体由于蓄热能力较大的结构层在墙体内侧，当室内受到不稳定热作用时，墙体结构层能够吸引或释放热量，故有利于室温保持稳定。南方饲养半细毛羊和湖羊的地区，属于炎热湿润气候，为了防暑降温和预防疫病，需要建筑敞开式高床羊舍。羊床高度以便于清除粪便为宜，一般高0.8～1.0m。建造大型羊舍一般使用机械清粪，羊床高度0.5～0.6m。床体材料使用木条、对扣竹片为主，也可以使用塑料制作的床体。屋檐的设计要延出墙体30cm以上，窗户位置尽量离地面远、离屋檐近，能够有效防止阳光直射入舍内。叠层屋顶有利于防暑，叠层之间空隙尽量大，能够防止雨水进入即可。羊舍的敞开面及窗户部分使用遮阳帘也能够防止直射阳光进入，降低舍内温度。羊舍周围种植树木也有利于降温防暑。选择建筑羊舍的地势要利于通风，较高地势或山坡建造羊舍利于通风，安装电动风扇人工通风适于酷暑时期。规模化羊舍建筑使用框架结构，四周都能够通风，对防止舍内潮湿能够起到关键作用。

（三）因地制宜、就地取材改善圈舍条件

我国绒毛用羊生产地域广阔，各地建筑圈舍的条件不尽相同，设计建造圈舍要因地制宜，就地取材，以尽可能满足生产需求为目的。对于种羊场、规模化羊场以及饲养小区来讲，圈舍设计建筑标准要高些；对于普通养羊户来讲，圈舍以达到基本符合生产需求和防疫要求即可。舍饲为主饲养方式的羊场，圈舍要能够体现规范化；放牧为主饲养方式的羊场，圈舍要达到实用化。寒冷地区的圈舍，要以防寒为主体设计，湿热地区的圈舍，要以通风防潮为主体设计。建造圈舍的材料，可以使用各种建筑材料，山区养羊户可多使用石头，平原地区养羊户可多使用沙土。民房改造的地区，可以将旧民房改造成圈舍。

（四）饲养设施建设是羊场的重要组织部分

目前，大部分羊场或养羊户都需要在枯草期进行补饲，全年舍饲养羊的也逐渐增多。补饲期间或者舍饲养羊都离不开饲养设施，疫病防治、粪便处理以及草场管理等也需要相关设施。缺少养羊管理经验的建筑队，往往不注意饲养设施的设计细节，结果造成难以使用或再由羊场人员改建。饲料贮存与加工，需要有遮雨棚、动力电和水泥地面；料槽的设计要避免浪费和污染饲料，水槽的设计要能够保持每天都饮用到清洁的水，药浴池也要考虑水源和污染的问题，还要有粪便和废弃物处理场。

（五）要重视羊场总体规划

新建羊场要设计总体规划，包括地点选择、生产区、管理区和生产配套设施等。新中国成立后建设的种羊场，主要依靠天然草场条件选择地点，羊场土地面积多，草场面积大，有总场有分场。现在建设羊场也要考虑饲料资源因素，同时要符合国家相关规定，如防疫、环保等方面。在场内规划设计上也要合理，要便于生产管理。

三、绒毛用羊环境控制与圈舍设计总体任务

（一）加强对圈舍设计与环境控制的认识

与城市系统、严密的环境保护监督管理相比，我国目前农村环境保护监督管理几乎是一片空白。环境监测、环境监理和环境规划在农村难见身影，农牧民的环保意识不强，在绒毛用羊养殖场的建设和管理上，通常圈舍设计和环境控制问题都被忽视。因此要改变这一现状，必须使广大农牧民提高认识，加强治理，强化监管。尤其要做好圈舍设计与环境控制重要性的宣传工作。一是通过全方位、大力度，贴近农牧民生产生活的宣传，使农牧民意识到对圈舍设计和环境控制的少量投入，可以有效改善饲养环境，提高生产效益。

（二）加强圈舍周边环境控制，实现可持续发展，实现人畜和谐发展

羊场的废弃物很容易对周边环境造成污染，引发人兽共患病，不但减少了经济效益，还容易引发社会问题。绒毛用羊无公害养殖场应积极通过废水和粪便的还田或者其他措施，对排放的废弃物进行综合利用，实现污染物的资源化。

（三）建立圈舍环境控制责任制和长效机制

一是结合环境优美乡镇、生态村建设，开展区域性的圈舍内外环境污染综合治理活动；二是建立和完善各级政府对辖区绒毛用羊养殖场环境保护的责任制，将环境质量和环境保护工作列入各级政府领导干部政绩考核、实行严格的考核、奖罚制度；三是建立圈舍环境控制长效管理机制，把圈舍的环境控制纳入养殖场的评估考核系统，使养殖场周边生态环境保护走上规范化、制度化轨道。

（四）完善圈舍设计与环境控制理论，制定切实可行的操作规范

提高我国在圈舍设计与环境控制研究领域的科研水平，掌握国内各绒毛用羊养殖场圈舍建设情况及主要产区的环境参数数据，通过大量的基础性工作完善我国该领域的相关理论，制定出适合我国国情、符合各地区不同地域特色的可操作性强的相应标准与管理制度。

（五）开展圈舍设计与环境控制的典型示范

在我国绒毛用羊养殖的几大主要区域，针对当地的自然资源情况、养殖模式及当地养殖品种适应性等特点，开展标准化圈舍设计和环境控制的典型示范。通过对不同养殖规模的典型示范，使当地广大养殖企业及个人在圈舍设计和环境控制方面提高认识，看到效益，在实践过程中可借鉴，可操作。

（六）借助农业现代产业技术体系建设做好绒毛用羊养殖的基础设施完善工作

借助我国农业现代产业技术体系建设这一难得的契机，充分利用绒毛用羊产业技术体系涵盖了本行业的所有主产区的各综合试验站及各示范县，将现有圈舍设计及环境控制取得的成果应用到生产实际，改善我国在绒毛用羊养殖上较为落后的基础设施条件。

第五节　生产方式发展战略

一、发展舍饲半舍饲养殖模式，加强草原生态保护，实现羊毛产业的可持续发展

因为过度放牧而导致的草原退化、沙化、盐碱化等问题已经成为制约我国绒毛用羊发展的主要因素之一。近年来，中央及各地地方政府已经采取多项举措治理草原的"三化"问题，并已经取得阶段性成果。考虑到草原是羊毛生产中无法取代的重要稀缺投入因素，为了实现羊毛产业的可持续发展，应当采取更有效的政策措施促进草原生态环境的恢复。应继续实施舍饲半舍饲的饲养方式，鼓励适度规模化养殖和经营模式，创新多种合作方式的绒毛羊养殖、加工的协作组织和合作社的组织形式；大力发展农区粮食作物＋饲料作物＋经济作物三元种植模式的发展，加强优质牧草基地建设，对人工种草、飞播种草、封栏肥育、草场的改良及其水利配套设施建设等方面给予政策和资金支持；制定科学合理的草原长期发展规划，根据牧草生长周期实行划区轮牧和分段限制性放牧，做到放牧强度适宜，载畜量合理，杜绝超载过牧，以实现草原生态保护和绒毛产业的协调发展。

二、加强优良品种繁育，提高羊毛单产水平

随着市场对细羊毛、超细羊毛需求不断增加，澳大利亚、新西兰等羊毛生产国都加大了本国绵羊育种和改良投入，开展提高羊毛细度的研究，将羊毛品质与绵羊育种研究相结合，培育优质品种。我国自20世纪70年代始，大力开展全国家畜遗传改良和新品种培育工作，绒毛羊的品种选育工作也取得了较大的进展，羊毛单产和羊毛质

量有显著提高，但是与世界其他羊毛主要生产国相比还有较大差距，在品种培育方面也远远落后于澳大利亚、新西兰等国家，国内的细羊毛优良种畜覆盖率低，绒毛产量的增加主要还是依靠增加存栏量实现，这种发展方式和我国可持续发展战略相背离。辽宁绒山羊和内蒙古绒山羊是我国独特种质资源，辽宁绒山羊原种场和内蒙古绒山羊种羊场公、母羊产绒量分别达到 1 200g 和 650g 以上，而全国个体平均水平不足 300g，因此，应加快推广绒山羊优良品种，调整毛用羊生产结构和转变绒毛用羊产业发展方式，对现有生产细毛、半细毛品种进行品质鉴定，利用现代育种技术对品种继续选育提高建立多种形式的良种生产基地和保种场，进行遗传资源保存和良种推广，遏制绵羊的退化问题。同时按照市场需求，绒毛羊育种从单一注重绒毛生产向绒毛、肉兼用型综合方向发展，加快畜群周转、淘汰低质个体。以毛、肉兼用型品种对生产粗型、羊毛品质较差或产毛量低的细毛、半细毛羊进行兼用品种杂交，提高其产肉量。

第五章　中国绒毛用羊产业流通
与加工发展战略研究

绒毛流通与加工是绒毛用羊产业链的两个重要环节。绒毛流通集合了绒毛贸易的物流、信息流和服务流，是促进绒毛商品化的重要环节；而绒毛加工则是通过一系列复杂过程，改变绒毛的物理或化学特性，使其满足消费者多样化需求的重要环节。随着产业间竞争的加剧和绒毛产业可持续发展问题的凸显，绒毛流通与加工在绒毛产业发展中越来越显示其不可替代的地位和作用。本章依次对我国绒毛流通发展战略和加工发展战略分别进行研究，重点从发展现状、存在问题、发展趋势和战略思考及对策建议四个方面展开深入分析，以期从绒毛流通与加工视角为促进我国绒毛产业可持续发展提供战略支撑。

第一节　绒毛流通发展战略研究

一、绒毛流通发展现状

新中国成立以来，我国绒毛流通大体经历了自由贸易流通阶段、派购流通阶段、"双轨制"流通阶段和市场经济流通阶段四个阶段，目前已全面进入绒毛市场化流通的发展时期。从当前情况看，我国绒毛流通体系组织结构复杂，市场交易活跃，流通模式多样化，已基本建立起相对稳定的绒毛流通市场和监管体系。

（一）绒毛流通体制发展沿革

1. 自由贸易流通阶段

1949—1952 年，我国政府对农产品实施"在国家统一的经济计划内实行贸易自由"的政策，该阶段绒毛流通体系的特点即是国家干预下的自由贸易。在该阶段，羊毛、羊绒主要在地方集市上进行交易，产需双方直接见面，自由购销和自由贸易。地方集市一般是特定区域定期举办的农牧产品交易集市，或者是具有传统节日意义的大型集会等，一般以当地居民的内部交易为主，交易辐射区域较为有限。在集市期间，附近的养殖户将欲出售的绒毛等农牧产品运至集市上销售，并购买自己所需的产品。如在内蒙古地区，那达慕盛会是当地的传统群众集会，每年举办 1~2 次，集会期间，牧民和家人聚集在盛会上，进行交易、庆祝活动并参加传统的竞技活动等，当地的绒毛交易活动就主要集中在那达慕盛会期间，养殖户将自用剩余的绒毛在"那达慕盛会"上直接出售。

2. 派购流通阶段

1953—1985年，绒毛流通体系进入派购流通阶段。自1953年开始，国家将所有农产品划分成三个种类，对第一类物资如粮食、棉花、食油等实施统购统销政策，对第二类物资（其他重要农产品）通过合同进行派购；对于第三类物资，国家不规定派购任务，允许公社、生产队、生产小队和社员个人在国家指定的农村集市上出售，买卖双方可自由议价。由于绒毛属于第二类物资，根据规定，国家对绒毛产区分配一定的绒毛派购任务，按固定价格收购，对于超出派购任务部分，一定程度上允许自由流通。供销合作社是负责按照指定价格收购派购任务的机构。绒毛派购流通体系一直持续到1985年。

3. "双轨制"流通阶段

1985—1991年，绒毛流通进入"双轨制"流通体制阶段。1985年，政府取消农产品的三个类别划分，实行计划定购和市场购销的"双轨制"流通体制。根据规定，各省或地区的绒毛流通可以选择保持原有方式，通过供销合作社进行定量定价采购，或者也可以选择转变为自由"开放"的市场体系。如辽宁省同意发展自由市场，而内蒙古自治区则保持对绒毛市场的严格控制。还有一些地方，如甘肃，当地政府开放省级绒毛市场，但是某些县、市政府否定了上级政府的决策仍然让绒毛市场保持封闭状态。可以说，该阶段我国绒毛流通体制中计划与市场并行，多种收购方式并存。不过在"双轨制"流通体制运行期间，由于没有相应加强政府对市场的调控管理，许多地方政府在"全民经商"热中茫然无措，导致绒毛价格失控、市场混乱、多家抢购、争相抬价等，甚至造成1987—1988年的"羊毛大战"局面。

4. 市场经济流通阶段

从20世纪90年代中期开始，绒毛流通市场的开放程度越来越高，逐步进入社会主义市场经济发展阶段。进入该阶段以来，我国绒毛市场基本上形成了以市场为导向，多渠道、多种经济成分、多种经营方式、多个经营环节的流通格局。绒毛原料及其产品在全国市场上可自由流通，买卖双方根据自身需求决定买卖行为和买卖数量，交易价格基本完全由市场来决定。不过在绒毛流通体制从计划经济向市场经济的转型过程中，以家庭为生产单位的小生产与批量交易、瞬息万变的大市场之间难以有效对接，导致绒毛出现卖难、买难的问题，也导致部分地区绒毛尤其是优质绒毛生产出现萎缩和退化。

（二）绒毛流通组织发展现状

绒毛流通组织即绒毛市场交易的相关主体，是绒毛流通体系的重要组成部分，包括贸易商、生产者、加工企业和监管机构等。本文重点介绍直接参与羊毛流通的贸易商以及绒毛流通体系的相关监管机构。贸易商是活跃在羊毛流通市场的直接利益主体，包括小贸易商、大贸易商和绒毛专业合作组织等。

1. 小贸易商

根据贸易商的收购规模，可将其划分为小贸易商和大贸易商。小贸易商即小商贩，是指直接从牧民手中收购绒毛、参与绒毛初次交易的绒毛商贩。小贸易商一般是产区的当地居民，熟悉本地情况，对牧民的养殖情况也比较了解，能够深入养殖户家中收购绒毛。根据国家绒毛用羊产业技术体系产业经济研究团队于2012年的调研数据，目前我国绒毛产区约85%以上的绒毛是通过小商贩收购的。绒毛商贩通常将绒毛不经分类或分级直接转卖给大贸易商，赚取价差收入。绒毛收购旺季一般集中在每年剪毛或抓绒后的5~8月，小贸易商的收购活动也就集中在2~3个月内完成。收购活动结束后，绒毛商贩转向其他经营业务，所以小商贩基本是兼业收购的经营模式。

2. 大贸易商

大贸易商的收购规模较大，他们主要向小贸易商收购绒毛，也有部分大贸易商从国有农场或乡镇集体直接购买绒毛。大贸易商在绒毛销售旺季到来之前，事先委托当地小商贩进行收购，并到产区租建一个临时绒毛收购点，以方便小贸易商将收购来的绒毛运至临时收购点。这些常驻产区的大贸易商，将绒毛收集起来后统一组织运输，销往沿海等绒毛加工企业的聚集区。大贸易商一般来自我国东部和南部省份，全年不间断地从事绒毛和其他货物的交易活动。目前我国绒毛产区也有少数规模贸易商，有的是当地成立的大型绒毛贸易公司，如新疆美利奴细羊毛科技发展有限责任公司、内蒙古畜牧经济技术公司等，在产区羊毛流通市场上也非常活跃。

3. 绒毛专业合作组织

绒毛专业合作组织也是绒毛流通的重要组成部分，包括供销合作社和绒毛协会等。在计划经济时代，供销合作社是唯一能够收购畜牧产品的单位，也是农村地区日常消费品以及农业用具、兽药和饲料等的主要供应商，所以供销合作社与很多农牧民之间存在着紧密的联系，目前在部分产区，县级以上的供销合作社仍是当地主要的绒毛收购商。如甘肃省部分县级供销合作社收购的细羊毛占当地细羊毛产量的50%左右，内蒙古供销合作社的细羊毛贸易份额约占当地的10%。绒毛专业协会或合作社是指近几年发展起来的新型绒毛专业合作组织，由产区养殖户自愿结合组成，在销售绒毛时将养殖户联合起来统一组织羊毛销售。绒毛专业协会或合作社在部分产区发展迅速，农牧民参与积极性很高，在绒毛流通体系中的交易功能不断增强。

4. 市场监管机构

目前我国绒毛流通市场仅出台了针对羊毛流通市场的政策法规，即《羊毛质量监督管理办法》。该办法于1993年4月出台，由国家技术监督局、国家计划委员会、国家经济贸易委员会、农业部、商业部和纺织工业部联合发布，自1993年6月1日起实行。该办法旨在强化羊毛的质量监督管理，建立和维持正常的羊毛市场流通秩序，保护羊毛市场交易双方的合法权益。办法规定，羊毛交易双方应严格执行绒毛国家标准中有关质量和计价方面的规定；羊毛批量交易一律按净毛计价。同时，该办法还规定，羊毛批量交易应采用公证检验制度，由中国纤维检验局认可的各级专业纤维检验机构具体负责公证检验各项工作，公正检验证书是羊毛交易双方结价的质量凭证。该办法的颁布有利于我国推行国际上公认的羊毛检验方法和交易方式，标志着我国羊毛质量监督管理工作走上法治轨道。羊绒流通市场的相关法规还未出台。

国家技术监督局下设中国纤维检验局以及其认可的各级专业纤维检验机构是根据《羊毛质量监督管理办法》的规定，负责羊毛质量监督管理的机构，也是我国羊毛流通体系中主要发挥作用的监管机构。不过从当前情况看，在整个绒毛流通领域中，我国绒毛流通市场的质量监督与管理仍是一个相对薄弱的环节。

（三）绒毛流通交易模式发展现状

目前我国绒毛流通交易模式形式多样，既有传统的商贩收购交易模式，又有独具中国特色的工牧直交模式，还有基于现代科技的拍卖交易模式和远期电子交易模式等，基本形成了以分散化的商贩收购模式为主，多种交易模式并存发展的局面。不过，由于不同流通交易模式受自身或其他原因影响均存在一些问题，从而在一定程度上造成了我国绒毛流通体系的混乱和低效率。

1. 商贩收购模式

商贩收购模式是产区牧民销售羊毛、羊绒的主要方式。每年抓绒或剪毛后，绒毛进入销售旺季，流动商贩便集中进入产区收购。他们通过走街串巷吆喝、挨家挨户上门询问或者聘请村里介绍人等途径收购，也有部分地区（如内蒙古乌审旗）的收购商在产区设立多个收购站，方便牧民就近将羊毛或羊绒直接运往收购站销售。在商贩收购模式下，牧民以家庭为单位分散交易，在绒毛销售价格方面，牧民基本没有定价权，只能根据商贩报价选择是否销售，信息传递非常不透明，存在不同程度的压级压价现象。商贩收购原毛、原绒后，再将其转卖给大商贩，或者运至地方交易市场进行二次销售，或者直接卖给南方加工企业。绒毛经过小商贩到大商贩的转卖后，一般由大商贩直接运至加工企业，中间三次或三次以上转手环节并不多，这与我国绒毛生产比较分散和企业收购数量少且不稳定不无关系。商贩收购模式如图5-1所示。目前

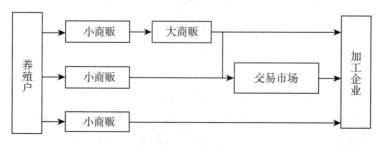

图5-1 商贩收购模式

商贩收购模式仍是羊毛、羊绒进入流通市场最直接和最主要的方式，普遍存在于我国广大绒毛产区。据调研数据显示，在内蒙古绒山羊和细毛羊主产区、河北绒山羊产区、贵州和四川半细毛羊产区，80％以上的牧民都是将自产羊毛或者羊绒直接以污毛（绒）形式销售给商贩。

商贩上门收购交易模式对交易双方来说，交易方式简单，购销方便，灵活自由，省时省力，又是现货现钱交易，信用风险很小，是当前该流通模式在我国绒毛流通市场普遍存在的主要原因。但在该模式交易过程中，由于小商贩收购队伍不稳定且难以规范，易造成流通环节的无序化和市场混乱。此外，由于信息不畅通，养羊户对市场了解较少，基本没有议价权，而加工企业由于没有直接参与收购，绒毛在流通过程中的质量也无法得到保证。

2. 工牧直交模式

工牧直交是指牧民将绒毛直接卖给加工企业，不经过中间流通环节的交易模式，这种交易模式近几年在产区推广发展得比较快。目前我国绒毛进行工牧直交主要有两种方式，一种是加工企业与牧民通过地方交易市场作为平台进行直接交易，另一种是加工企业直接与牧民签订购销协议。工牧直交模式如图5-2所示。根据第一种方式，当绒毛进入销售期时，地方专业协会或合作社将牧民的绒毛集中起来，运至当地交易市场，统一组织销售；同时，以南方沿海地区为主的绒毛加工企业组织收购公司进入产区，他们直接在地方交易市场购进优质绒毛，与牧民钱货两讫。第二种工牧直交方式是指绒毛加工企业与牧民签订直接购销协议，在协议中规定牧民必须使用的种羊品种、绒毛的质量标准、交易规模及交易价格等，不经过中间流通环节和第三方，以协议来约束交易行为。在这种交易模式下，加工企业一般是当地的知名企业，以信誉为保障，买卖双方存在长期合作的基础。

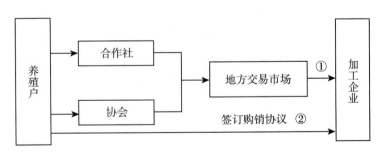

图5-2　工牧直交模式

工牧直交模式是养羊户或养羊合作组织与加工企业直接进行交易，减少了流通环节，可有效降低流通成本和流通费用。此外，由于工牧直交对交易的绒毛质量标准有限制，还有利于促进绒毛实现优质优价，既能切实增加农牧民养殖利润，又有利于保证加工企业原料来源的质量和数量。不过目前工牧直交仅在少数产区推广，纵观所有产区，工牧直交的规模和数量仍十分有限。

3. 拍卖交易模式

拍卖交易是世界羊毛贸易的主要形式,在澳大利亚、新西兰、南非等国家,拍卖制已成羊毛交易的惯例。在我国,拍卖交易不仅用于羊毛拍卖,在部分地区也被用以羊绒拍卖,而且发展非常迅速。我国绒毛拍卖均依据拍卖市场交易条款及有关交易细则,按"以质论价,净毛(绒)计价,优毛(绒)优价"的原则进行。以羊毛拍卖为例,为了参加拍卖交易,牧民首先对羊毛进行分级整理,由当地牧民协会和牧民经纪人把分级后的羊毛组织起来,交到当地畜牧局仓库,然后集中送给当地纤检局检验,最后将检验样本附上纤检证书送至南京羊毛市场展样,参与拍卖。在羊毛拍卖中心,举牌竞拍的商家主要是毛纺加工企业,他们在拍卖市场直接采购原料,不仅质量有保障,而且减少了中间流通环节的费用。拍卖交易与工牧直交的第一种方式有一定的相似性,但参与主体更为广泛,不局限于生产者和加工企业,也允许贸易商参与。此外,拍卖流程更为复杂,尤其是质检要求非常严格,只有达到一定品级的羊毛(绒)才能入场进行拍卖交易。其拍卖交易模式见图5-3。

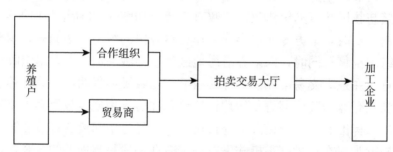

图 5-3 拍卖交易模式

绒毛拍卖交易模式是借鉴国际先进羊毛产业经验而引入的交易模式,拍卖模式的发展有利于建立一个公开、透明、公平的市场竞争环境,也是促进我国羊毛市场与国际接轨的重要途径。但拍卖交易模式虽在我国引入时间很长但发展非常缓慢,近年来由于绒毛产业生产饲养体制的改变及细羊毛生产规模的缩减,甚至出现无毛可拍的局面。

4. 远期电子交易模式

绒毛远期电子交易模式在我国仅处于初步尝试与探索阶段,该模式是建立在互联网发展基础上的绒毛现货远期电子交易。我国清河羊绒(国际)交易中心曾采用远期电子交易模式交易绒毛。根据清河羊绒(国际)交易中心规定,贸易商或加工企业如要进行羊绒或羊毛的远期电子交易,首先需要通过经纪人向交易中心提交相应材料,开立摊位账户,在与银行账户绑定银商转账后,即可进行购销交易。在交易之初,买卖双方均需支付20%的保证金,交易的是标准化远期合同,由电子撮合交易系统按"价格优先、时间优先"的原则对买卖指令进行排序成交。成交后买卖双方可以在交易系统对冲平仓或者进行到期实物交割,完成交易的整个过程。对冲平仓的不需要实物交收，而进行实物交割的，交易后买方取得货物，卖方取得货款。远期电子交易模式如图5-4所示。

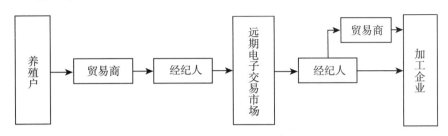

图5-4 远期电子交易模式

绒毛远期电子交易的标的是标准化合约，对绒毛的质量、品级等有明确规定，有利于推动绒毛流通过程中的科学计价和优质优价；且市场价格和供需双方的需求信息非常透明，交收方式灵活，便于解决绒毛现货交易的货源、客户源、结算、物流配送等问题。但该模式在我国尚处于探索阶段，清河羊绒（国际）交易中心绒毛上市品种有限，门槛较高，市场参与主体较少，交易量很小，目前该交易中心已经取消绒毛的远期电子合约交易，转而改为连续现货交易。

(四) 绒毛流通市场发展现状

目前我国绒毛流通市场主要分布在加工业聚集区，而产区大型绒毛交易市场相对较少，不过随着绒毛产业区域转移现象的发生，产区建立绒毛交易市场的呼声渐高，已经建立起来的交易市场发展也很快。加工聚集区的羊毛交易市场以张家港羊毛交易市场和南京羊毛市场为代表，这两个市场地处苏浙沪等毛纺加工企业的腹地，以组织羊毛拍卖交易活动而著称；羊绒交易市场以河北清河羊绒国际交易中心和宁夏同心羊绒交易市场为代表，河北清河羊绒国际交易中心所在地既是全国的羊绒集散地同时也是羊绒加工生产集中区；宁夏同心羊绒交易市场也是毗邻宁夏灵武加工业园区的交易市场。产区的绒毛交易市场以乌审旗羊毛储运交易中心为代表，该交易市场自2007年建立以来，逐步推广工牧直交模式，受到毛纺加工企业和牧民的欢迎，交易规模和影响力均稳步增长。部分销区也建立起了绒毛原料交易市场，如温州昆阳镇羊毛市场，不过该市场也是伴随着绒毛加工业的发展而建立起来的。

表5-1 绒毛交易市场情况

区域	交易市场	所在地	交易方式
产区	乌审旗羊毛储运交易中心	内蒙古鄂尔多斯市乌审旗	工牧直交
	新疆羊毛交易市场	新疆乌鲁木齐市	商贩交易
	关店羊毛羊绒市场	内蒙古乌兰浩特市乌兰哈达镇	商贩交易

（续）

区域	交易市场	所在地	交易方式
加工区	南京羊毛市场	江苏省南京市	拍卖交易
	张家港羊毛交易市场	江苏省张家港市	拍卖交易
	清河羊绒国际交易中心	河北省保定市清河县	远期电子交易
	同心羊绒交易市场	宁夏吴忠市同心县	商贩交易
销区	昆阳镇羊毛市场	浙江省温州市	"大零售小批发"

资料来源：作者据搜索资料整理。

1. 张家港羊毛交易市场

张家港羊毛交易市场地处羊毛加工企业核心腹地，位于我国张家港保税区内，地理位置优越。中国近十年来每年消耗 25 万～35 万 t 羊毛（净毛），其中每年需要进口羊毛 20 万～30 万 t，而张家港口岸羊毛年均进口量约占全国进口总量的 40％，出口量超过全国出口总量的 70％，张家港已发展成为全国最大的羊毛加工与物流基地。处于该地的张家港羊毛交易市场是羊毛交易活动的服务和管理机构，不以盈利为目的，实行有偿服务（包括提供场地、组织交易、代办运输、仓储、检验、结算及咨询等）。自成立以来，张家港羊毛交易市场多次组织国毛和进口羊毛的拍卖活动，对于建立健全正常的国产羊毛流通秩序、改革羊毛销售方式、促进工牧结合等方面发挥了重要的作用。近年来，随着国产细羊毛产量逐年减少，进口羊毛配额基本为大中型企业和贸易公司所支配，张家港羊毛交易市场同南京羊毛市场一样，羊毛拍卖活动次数均明显减少。在向市场提供价格和信息指导服务的同时，张家港羊毛交易市场积极融入国家绒毛用羊产业技术体系，把绒毛加工与流通工作做到实处。2009 年，张家港羊毛交易市场主导成立了中国羊毛商会，以此为契机，张家港羊毛交易市场配合张家港检验检疫局，引导张家港保税区内的大型羊毛加工企业，共同组建了张家港进出口毛纺加工产业集聚区。中国羊毛商会及张家港进出口毛纺加工产业集聚区的成功建立，为中国羊毛企业在国际上争得了更多的话语权，也更多地显示出产业集群的优势，有力地推动了我国主要羊毛加工区的产业融合。

2. 南京羊毛市场

南京羊毛市场前身为原纺织部设于南京的羊毛拍卖交易中心，成立于 1988 年，1992 年由纺织部体改委和江苏省体改委批准，改名为"南京羊毛市场"。该市场地处全国毛纺工业集中的苏、浙、沪、鲁地区的中心，紧邻沪宁高速公路、312 国道、京沪铁路及长江新生圩外贸港口，交通便利，位置优越，是毛纺原料理想的贸易集散地。南京羊毛市场有现代化库房及交易场所 40 000 m^2，库区内经海关核准还设有保税仓库，可与外商进行羊毛保税贸易，市场还拥有来自全国各地的牧场、畜产公司、原料经销公司、毛纺企业等客户近 1 500 余家。自 1988 年以来，南京羊毛市场先后共举办 12 届全国性羊毛原料交易和信息交流会，每年通过市场直接交易或促成交易，贸易额达 40 多亿元[21]。南京羊毛市场在拍卖过程中坚持对进场羊毛采取"售前整理、客观检验、净毛计价、拍卖竞价"的方式，统一组织销售，为推动我国国毛流通的良性发展曾起到积极的促进作用。

3. 乌审旗羊毛储运交易中心

乌审旗羊毛储运交易中心是地方政府推动建立的区域性绒毛交易市场，位于我国细羊毛主产区内蒙古鄂尔多斯市的乌审旗。该交易中心占地面积 5 000m²，并购置有打包机，配备了检验员，养殖户可以通过养殖协会、合作社等组织在交易中心将绒毛进行统一分级、筛选、打包、质检，进入市场销售[22]。乌审旗羊毛储运交易中心为养殖户和毛纺加工企业提供了一个可以直接交易的平台，在当地被形象地称之为"工牧直交"，该交易方式一经推出便发展迅速，目前乌审旗 1/3 的细羊毛通过该中心销售。由于乌审旗羊毛储运交易中心坚持净毛计价交易，也吸引越来越多的加工企业来到储运交易中心采购羊毛。近两年来，由于乌审旗羊毛储运交易中心的推动，当地细羊毛销售价格基本处于全国领先水平，而且当地的细绒毛通常一经上市便销售一空。乌审旗羊毛储运交易中心的建立不仅为养殖户交易绒毛提供了极大便利，也为当地羊毛打响了品牌，净毛计价的推广普及更推动了羊毛流通形体系的规范发展。

4. 清河羊绒（国际）交易中心

清河羊绒（国际）交易中心（CITC）于 2011 年建立，位于河北清河县羊绒制品市场，由清河县新百丰羊绒交易有限公司建立。该交易中心在世界首开羊绒远期现货电子交易，2012 年底，该中心还推出绵羊毛电子合约，曾形成了绵羊毛、绵羊绒、羊绒纱线和山羊绒等大小合约互搭的绒毛远期合约交易品种结构。该交易中心采用电子交易平台，通过电子交易系统与银行结算系统、交割仓库管理系统有机链接，构成完整的网上交易、结算、交收服务体系，其主要功能是组织交易、发布价格、规避风险和传递信息，为羊绒（羊毛）交易双方提供交易结算、资金融通、实物交收、质量检验、储运、信息和咨询服务。清河羊绒（国际）交易中心成立的目的是为了增强中国羊绒价格在国际上的话语权，培育形成中国乃至世界的"羊绒价格指数中心"，使其发展成为中国羊绒的定价中心、质量中心和交易中心，并最终推动中国及世界羊绒产业的稳定发展。不过，由于我国绒毛远期电子交易市场刚起步，发展尚不完善，且交易规模非常小，其功能主要表现为价格公开与信息指导作用。目前该交易中心已经取消绒毛的远期电子合约交易，转而改为连续现货交易。

二、绒毛流通存在的问题

从上述分析可知，目前我国绒毛流通体系相对比较完整，不过流通组织、交易模

㉑　资料来源：中国羊毛网，http://www.cnwool.com，2012-05-25。

㉒　资料来源：乌审旗农牧业局网站。

式、流通市场以及监管体制方面也存在一些问题，尚未建立起一个开展绒毛大流通的中介服务平台和运作机制（如建立绒毛收购、整理、组织交易的经纪人公司），交易模式仍以传统分散的商贩收购为主，交易市场不完备，监管组织较为薄弱等，这些问题易导致我国绒毛流通市场交易混乱、流通效率下降，甚至损害市场相关主体的收益。认清当前我国绒毛流通存在的主要问题，是为下一步采取措施促进绒毛流通体系发展的当务之急。总体看来，目前我国绒毛流通存在的问题集中表现在以下五个方面：

（一）绒毛流通市场监管体制不完善

目前我国绒毛流通市场的指导性法规是 1993 年制定的《绒毛质量监督管理办法》，尚未出台配套的关于绒毛收购等流通环节的交易管理办法或管理条例。我国部分地区曾制定过关于绒毛收购管理的暂行办法，但到目前为止基本完全废止或失效。绒毛流通体系缺乏全国或地方对于绒毛流通环节尤其是绒毛收购行为的管理办法，交易行为难以被有效约束。此外，根据《羊毛质量监督管理办法》，目前我国对羊毛流通市场的监管部门主要是国家技术监督局下设的中国纤维检验局以及其认可的各级专业纤维检验机构，而纤检局主要是对流通体系中的羊毛质量方面加以监管，对于绒毛收购行为、收购主体则没有明确的规定。绒毛流通管理一般纳入农产品流通体系管理之中，而农产品流通体系的管理涉及监管部门较多，往往涉及商务部、发展改革委、农业部、财政部、税务总局和供销总社等多个部门，容易发生权力交叉或权力真空，导致权责不明晰，对绒毛收购环节难以进行有效管理。

（二）计价方式落后，级别价差难以体现，不利于优质优价

我国绒毛流通市场收购主体繁多，计价依据不统一，不同级别的价差难以有效体现，导致绒毛收购市场混乱，难以实现优质优价，严重影响了生产者和绒毛加工企业的利益。以羊毛收购为例，由于羊毛分级标准粗略，难以为分级计价提供客观依据和有效指导，羊毛商贩在收购羊毛时，基本是混同收购，级别差价不能很好体现，导致养殖户也没有从生产环节对羊毛进行分级的积极性。同时，由于计价方式落后，从农牧户家里收购绒毛时，商贩主要依据自己的收购经验或目测标准，主观性、随意性较大，从而造成压级压价，优质优价政策得不到真正落实，绒毛价格与价值相背离，进一步挫伤了养殖户科学生产的积极性，影响绒毛质量水平难以提高，甚至导致我国绒毛走向"低质低价"的恶性循环。

（三）绒毛贸易主体规模小，组织化程度低

目前我国绒毛流通市场的贸易商以小商贩为主，规模小而散，组织化程度低，缺乏大型龙头贸易商。绒毛中小贸易商对市场的了解和掌握不够，没有接受过相关技术培训，不具有专门的收购技术，随行就市，稳定性较差。贸易龙头公司作为流通市场

的重要组成部分和中坚力量，从全国市场来看，数量太少，也没有统一的行业运作规范指导。绒毛专业合作社在组织当地养殖户集中销售绒毛时也能起到一定的龙头作用，但这些合作社组织管理松散，并且在发展过程中容易异化，出现发展问题，进而难以有效发挥合作组织的积极作用。此外，绒毛流通贸易主体的规模化、组织化程度很低，贸易商之间的合作意识淡薄，同行之间将"竞争"看得过重，与上下游之间也没有建立起稳定的贸易关系，导致绒毛流通效率下降。

（四）绒毛流通模式无序发展，缺乏科学合理的引导

目前我国绒毛交易市场以分散化的商贩收购模式为主，多种交易模式并存，无序发展，导致流通体系混乱和低效率。第一，分散、流动的绒毛收购商贩，极易造成羊毛流通环节无序化，购销不稳定，如当绒毛市场紧俏时，收购者不惜采用种种非法手段抢购原料，销售者不惜掺杂使假，谋求高额收益；当绒毛市场疲软时，收购者压级压价甚至停止收购，生产者降价出售效益大跌；第二，工牧直交模式是适合当前我国发展实际的绒毛流通模式，但目前我国绒毛产区和加工区分离现象明显，毛纺加工企业主要分布在东部沿海地区，接近消费市场和出口港口，而绒毛产区主要集中在内陆地区，客观上增加了工牧直交的难度；第三，拍卖交易模式代表了国际羊毛流通模式的主流方向，虽然在我国起步较早，但在我国似乎"水土不服"，发展过程较为缓慢；第四，远期电子交易模式又处于刚刚起步阶段，存在市场容量小、交易品种有限、交易费用较高等局限性。可见，我国绒毛流通市场的四种主要流通模式均面临一定程度的发展问题，又缺乏相关部门的规划与合理引导，处于自我无序发展状态。

（五）绒毛交易市场不完备，地方交易市场数量有限，而拍卖市场功能下降

目前我国绒毛交易市场不完备，地方交易市场数量有限，而拍卖市场的功能作用下降，远期电子交易市场尚处于发展起步阶段。具体来看，地方交易市场的建立需要大量资金扶持，加上人员和设备配置，后续的管理成本也较高，但盈利渠道很少。所以，在养羊业不是很发达的地区，当地政府也不愿意投资建设地方绒毛交易市场。拍卖市场的设立是为实现商品的大宗批量交易，但从调研情况看，目前我国的羊毛拍卖市场（包括南京羊毛市场和张家港羊毛交易市场等）基本处于无毛可拍的局面。其中，最主要的原因即是国内羊毛的质量问题，不同产区甚至同一产区的羊毛质量差异较大，加之缺乏科学合理的标准化分级，难以进行批量化、标准化的拍卖交易，也导致我国毛纺加工企业更倾向于直接从国外进口羊毛，而不愿意通过国内拍卖市场来采购羊毛，造成我国羊毛拍卖市场的拍卖数量越来越少，甚至出现无毛可拍的局面。羊毛拍卖市场的作用不能有效发挥，功能地位下降，不符合国际上羊毛的现代化流通趋势，也造成人力、物力等的资源浪费。

三、绒毛流通发展趋势

新中国成立以来，随着市场经济从无到有，我国绒毛流通市场也经历了从市场流通体制到计划流通体制、再到市场流通体制不断完善发展的过程。绒毛流通的变革与发展，总体受国家农产品流通政策指导，也有其内部结构自我变革和调整完善的结果。根据其显现的特征看，我国绒毛流通未来的发展趋势可能将表现在以下几个方面：

（一）贸易主体由小规模向大规模、由无序向组织化发展

贸易主体的培育和壮大是市场经济发展的必然规律。多年来，我国绒毛流通市场的贸易主体以小规模分散化经营为主，集中表现在生产者以家庭为单位个体生产、贸易商以小规模为主分散收购，以及大型加工企业参与绒毛流通动力不足等几个方面，主要原因是市场缺乏一个强有力的组织将绒毛流通的贸易主体紧密联系起来。根据2012年国家绒毛用羊产业技术体系产业经济研究团队的调研情况，目前我国绒毛市场正出现一个新兴群体，即绒毛专业合作组织，包括合作社和协会等。绒毛专业合作组织的发展，有利于将分散的养羊户联合起来，统一组织绒毛的生产和销售，而大规模的绒毛供给也将催生大规模的贸易商，并吸引大型加工企业。虽然与其他产业相比，绒毛专业合作组织的起步较晚，仍存在许多不完善之处，但总体看其数量与规模与日俱增，这不仅有利于促进绒毛由"小生产"向"大生产"转变，实现"大生产"与"大市场"的对话，也有利于提高相关贸易主体的组织化程度。可见，随着绒毛专业合作组织的发展，绒毛贸易主体将发生改变，呈现由小规模向大规模、由无序向组织化发展的变化趋势。

（二）流通市场由低级向高级、从混乱向规范化发展

目前我国绒毛流通市场的主体仍是分散化的村级或集市贸易市场，交易方式传统落后，流通秩序混乱不规范，仅发挥了绒毛集散地的作用，缺乏绒毛进入流通的必要配套设施，如羊毛的分级打包设备、储存仓库等。随着绒毛贸易主体的发展和贸易规模的扩大，流通市场建设必将顺势而生。流通市场的发展是活跃和保证绒毛贸易的基础，与贸易主体的发展也互为因果。如内蒙古乌审旗的羊毛储运交易中心，是地方绒毛流通市场发展的典型代表，实现了绒毛流通市场由低级向高级、从混乱向规范化的发展，不仅有效促进了当地的羊毛交易，也鼓舞了当地养羊专业合作社的纷纷建立与发展，而养羊合作社的发展又反过来促进该交易市场的活跃程度。乌审旗羊毛交易市场模式的成功发展，为其他地区绒毛流通市场的建设与发展提供了成功的仿效经验，代表了未来绒毛流通市场的发展趋势，即由低级向高级、从混乱向规范化发展。

（三）流通模式优胜劣汰、由传统向现代化发展

目前我国绒毛流通模式是以传统的商贩收购为主，工牧直交、拍卖和远期电子交易等多种流通模式并存，各种流通模式相互补充、相互竞争，而最终的发展结果将是：各种流通模式因地制宜、优胜劣汰，最终步入规范化、现代化的流通模式发展格局。据调研，工牧直交是适应我国当前绒毛产业可持续发展实际而迅速发展起来的流通模式，该模式使供需双方直接交易，充分发挥了我国绒毛产业的生产和加工优势，有利于增加上下游收益，在产区一经出现便迅速得到推广。拍卖模式是借鉴国际先进羊毛流通经验而引入的，其拍卖规则和流程等有利于促进优质优价，建立公开、公平、公正的市场交易环境，也是推动我国绒毛流通市场与国际接轨的重要途径，但根据我国绒毛流通实际情况，受生产环节落后、难以实现分级和标准化交易等条件限制，拍卖交易的规模越来越小，牧民参与拍卖流通的积极性较工牧直交低。远期电子交易模式是仿效其他大宗商品交易模式而建立的现代化交易方式，处于刚刚起步阶段，代表了现代化物流的发展方向，从长期趋势看，将成为绒毛现货流通的有益补充。与传统的商贩收购模式相比，上述三种流通模式均是绒毛交易的更高一级形式。随着绒毛流通市场的发展，绒毛流通模式将因地制宜，优胜劣汰，逐步改变落后的商贩收购模式，由传统向现代化发展方向转变。

四、绒毛流通战略思考及政策建议

（一）战略思考

绒毛流通发展是一个系统工程，涉及面多、涵盖范围广，必须从战略高度进行把握，才能确保其可持续发展。本文根据上文对我国绒毛流通现状、存在问题及发展趋势的剖析，尝试从以下三点来构建我国绒毛流通战略：

1. 以"构建现代化绒毛流通体系"为战略目标

绒毛流通发展的关键在于绒毛流通体系建设，为此，要以促进绒毛产业可持续发展为指导思想，通过完善交易市场发展和基础设备的改造升级，培育、壮大流通市场的贸易主体和流通组织，规范市场运作，降低流通成本，选择合适的流通渠道，全面构建现代化绒毛流通体系。

2. 以"科学规划，统筹发展"为战略原则

在现代化绒毛流通体系建设中，必须认真研究其功能定位、交易方式及模式等，在此基础上做出科学合理的发展规划，规划做好后，统筹发展就有方向、有目标，且很快能见到成效。在对绒毛流通体系的科学规划与统筹发展中，要注意以下几方面因素：一是充分考虑绒毛的资源属性和加工需求，如绒毛的生产规模、地域分布、贸易流向及储运销售特点，加工聚集区分布、交通条件等，避免出现重复规划；二是要坚持因地制宜，区别对待，分类指导，不能搞"一刀切"，如不同产区受养殖方式、绒

毛品种及加工需求等因素影响，可能适合不同的绒毛交易方式和流通渠道，不能强求一个发展模式。

3. 以"密切服务绒毛产业链上下游"为战略出发点和归宿点

绒毛流通的可持续发展必须以服务绒毛产业链的整体发展为前提。绒毛流通是连接生产者和绒毛加工两大利益主体的桥梁，在现代市场经济条件下，只有建立起顺畅、便捷、高效的现代绒毛流通体系，才能保证生产者增收、加工企业盈利，进而激励上下游的生产积极性，促进绒毛产业持久发展。所以，在构建现代化绒毛流通体系过程中，绒毛流通的发展应该以密切服务绒毛产业链上下游为战略出发点和归宿点。

（二）对策建议

为促进我国绒毛流通的发展，必须加强绒毛市场建设与规范管理、培养市场主体、建立高效的绒毛流通渠道和公平、公正、公开的绒毛交易秩序等，这也是保证我国绒毛业可持续发展的重要内容。结合上文我国绒毛流通存在的主要问题及流通策略思考，本文提出如下对策建议：

1. 尽快制定有关绒毛流通的交易规则，完善各项规章制度

为有效约束绒毛流通主体的交易行为，规范绒毛流通市场，第一，要尽快制定有关绒毛流通的交易规则，完善各项规章制度，使绒毛流通市场的交易活动有法可依。如制定收购管理办法，明确绒毛流通市场的权威管理部门及其权利义务，使其严格按照管理办法执行监管任务，能够对绒毛流通体系的交易活动进行统一管理。第二，针对绒毛生产对提供虚假信息或误导性宣传、压级压价、抬级抬价、与交售者有收购合同或协议而拒收或限收绒毛等行为，要规定有明确的处罚措施、处罚实施机构及处罚形式等。如对于不按照国家绒毛质量标准和技术规范排除异性纤维和其他有害物质后确定所收购绒毛的类别、等级、数量，或者对所收购的超出国家规定水分标准的绒毛不进行技术处理，或者对所收购的绒毛不分类别、分等级置放的，也要制定相应的惩罚措施。通过建立健全绒毛流通体系的运行管理规范，以及法律法规制度的配套建设，从根本上改变绒毛流通市场秩序较为混乱的状况。

2. 积极推广公检制度和净毛计价，促进优毛优价

公证检验制度是我国纤维质量监督管理工作的一项重要制度，推行羊毛公证检验是规范羊毛流通的必要措施，也是促进羊毛流通市场健康发展不可或缺的重要环节；净毛计价是对羊毛流通过程中计价办法的改革，是完善羊毛标准化工作的重要组成部分，涉及生产、流通、加工等各个方面的利益。为积极推广公检制度和净毛计价，有利于促进优毛优价，保护各方利益：第一，要规范羊毛客观检验机构出具的检验证书，使其能公正、客观地反映羊毛真实品质，具有权威性，以维护牧民、供应商和需方的利益；第二，加强羊毛检验流程中的质量控制，使条形码在检验流程中得以应用，同时增加样品试验次数，确保监测数据准确可靠，还要强化对样品的质量控制，

保证样品的代表性；第三，各地专业纤维检验部门应担负起羊毛测定和培训检验技术人员的任务，不断提高羊毛检测技术水平，做好净毛计价工作，同时专业纤维检验部门还要加强对基层收购工作的监督和技术指导。

3. 鼓励龙头贸易企业和绒毛专业合作组织发展，培育规模交易主体

我国绒毛流通市场上贸易主体的规模较小、组织化程度不高，是导致我国绒毛流通环节过多、成本居高的一个直接原因。为提高绒毛流通效率、实现绒毛流通的可持续发展，需要大力培养大中型贸易商、贸易龙头企业、生产销售合作机构等贸易流通组织，开拓绒毛的批发、储运、分销等业务，鼓励现有绒毛流通市场的贸易商相互联合、合作，将分散的经营资源集中起来，扩大贸易规模，促进流通市场贸易主体的组织化程度，实现资源共享和优势互补。因此，要下大力气积极扶植一批能够代表养殖户利益的绒毛贸易龙头企业或绒毛专业合作组织，使其发挥绒毛流通的主导作用，促进中国绒毛流通组织的规模化、集约化和标准化发展。鼓励大型贸易公司或地方合作销售组织建设的具体措施有：第一，通过政策引导和贷款优惠等扶持政策，帮助产区建立适合各地发展的羊毛销售公司或合作组织，指导金融机构对其进行信贷倾斜，主动调整信贷结构、优化信贷投向，增加信贷支持；第二，引导贸易公司或销售合作组织主动了解市场行情，并为其提供渠道等，提高其议价能力，保证销售收益；第三，对现有羊毛专业销售合作社或协会加强管理，指导其按照章程规范经营，充分发挥社员的监督和自治作用，避免异化发展；第四，组织专业销售合作协会或合作社与毛纺加工业对接，积极倡导行业自律，促进诚信交易，维护行业整体利益等。

4. 加强对当前绒毛流通市场的管理整顿，支持增设绒毛地方交易市场

交易市场对绒毛流通的作用不言而喻，为促进绒毛流通市场的发展，首先需要整顿现存绒毛交易市场，并在现存地方交易市场格局基础上，增设产区绒毛交易市场、集散地交易市场、加工区交易市场等。流通市场的发展有利于其"绒毛集散、价格形成和信息传输"三大基本功能的充分体现，也有利于推动绒毛上下游流通市场的有效连接和共同发展，是绒毛交易市场充分发挥产业链枢纽作用的前提条件，更是促进绒毛交易市场由低级向高级、从混乱向规范化发展的必经途径。而绒毛交易市场建设与发展离不开政府的培育与扶持，可采取的相应措施有：第一，加强对当前绒毛流通市场的管理整顿，重点检查交易市场对国家已发布法规政策的执法力度，对不符合国家标准和规定进行绒毛交易的流通市场加大处罚力度；第二，在全国毛纺中心地区或重点产毛区增建国家级高起点的绒毛市场，并通过法规政策等加以支持，进行规范、公开、透明的市场交易，使之能真实客观反映当地羊毛的供求、质量信息，指导当地的市场价格，为羊毛业提供公平交易平台和顺畅的销售渠道以及良好的发展环境；第三，加强宣传与引导，对首先进入规范市场交易的羊毛生产者或经营者给予一定的优惠政策，并健全完善羊毛交易条款、管理办法、市场准入条件等各项制度。

5. 引导和支持流通模式的合理转变，为工牧直交创造便利条件

推动我国当前以商贩收购方式为主的绒毛流通模式向规范的现代化流通模式转变，是绒毛流通改革的重点。工牧直交是适应我国实际情况的未来绒毛流通主模式，但目前我国绒毛产区和加工区分离现象明显，毛纺加工企业主要分布在东部沿海地区，接近消费市场和出口港口，而绒毛产区主要集中在内陆地区，客观上增加了工牧直交的难度。近几年随着纺织加工产业转移的发展，不少毛纺加工企业也选择西部建厂、与牧民签订购销合同或者直接建立生产基地等，又无形中增加了企业的生产成本。为促进工牧直交流通模式的发展，政府也要采取相关措施，提供一定的税收优惠和信贷支持等政策，为工牧直交创造便利条件。相关政策建议有：第一，进一步协调加工企业与养殖户之间的组织连接机制，鼓励龙头企业和牧民以多种方式进行生产协作，最大限度保护养殖户和加工企业的双方利益，形成工牧直交、互惠互利的稳定共同体；第二，对工牧一体化试点，在资金投入、信贷等方面给予优惠，鼓励养殖户和加工企业双方依托地方交易市场、订单合同或基地建设，积极主动进行工牧直交。

第二节　绒毛加工发展战略研究

一、绒毛加工发展现状

我国羊毛羊绒加工业发展迅猛，已成为羊毛羊绒加工大国，在世界羊毛羊绒加工市场上占有举足轻重的地位。为了研究我国绒毛加工业的发展现状，本部分主要从加工企业数量及分布、加工生产能力及产值变化、企业销售变化、总体经营状况及主要羊毛羊绒制品进出口情况这五个方面来进行分析。

（一）我国毛纺加工企业数量及分布情况

1. 毛纺加工企业数量整体呈上升趋势，毛纺织及编织品制造业规模以上企业户数增长最为迅速

由图 5-5 可知，2003—2010 年我国毛纺织行业规模以上企业户数逐年增加，2011 年有所下降，下降的原因在于国家统计局自 2011 年起将规模以上企业划分标准由年主营业务收入 500 万元及以上调整为年主营业务收入 2 000 万元及以上，受划分标准提高的影响，我国毛纺织业规模以上企业户数由 2010 年的 4 027 户减少至 2011 年的 2 468 户。就三种分产业而言，毛针织品及编织品制造业规模以上企业户数增长最为迅速，2005 年超过毛纺织和整染精加工业，2010 年企业户数比 2003 年增长了 2.08 倍。说明伴随着毛纺业的不断发展，企业逐渐由生产初级加工产品向生产精加工品转变。

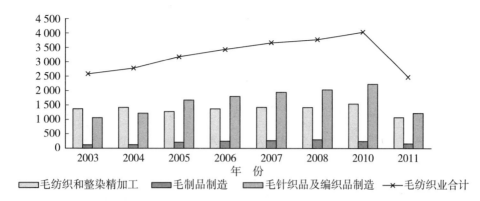

图 5-5　2003—2011 年毛纺织业规模以上企业户数（单位：户）

注：2009 年中国纺织工业协会未出版发展报告，故 2009 年企业户数缺失

（数据来源：中国纺织工业发展报告）

2. 毛纺加工企业分布具有明显的地域特点

我国毛纺企业分布具有明显的地域特点，毛纺生产能力逐渐从加工成本高的大城市转向加工成本较低的中小城市和地区，中下游产品的生产逐步向沿海地区转移，初级加工产品的生产则向劳动力成本相对较低的河北等地转移。2011 年，国内规模以上毛纺织和整染精加工企业有 1 087 家，毛制品制造企业有 157 家，毛针织品及编织品制造企业有 1 224 家，主要集中在江苏、浙江、山东、广东、上海及河北等地。

由表 5-2 可见，东部沿海地区仍然是我国毛纺织行业优势企业的高度集中区域。随着毛纺织行业产业结构区域调整步伐的加快，西部地区企业也表现出较强的创新成长力，尤其是宁夏回族自治区，由于灵武市羊绒工业园区的建立以及宁夏羊绒产业的不断发展。2009—2010 年度宁夏中银绒业国际集团有限公司竞争力进入前 10，且排名有上升趋势。

表 5-2　2004—2011 年度中国毛纺、毛针织行业竞争力 10 强企业排名

排名	2004—2005 年度	2005—2006 年度	2006—2007 年度	2008—2009 年度	2009—2010 年度	2010—2011 年度
1	上海春竹企业发展有限公司	上海春竹企业发展有限公司	山东如意科技集团有限公司	内蒙古鄂尔多斯羊绒集团有限责任公司	江苏阳光集团有限公司	山东南山纺织服饰有限公司
2	山东如意科技集团有限公司	山东如意科技集团有限公司	山东南山实业股份有限公司	江苏阳光集团有限公司	山东南山纺织服饰有限公司	内蒙古鄂尔多斯羊绒集团有限责任公司
3	山东南山实业股份有限公司	内蒙古鄂尔多斯羊绒集团有限责任公司	内蒙古鄂尔多斯羊绒集团有限责任公司	山东南山纺织服饰有限公司	山东如意科技集团有限公司	山东如意科技集团有限公司

（续）

排名	2004— 2005年度	2005— 2006年度	2006— 2007年度	2008— 2009年度	2009— 2010年度	2010— 2011年度
4	内蒙古鄂尔多斯羊绒集团有限责任公司	北京雪莲毛纺服装集团公司	华芳集团毛纺织染整有限公司	山东如意科技集团有限公司	内蒙古鄂尔多斯羊绒集团有限责任公司	江苏阳光集团有限公司
5	兰州三毛纺织有限责任公司	江苏阳光集团有限公司	江苏丹毛纺织有限公司	泰安康平纳毛纺织集团公司	泰安康平纳毛纺织集团公司	山东康平纳集团有限公司
6	江苏阳光集团有限公司	江苏倪家巷集团有限公司	江苏阳光集团有限公司	兰州三毛实业股份有限公司	浙江新澳纺织股份有限公司	北京雪莲时尚纺织有限公司
7	江苏倪家巷集团有限公司	江苏振阳集团	江苏倪家巷集团有限公司	云蝠投资控股有限公司	宁波雅戈尔毛纺织染整有限公司	浙江新澳纺织股份有限公司
8	江苏振阳集团	江苏澳洋实业（集团）有限公司	江苏振阳集团	威海毛纺织集团有限公司	云蝠投资控股有限公司	天宇羊毛工业（张家港保税区）有限公司
9	浙江珍贝有限公司	浙江新澳集团	江苏箭鹿毛纺股份有限公司	内蒙古鹿王羊绒有限公司	内蒙古鹿王羊绒有限公司	宁夏中银绒业国际集团有限公司
10	海澜集团公司	维信（内蒙古）羊绒股份有限公司	浙江新澳集团	浙江新澳集团	宁夏中银绒业国际集团有限公司	江苏云蝠服饰股份有限公司

注：由中国纺织工业协会测评，2007—2008年度未对毛纺织、毛针织行业竞争力10强企业进行测评。

（二）我国绒毛加工产量及产值变化

1. 绒毛加工产量大幅提高

目前，我国绒毛加工产量有了大幅提高，羊毛的加工数量和羊毛制品产量不断增加，已形成世界羊毛加工业四大基地，即世界洗毛基地、世界毛条制造基地、世界毛纱及布料制造基地和世界服装加工基地。洗净毛、毛条、毛纱等羊毛初级生产加工量达世界第一，纺织服装出口量居全球第一。全国已形成浙江省桐乡市濮院镇、江苏吴江市横扇镇、山东省海阳市三大羊毛衫加工基地。

我国由于羊毛加工业的稳定发展，羊毛加工量攀升，所占世界羊毛加工量比例提高。2005年中国羊毛加工量约为35万t，占全球羊毛加工量的28.50%。到2010年，中国羊毛加工量约为41万t，占全球羊毛加工量的比重达到36.22%，年平均增长率为1.5%。由于全球羊毛产量的减少，2010年与2005年相比，世界羊毛加工量有所降低，由年加工量122.8万t减少到113.2万t，下降了7.8%（表5-3）。

表 5-3　中国与世界羊毛加工量比较

年份	世界（万 t）	中国（万 t）	中国占比（％）
2005	122.80	35.00	28.50
2010	113.20	41.00	36.22

数据来源：Fiber Organon。

　　羊绒制品种类不断增多，产量连续增加，目前全国已形成内蒙古巴彦淖尔市临河区、河北省清河县、宁夏灵武市三大羊绒加工集散中心。目前羊绒产品可分为针织品和机织品两大类：针织品有羊绒衫、羊绒围巾、羊绒裙、羊绒裤、羊绒内衣、羊绒 T 恤衫、羊绒手套、羊绒袜、羊绒床上用品、家居饰品等，其中最常见的是羊绒衫，其产量占到全部产品的 70％左右；羊绒机织品包括羊绒毯、披肩、羊绒面料、衬衣、西服、领带等。2003 年我国羊绒衫产量已位居世界首位，年加工能力超过 2 000 万件，占世界总产量的 2/3 以上。到 2009 年底，我国羊绒服装、制品加工能力每年达到 5 000 万件，实际加工以羊绒衫为主的羊绒制品 3 000 万件左右[23]。

2. 毛纺织行业工业总产值波动增长，近两年增幅明显

　　就整个毛纺织业来看，2003—2011 年规模以上企业工业总产值变动以 2009 年为拐点，可分为三个阶段（图 5-6）：2003—2008 年为稳步发展阶段，工业总产值逐年增长。2009 年是毛纺织业外部环境剧烈变化的一年，国际金融危机、人民币升值、原料价格上涨、劳动力成本增加等一系列因素使得毛纺织业在经历了连续多年的稳定增长后首次出现了工业总产值下降的情况，由于全行业企业通过提高技术及管理水平等方式努力消化各种不利因素，加之政府积极采取措施拉动内需，2009 年产值下降幅度不大，同比减少 3.78％。同年国家出台了纺织工业调整和振兴规划，这项举措极大地鼓舞了整个纺织行业的信心，之后工业总产值快速增加，并保持持续增加的态势。2011 年工业总产值达到 3 466.58 亿元，同比增长 18.52％，与 2009 年相比，增长了 46％。

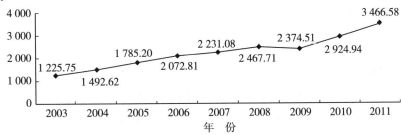

图 5-6　2003—2011 年我国毛纺织行业规模以上企业工业总产值（单位：亿元）

（数据来源：中国纺织工业发展报告）

㉓　毛纺科技，2010，11：43。

就分行业而言，毛纺织和整染精加工业、毛制品制造业以及毛针织品及编织品制造业工业总产值变化与总体趋势一致，其中毛针织品及编织品制造业工业总产值2009年减少幅度最小（表5-4）。毛针织品及编织品按品种可分为：开衫、套衫、背心类，如羊毛衫、羊绒衫等；裤子、裙子类，如毛针织西裤等；内衣类；袜子类；小件服饰类，如帽子、围巾、手套等。由此可见此类产品即使在外部发展环境恶劣的情况下，市场需求依然比较稳定。

表5-4　2003—2011年我国毛纺织分行业规模以上企业工业总产值变化（亿元）

年份	毛纺织分行业		
	毛纺织和整染精加工	毛制品制造	毛针织品及编织品制造
2003	821.58	48.92	355.24
2004	977.32	49.09	466.20
2005	1 027.38	117.45	640.36
2006	1 169.09	139.94	772.78
2007	1 248.68	139.93	842.46
2008	1 363.79	151.92	952.00
2009	1 285.32	138.33	950.86
2010	1 580.17	177.96	1 176.81
2011	1 976.79	232.12	1 257.68

数据来源：中国纺织工业发展报告。

（三）我国毛纺织行业企业销售变化情况

1. 毛纺织规模以上企业销售产值稳步增加，一半以上的销售产值由绒毛初加工产品创造

2004—2011年我国毛纺织行业规模以上企业销售产值变化趋势与工业总产值变化方向一致（图5-6、图5-7），分为三个阶段：2004—2008年销售产值逐年增长，2009年受国际金融危机等因素的影响出现下滑，2010年实现跨越式发展，并在2011年保持了良好的发展势头。2011年毛纺织行业2 468户规模以上企业累计销售产值3 393亿元，同比增长22.09%，但比整个纺织业平均水平低了3.87个百分点。根据销售产值和工业总产值可知，毛纺织行业规模以上企业近6年的产销率均在97%以上。

就分行业而言，2011年毛纺织和整染精加工业规模以上企业销售产值所占总产值比例，与2004年相比，下降了9个百分点，而毛针织及编织品制造业销售产值所

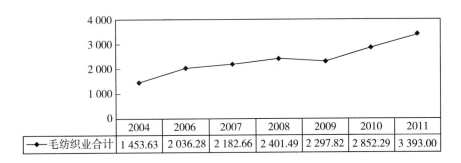

图 5-7　2004—2011 年我国毛纺织规模以上企业销售产值变化情况（单位：亿元）

注：销售产值按当年价计算，2005 年数据因发展报告未统计而缺失

（数据来源：中国纺织工业发展报告）

占比例由 31% 增长到 37%，毛制品制造业所占比例增加 3 个百分点（图 5-8）。由此看出，我国羊毛羊绒初级产品加工在整个绒毛加工业中依然占有很大比例，一半以上的销售产值都是由初级加工产品创造的。不过随着对羊毛羊绒制品出口的鼓励，毛针织及编织品制造业所带来的销售产值呈逐年增长的态势。

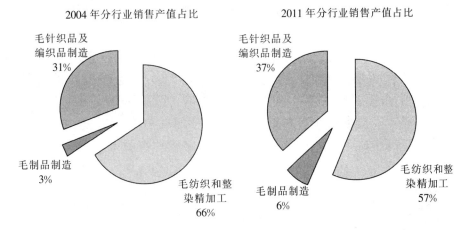

图 5-8　2004 年、2011 年我国毛纺织分行业规模以上企业销售产值所在总产值的比例变化

（数据来源：中国纺织工业发展报告）

2. 毛纺织各行业规模以上企业内销比例波动增加，毛针织及编织品制造业内销比例增长最快，毛纺织和整染精加工业内销比例最高

由表 5-5 可知，2004—2011 年毛纺织和整染精加工业、毛针织及编织品制造业以及毛制品制造业内销比例呈现波动增长的态势。其中，毛针织及编织品制造业内销比例增长最快，由 2004 年的 47.65% 增长到 2011 年的 62.83%，增长了 15.18 个百分点；毛纺织和整染精加工业内销比重最高，2011 年达到 76.8%。由此可见，国内市场对绒毛加工制品销售起到重要的拉动作用，国家扩大内需政策的落实具有实际意义。

表 5 - 5　2004—2011 年我国毛纺织分行业规模以上企业内销比例变化情况

年份	内销比例（%）		
	毛纺织和整染精加工	毛针织及编织品制造	毛制品制造
2004	73.15	47.65	57.62
2005	76.57	51.49	60.95
2006	68.62	54.84	57.00
2007	71.24	58.49	63.41
2008	73.29	59.27	65.04
2009	76.61	64.87	68.29
2010	76.47	64.71	65.11
2011	76.80	62.83	65.73

数据来源：中国纺织工业发展报告。

（四）我国毛纺织行业总体经营状况

1. 规模以上企业主营业务收入近两年大幅度增加

由图 5 - 9 可知，我国毛纺织行业规模以上企业主营业务收入变化也可分为三个阶段：2006—2008 年主营业务收入逐年增长，2009 年略微下滑，到 2010 年实现大幅度增长，2011 年保持增长势头。就分行业而言，2011 年毛纺织和整染精加工业 1 087 户规模以上企业实现主营业务收入 1 914.57 亿元，同比增长 19.32%，毛制品制造业 157 户规模以上企业实现主营业务收入 218.71 亿元，同比增长 34.92%，毛针织品及编织品制造业 1 224 户规模以上企业主营业务收入 1 299.10 亿元，同比提高 20.95%。

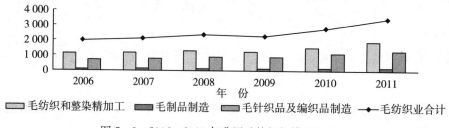

图 5 - 9　2006—2011 年我国毛纺织规模以上企业
主营业务收入变化情况（单位：亿元）
（数据来源：中国纺织工业发展报告）

2. 规模以上企业利润总额在平稳增加的基础上，2010 年起增幅加大

2003—2011 年我国毛纺织行业规模以上企业利润总额变化与主营业务收入变化略有不同（图 5 - 9、图 5 - 10）。2003—2007 年的利润总额逐年增加，2008 年在主营业务收入增加的情形下利润总额有所下降，造成这种现象的原因应该来自于主营业务

成本的增加。2010 年利润总额激增，2011 年增幅更加明显，整个毛纺织业利润总额同比增长 53.94%，就分行业而言，毛针织品及编织品制造业、毛纺织和整染精加工业、毛制品制造业利润总额同比分别增长 53.95%、62.16%、67.85%。我国毛纺织业取得如此成绩，与国家纺织工业调整和振兴规划的贯彻落实是分不开的。

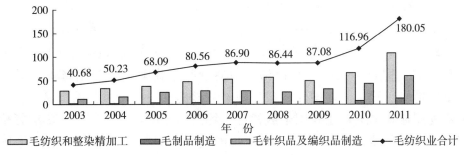

图 5-10　2003—2011 年我国毛纺织规模以上企业利润总额变化情况（单位：亿元）

（数据来源：中国纺织工业发展报告）

（五）主要羊毛、羊绒制品外贸情况

1. 羊绒制品——羊绒衫

我国羊绒加工业虽然起步较晚，但发展迅速，已经成为我国纺织工业出口创汇的支柱产业，我国也因此发展成为世界羊绒制品的加工中心。由于羊绒衫产量占全部羊绒制品的 70%左右，故本部分主要分析羊绒衫的进出口情况。

（1）羊绒衫出口数量自 2006 年后逐年减少，主要出口市场比较固定。从图 5-11 可见，随着我国入世、全球化贸易增加和羊绒加工业的发展，1996—2006 年羊绒衫出口数量呈逐年增加的趋势，说明国外对我国羊绒制品具有一定的需求量。自 2006 年后我国羊绒衫出口量逐年减少，究其原因，主要在于以下两个方面：一是受全球经济危机的影响，西方国家经济发展缓慢，甚至出现负增长，对羊绒衫需求减少；二是随着原材料价格和劳动力等加工成本持续上涨，企业盈利空间进一步缩小，接单积极性不高。2011 年我国羊绒衫出口数量为 1 700 万件，与 2006 年相比下跌 18.54 个百分点。由此看来，我国羊绒制品在国外高档市场销售不畅，扩大内需是当前促进羊绒加工业发展的必由之路。

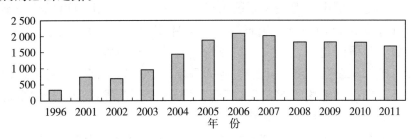

图 5-11　1996—2011 年我国羊绒衫出口数量变化情况（单位：万件）

（数据来源：中国海关统计年鉴）

我国羊绒衫出口日本、美国、意大利、英国、法国等40多个国家和地区，主要出口市场比较固定，市场集中度较高，出口日本、美国以及欧盟的市场份额超过80%。2011年我国出口美国的羊绒衫数量同比下降13.37%，但出口日本、欧盟和我国香港地区的羊绒衫数量均有所增长。出口羊绒衫的主要地区包括浙江、内蒙古、广东、上海、宁夏等，其中内蒙古出口数量同比下降22.38%。

（2）羊绒衫出口单价波动较大。如图5-12所示，1996—2011年我国羊绒衫出口单价波动较大，呈现先降后升、又降又升的格局，到2011年出口单价上涨到36.95美元/件，是近十年的最高价格。即使近两年我国羊绒衫出口单价呈上升态势，但出口价格仍然偏低，国外驰名品牌羊绒衫卖价一般超过我国产品几倍，如意大利劳罗皮亚娜牌羊绒衫比我国羊绒衫价格约高出3倍，英国苹果牌羊绒衫价格比我国同类羊绒衫价格高出4倍多。对于我国这种低价数量型增长，主要原因有两点：一是我国羊绒衫品牌知名度低，缺乏国际竞争力；二是出口企业杂乱，存在无序竞争。

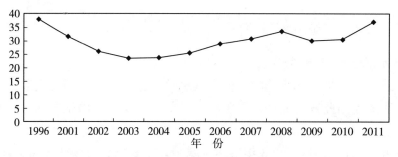

图5-12　1996—2011年我国羊绒衫出口单价变化情况（单位：美元/件）

（数据来源：中国海关统计年鉴）

2. 羊毛制品

根据国际毛纺组织的报告，2011年中国是全球最大的羊毛纱线出口国，第二大羊毛面料出口国（排名位于意大利之后），第二大羊毛针织衫出口国（位于我国香港地区之后，香港是中国内地毛衫的转口地），第二大羊毛梭织男装和女装出口国（西装、西裤和夹克）。

（1）羊毛条出口数量持续增加，呢绒、羊毛地毯出口数量波动上升，羊毛衫出口数量总体下滑，毛绒围巾、毛梭织服装出口数量逐年减少，出口市场较为集中。从表5-6可知，羊毛条出口仍保持增长态势，2011年出口5.46万t，同比增长16.08%，毛纱线出口数量呈下降趋势，呢绒出口数量呈波动上升趋势。羊毛地毯总体增长幅度已明显趋缓。毛针织服装是我国毛纺织业的重要出口产品，但羊毛衫出口数量总体呈下滑趋势。毛绒围巾和毛梭织服装出口数量逐年减少。造成这种现象的主要原因在于我国主要羊毛制品出口市场需求疲软。

初级加工产品出口地区包括江苏、浙江、河北、北京、山东等省（直辖市），羊毛条主要销往欧盟、韩国、土耳其和印度，毛纱线主要销往我国香港地区，呢绒主要

表 5-6　2007—2011 年我国主要毛纺制品出口数量变化

出口商品	单位	2007 年	2008 年	2009 年	2010 年	2011 年
羊毛条	t	39 740	31 626	32 623	47 060	54 628
毛纱线	t	71 293	63 358	51 059	58 760	60 048
呢绒	万 m	—	11 905	9 406	11 361	12 259
羊毛毛毯	万条	116	59	58	62	67
羊毛地毯	万 m²	1 129	976	2 062	2 021	2 048
羊毛衫	万件	10 531	9 884	8 590	8 763	9 303
毛绒围巾	万条	—	—	—	2 364	2 292
毛梭织服装	万件	9 175	9 417	7 983	8 285	7 472

数据来源：中国海关统计年鉴。

销往日本、越南和印度尼西亚。出口羊毛衫的主要地区是广东、浙江、上海、江苏、福建等省，销往欧盟、日本、美国和我国香港地区。美国、我国香港地区、澳大利亚、我国澳门地区、马来西亚是羊毛地毯主要进口国家和地区。具体见表 5-7、表 5-8。

表 5-7　2011 年我国主要毛纺产品主要出口市场累计金额及所占比例

出口商品	出口欧盟		出口日本		出口美国		出口我国香港地区	
	累计金额（亿美元）	占出口总额比重（%）	累计金额（亿美元）	占出口总额比重（%）	累计金额（亿美元）	占出口总额比重（%）	累计金额（亿美元）	占出口总额比重（%）
羊毛条	3.45	48.60	0.23	3.27	0.63	8.70	0.45	6.40
毛纱线	1.92	12.21	1.34	8.49	0.23	1.46	8.65	54.97
呢绒	0.59	7.15	1.11	13.39	0.19	2.24	0.62	7.45
毛针织服装	6.51	35.15	3.56	19.21	3.32	17.89	2.16	11.64
毛梭织服装	6.18	26.24	8.94	38.00	4.2	17.85	0.56	2.38
毛绒围巾	0.79	28.49	0.59	21.29	0.59	21.28	0.11	4.02

数据来源：中国海关统计年鉴。

表 5-8　2011 年我国羊毛地毯主要出口国家和地区出口总量、占比及平均单价

国家/地区	出口总量（万 m²）	占比（%）	平均单价（美元/m²）
全国合计	2 048	100	10.56
其中：美国	882	43.06	9.05
我国香港地区	277	13.54	12.40
澳大利亚	208	10.15	7.96
我国澳门地区	58	2.83	8.88
马来西亚	56	2.72	9.49

数据来源：中国海关统计年鉴。

（2）羊毛衫进出口单价差距拉大，羊毛毯出口单价不稳定。从图5-13看出，1996—2011年我国羊毛衫出口单价整体上呈缓慢提高的态势，但增幅不大，同时进口单价增长较快，进出口单价差距逐步拉大，2011年进口单价是出口单价的4.89倍。原因主要有以下几个方面：其一，我国羊毛衫多是贴牌出口，只能赚取微薄的加工费，即使是自主品牌由于没有品牌优势也只能在低价徘徊；其二，随着全球化贸易的推进和我国人民生活水平的提高，人民对羊毛衫需求逐渐增多，受经济利益的驱使，国际知名品牌纷纷涌入中国市场，而由于全球羊毛产量下降、劳动力成本上升等因素的影响，国际品牌羊毛衫价格节节攀升。

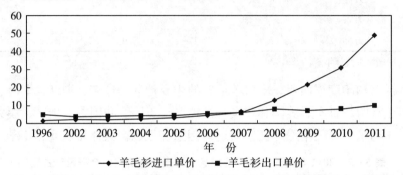

图5-13　1996—2011年我国羊毛衫进出口单价变化（单位：美元/件）

（数据来源：中国海关统计年鉴）

从图5-14可见，1996—2011年我国羊毛毛毯出口单价并不稳定，在10美元/条至20美元/条之间波动。2007—2008年，在出口数量减少近一半的情况下，羊毛毛毯出口单价由10.77美元/条上升到18.45美元/条，同比增长了71.31%。2011年，出口单价突破20美元/条的价格，达到历年最高，为20.4美元/条，与2010年相比，增长32.12%。

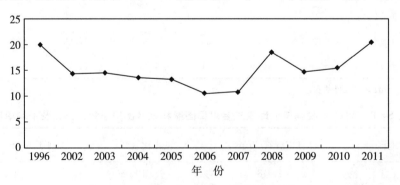

图5-14　1996—2011年我国羊毛毛毯出口平均单价变化（单位：美元/条）

（数据来源：中国海关统计年鉴）

二、绒毛加工存在的问题

我国绒毛加工业虽然发展较快，并且已经取得了一定的成绩，尤其是在主要加工基地，该行业得到各级政府的大力支持，但是，目前在发展过程中仍然存在很多突出问题。

（一）加工市场进入壁垒较低

羊毛、羊绒加工业属于劳动密集型产业，企业进入市场的资本壁垒和技术壁垒较小。资本壁垒上表现为生产所需初始资本量小，产品成本中机器设备比重较低。技术壁垒上表现为中低端产品的生产程序总体较为简单，存在专利技术较少。截止到2012年，羊毛加工技术配方、羊毛制品生产工艺专利有188件，羊绒及其加工技术国内专利申请117件[24]。这些专利技术大都表现在染色、混纺防起球等方面，对于新款式的设计专利几乎没有，对于新织法的技术大多企业都没有掌握，因此无明显技术进入壁垒。此外市场上没有寡头垄断企业，对欲进入该行业的企业没有威胁力。因此，受经济利益驱使，诸多企业在缺乏精加工生产能力、资金和技术的情况下盲目进入羊毛、羊绒加工市场。由于资产专用性，在利润率下降甚至亏损时，企业存在诸多顾虑，不能及时退出，造成行业内企业数量越来越多。

（二）加工能力明显过剩，存在低水平数量型增长

近几年，我国毛纺行业企业户数不断攀升，生产能力快速扩张。如羊绒加工业，除了加工国内全部原绒外，蒙古国、俄罗斯等国家的羊绒也被进口至中国加工，中国的羊绒实际分梳量达到了20 000t原绒的水平，是我国羊绒资源总量的2倍以上。羊绒深加工能力达到年5 000万件，而国内外市场每年的总需求不足2 000万件，加工能力明显过剩。在生产能力快速扩张的同时，低水平重复建设大量存在，加工企业维持在低水平的数量型增长，多数企业规模小，在羊毛、羊绒加工市场开展初级产品加工，充当别人的附属加工车间，为获取更多的加工订单各企业竞相压价，这就加剧了国内市场的无序竞争。

（三）设计传统单调，产品偏于同质化

随着我国居民经济条件的改善和消费水平的提高，羊毛、羊绒制品内销潜力巨大，但是目前国内羊毛、羊绒制品销售存在的最大问题是，长期以来国内多数羊毛、羊绒加工企业都将目标市场定位在中老年群体，忽视了可能会带来更丰厚利益的青年人市场，因此产品设计传统单调，局限了广大潜在消费群体。此外企业产品研发力度不够，一些小企业甚至没有自己的设计团队，只能依靠模仿其他企业的产品而生存，造成市场上羊毛、羊绒制品偏于同质化，款式、风格乃至面料质地都非常接近，没有自己的特色。

㉔ http：//www.ncpsjg.com/a_zlqw/a_06qtl/a61hg/a6585.htm，http：//www.hdkwipr.gov.cn/zlyj/hyyj/200901/t20090105_140676.htm。

(四) 缺乏品牌优势，产品附加值低

我国是纺织大国，但并不是品牌强国，在国际毛纺织市场的价值主要还是制造价值，出口的羊毛、羊绒制品价格仅是国际市场同类产品价格的 1/4 至 1/3。究其原因在于我国羊毛、羊绒制品缺乏国际知名品牌，产品中的文化价值和科技附加值相对较低，无法打入国际高端市场。大多数企业还没有学会在国际市场上营销无形资产，保护知识产权，只能依靠廉价的劳动力和优势资源赚取外汇。

(五) 缺少强有力的行业组织

目前国内非常缺乏强有力的行业组织，以便为企业提供国际市场贸易信息、组织羊绒羊毛企业定期开展交流，学习最新的加工技术，整合行业资源，规范行业行为。由于目前多数行业组织功能衰竭，未能发挥现实性作用，缺乏像国际羊绒协会那样强有力的行业自律性组织，导致我国羊毛、羊绒加工业无序竞争加剧，对外交易上存在多头出口、多头定价的现象。

(六) 原料市场不稳定

随着我国毛纺织业的快速发展，对羊毛、羊绒的需求量越来越大、质量要求越来越高，而原料市场存在数量和质量上的不稳定。就羊毛而言，国产羊毛不能长期保持稳定的产量和质量，国毛原料批次间质量变化较大，因此，国毛不论是在数量还是在质量上都无法满足我国毛纺工业的用毛要求，我国毛纺工业对羊毛的需求更依赖于进口，这就使得羊毛原料供应易受到国际市场的影响。世界羊毛产量呈下降趋势，使得羊毛价格持续走高，加工企业面临生产成本增加的压力。就羊绒而言，我国山羊绒年产量占世界总产量的 70% 左右，但羊绒质量无法保证，原料掺杂造假现象反复出现，且原绒价格暴涨暴跌，不利于羊绒加工企业和产品市场的发展。

三、绒毛加工发展趋势

虽然我国绒毛加工业仍存在许多问题，但毛纺行业在我国纺织工业中占有重要的地位。近些年，我国绒毛加工业经济运行平稳，行业效益稳步提高，未来绒毛加工发展趋势主要有以下几个方面。

(一) 绒毛加工企业趋向品牌化、集群化

通过本书第一章第四节关于中国绒毛用羊消费发展现状分析可知，在我国城乡居民绒毛制品消费中，知名企业品牌效应较为明显，购买恒源祥、鄂尔多斯等老品牌的消费者较多。在我国毛纺行业加工能力明显过剩，加工存在低水平数量型增长的情况

下，随着竞争环境的日趋恶劣，小规模企业难以在绒毛加工市场立足，绒毛加工企业会向品牌化方向发展。

目前，我国毛纺产能逐步向沿海地区集中，在绒毛加工业重点省份逐渐形成了一批以中小企业为主、上下游产业配套的专业产品加工基地和专业市场，各加工工序企业分工协作，提高了资源的使用效率，企业集群化趋势明显。因此，为有效利用资源、增强企业实力、降低生产成本、提高市场竞争力，绒毛加工企业向产业集群化、生产规模化、经营集约化方向发展是必然趋势，那些技术落后、浪费资源、只能简单模仿而无设计能力的小企业必将被淘汰。

(二) 绒毛加工配料趋向多元化

随着科技的不断进步，绒毛加工中对各种纺织原料的开发利用在今天得到前所未有的重视，绒毛加工原料向多元化方向发展，主要表现在以下两个方面：一方面是配比的多元化，通过羊毛、羊绒纤维搭配不同性能纤维，生产具有不同品质、色彩、纹理及风格的面料，同时提升面料的服饰用料性能，在各纺织原料的配比中，除棉、化纤等纤维的应用外，麻、真丝纤维以及贵重纤维如驼绒、兔绒等日益成为绒毛加工热门配比原料；另一方面是混入成分的多样化，通过加入低成本的新型原料，在保持毛纺面料原有特性的基础上，来降低产品生产成本、丰富产品性能，如通过羊毛与新型再生纤维素纤维、细旦纤维等混纺提升毛纺面料的功能性及附加值，通过加入大豆纤维、玉米纤维等改善毛纺产品手感，通过混入新型抗紫外线、抗静电纤维增强面料良好的功能性等。

(三) 绒毛加工技术及工艺趋向绿色化、多样化

目前，越来越多的社会公众意识到环保的严峻性和紧迫性，特别是那些环保觉悟较高的高素质群体，其环保关注热点已经从大自然转向自身的生存环境，甚至是个人着装，绒毛加工所造成的环境污染问题日趋引起公众的重视，我国绒毛加工业面临越来越大的环保压力。为此，绒毛加工企业不断探索绿色加工技术，在纺织加工过程中更趋向于采用无污染或少污染的加工工艺及纺织化学制剂，来迎合广大消费者对生态环保生活方式的追求。

在过去的一个世纪，人类服装面料的单位重量减少了1/3以上，广大消费者更加追求衣着服饰的轻薄、舒适，轻薄柔软和舒适无痒面料需求不断增加，各种绒毛细化技术被不断推出。纱线加工技术不断创新，纱线形态更加多样化。后整理技术不断发展，除抗皱整理、涂层技术外，起绒、加弹、芳香、水洗、拒水、拒油等功能性整理越来越得到重视，剪花、植绒、印花、烫金、刺绣、钉珠、镂空等深加工工艺技术不断创新，混纤、混纺、合股、包芯、包缠、包覆、交捻、交织、交编等加工工艺手段会向多样化方向发展。

(四) 绒毛加工制品趋向时尚化、高档化、保健性，应用领域多样化

首先，随着时代的发展和人民生活水平的提高，人民衣着服饰消费意识逐渐改变，不仅青年群体要求服装款式的新颖，中老年群体在选择服装时也更加考虑款式、颜色等因素。因此，为满足社会大众对衣着服饰的消费需求，绒毛加工制品正向时尚化方向发展。其次，根据本书第一章第四节关于我国绒毛用羊消费发展现状分析可知，中等收入居民是羊毛制品的主要消费群体，高收入居民人均支出额最高；随着收入提高，购买 1 件羊绒制品消费者比例越来越高，而购买两件及以上羊绒制品，购买数量与收入的关系不明显。究其原因，主要在于我国绒毛加工市场鱼龙混杂、产品质量参差不齐，难以满足高收入居民的消费需求。为挖掘我国高收入居民消费潜力，绒毛加工制品会向高档化方向发展。再次，随着健康保健意识的逐步提高，人们对作为人体二层肌肤的纺织品的要求越来越高，利用羊毛羊绒的天然特性，提高绒毛加工制品的保湿、护肤、杀菌、除臭、防紫外线、磁疗等保健性能，是刺激消费需求的重要发展趋势。最后，随着生产工艺的发展与市场需求的多样化、细分化，绒毛加工制品应用领域逐渐扩大，除传统正装、休闲装、运动装等服装领域外，家居用品、医疗、卫生、环保等领域会成为绒毛加工制品应用新领域。

四、绒毛加工战略思考及政策建议

(一) 绒毛加工战略思考

从现实情况来看，我国绒毛加工形势不容乐观，面临一系列的挑战，如国产绒毛质量不高，无法满足加工原料需求，加工环保压力越来越大，制品优势不明显，其他纤维制品对绒毛制品消费构成威胁等。然而，我国绒毛加工在面临挑战的同时，也具有一定的发展潜力和优势，如我国幅员辽阔，绒毛加工原料来源较为稳定，加工技术较为先进，有些加工工艺已达世界领先水平。此外，我国还拥有巨大的国内消费市场，因此，从整体上看绒毛加工的优势和机遇是大于劣势和挑战的。要发展我国绒毛加工业，应采取以可持续发展战略为主，结合品牌战略、差异化战略及一体化战略，充分利用产业自身优势，因地制宜，稳步发展。

1. 可持续发展战略

我国羊毛羊绒加工业面临的环保压力越来越大，要促进绒毛加工业的健康稳定发展，必须坚持可持续发展战略，促进产业发展与生态环境保护的协调并进，将生态环境保护及可持续发展理念贯穿在绒毛加工的各个阶段。首先，因地制宜地发展我国绒毛用羊养殖业，通过禁牧休牧、林牧结合、适度放牧、舍饲养羊、秸秆利用、草场保护等多手段的运用，在确保绒毛加工原料可持续供应的同时，增加绒毛用羊产业生态效益；其次，依靠科技，加大绒毛加工产业的技术创新和技术引进，使羊毛、羊绒能够物尽其用，加大单位绒毛使用效率，减轻对生态环境的压力；最后，改善绒毛加工

环境，加强绒毛加工环节监管，鼓励绒毛加工企业与国际接轨，申请有机羊毛制品、生态羊毛制品认证。

2. 品牌战略

我国是绒毛加工大国，以羊绒为例，目前国际市场 70％以上的羊绒制品产自我国，但其中真正以我国自主品牌销售的不到 20％，即使是我国最大的羊绒生产企业鄂尔多斯集团，其自主品牌也仅占其出口产品的 10％左右，其他都由世界知名服装销售商贴牌销售。我国成为国际知名绒毛制品品牌的加工基地，绒毛加工企业仅仅依靠廉价的劳动力和资源优势赚取外汇，而目前劳动力成本不断上升、资源约束不断显现，实施品牌战略成为我国绒毛加工产业可持续发展的重要途径之一。因此，为了加快实施品牌战略，绒毛加工企业应严格按照国家、国际标准组织生产，全面提升产品档次和质量水平，为创立和发展品牌提供保证，并以品牌为纽带、以规模以上企业为重点，组建企业集团，瞄准国际市场进行品牌经营，向高端制品方向发展，引入国际品牌设计理念，尽快争取建立具有自主知识产权的国际品牌，提升品牌的国际知名度。同时，政府应积极发挥在品牌建设中的作用，通过科技政策、税收政策、对外贸易政策等手段对绒毛加工企业品牌战略的实施给予重点扶持。

3. 差异化战略

目前市场上羊毛羊绒制品偏于同质化，企业竞争日趋激烈，产品种类和质量的差异化对提高绒毛加工效益尤为重要。实施差异化战略，不仅可以提高顾客忠诚度，在面临其他纤维制品威胁时也更有利。实施差异化战略，首先要追求绒毛制品质量的差异化，根据不同质量绒毛生产不同档次的绒毛加工制品，创造独家所有，质量最好的绒毛用于加工精品，走高端路线，质量较优的绒毛用于加工中高档服装，注重颜色、款式的时尚性，质量一般的绒毛用于加工较为低档的绒毛制品，突出制品的个性化；其次要追求绒毛制品种类的差异化，针对加工原料不足的情况，提高精纺技术，加大混纺、混织产品研发力度，针对夏季市场相对空白的状况，开发夏季绒毛服装及制品市场；最后要追求绒毛加工专利权的差异化，以专利保护技术创新，具有发展潜力的规模以上企业可引进意大利、日本、德国等国的先进技术及纺织设备，特别是染色和后整理设备，提高深加工能力，以增加绒毛加工制品的附加值，改变现有制品档次趋同的状况。

4. 一体化战略

为促进规模经济，实现产业整合，加强绒毛加工产业的竞争优势，必须实施一体化战略，用绒毛加工各环节企业之间的合作取代内部的恶性竞争。一方面是横向一体化战略，以重点绒毛加工区域大型加工企业为核心组建企业联合会，整合现有加工资源，通过分工合作，扩大核心企业的生产规模，转移部分加工企业的生产方向，确保加工能力与原料生产的协调发展，同时成立绒毛加工企业协会，强化协会作用，避免恶性竞争，提高绒毛加工制品的国际市场价格。另一方面是纵向一体化战略，绒毛加工企业向上下游产业延伸，发展纵向一体化的产业集群，通过各种形式建立绒毛加工企业与农牧民之间的稳定购销关系，政府加强扶持龙头企业建立绒毛加工产业群，鼓励公司采取"公司＋基地＋农牧民"的方式，将分散的绒毛用羊养殖户、加工企业、营销企业组织起来，实现规模经济。

（二）绒毛加工政策建议

随着国民经济快速增长和城乡居民收入水平不断提高，消费者对羊毛、羊绒制品的需求不断增长。因此急需政府、企业、行业组织等发挥其应有的作用，采取有效措施解决目前我国羊毛、羊绒加工业发展中所面临的一些问题，以推进我国羊毛、羊绒加工业的持续发展。

1. 规范市场进出入壁垒

面对毛纺织行业的进出入壁垒状况，一方面应适度提高毛纺织行业的进入壁垒，以避免企业过度进入造成的无序低效竞争。具体可以采取两种方式，一是制定企业最低规模进入标准，这不仅可以防止小型企业在低端生产环节进行恶性价格竞争，还可以对整个行业的规模水平进行总量控制；二是逐步提高加工企业进入市场所应达到的技术水平标准，从而防止技术设备落后、没有质量安全保障的企业进入羊毛、羊绒加工市场。另一方面应适度降低行业退出壁垒，通过相关资助政策帮助亏损企业尽快退出市场。

2. 提高深加工能力，强化产业链条

现代企业竞争已经由单个企业之间的竞争转向各个企业产业链条之间的竞争。我国羊毛、羊绒加工企业存在大而全、小而全的现象，企业结构存在两极分化，大型龙头企业蓬勃发展，而多数中小型企业惨淡经营，甚至亏损。羊毛、羊绒加工业应提高深加工能力，整合包括初级加工产品如无毛绒、羊毛条，中间产品如呢绒、毛纱线，终端产品如毛绒地毯、毛绒围巾、毛绒服装等在内的整个产业链条，形成以龙头企业为核心的组织联合体，提高整体竞争力。

3. 开展产品创新，开拓国内市场

羊毛、羊绒加工企业应注重科技创新，加强技术投入，优化工艺加工流程，通过培训提高产品设计人员的设计水平，结合企业实际情况和市场需求，根据不同消费层次的需要，开发出个性化、时尚化、多层次的中高档产品。一要解决羊毛、羊绒制品不易护理问题，大力推广毛纺制品耐洗/易护理技术，以此提高毛纺产品形象。二要通过宣传毛纺制品的柔软性和通透性来提高毛纺制品在时尚休闲运动类服装中的竞争能力，挖掘潜在消费群体。

4. 加强品牌建设，提高产品附加值

目前，中国羊毛、羊绒制品加工企业中既有重型龙头企业，也有众多中小型企业和家庭企业存在，应扶持骨干、重型加工企业的发展，培育其核心竞争力和品牌优势，创建拥有自主知识产权的国际知名品牌，提高其科技贡献率和品牌贡献率。各企业应加强品牌建设，在产品开发、生产运作、营销渠道以及广告宣传等方面不断注入品牌精神，建设自己独特的品牌文化，使羊毛、羊绒制品品牌价值不断提升，以提高国际市场竞争力。

5. 建立羊毛羊绒加工行业组织，加强市场监管

首先，建立羊毛、羊绒加工行业组织，定期对行业内的新动态进行交流研讨，整合行业资源，实现资源互补。其次，在羊毛、羊绒加工行业内部应采取联合自律的方式，制定行业自律措施以期规范市场，如在行业内部制定统一的出口价格，大企业和小企业自觉遵守交易规则，不能向国外低价销售和运到国外寄售自己的产品。再次，政府有关部门应加快对国家质量标准和行业标准的制定和推广，加强对羊毛、羊绒加工业的监管。最后，为避免企业在低档次产品上展开恶性竞争，应通过各种政策手段鼓励中高档产品的生产企业开拓和占领国际市场。

6. 稳定原料市场

要稳定原料市场，应从数量和质量两个方面入手。就羊毛而言，应降低对外依存度，一方面应在扩大养殖数量的同时注重提高个体产毛量，通过提高绵羊个体生产水平确保羊毛加工业的原料供应数量。另一方面应改善羊毛质量，提高国产羊毛竞争力。一要坚持质量标准，加强剪毛、分级、整理、包装和检验阶段的质量控制；二要加强技术服务和培训，进一步提高饲养管理水平，使农牧民能够按照标准化羊毛生产技术的要求组织生产，确保羊毛质量。就羊绒而言，作为羊绒资源优势国，为稳定羊绒供给数量应扩大羊绒制成品出口量，减少原料和初级产品出口量。同时寻求经济效益和生态效益的结合，控制绒山羊养殖数量，提高羊绒品质和单产水平。

战略对策篇

ZHANLÜE DUICE PIAN

第六章　中国绒毛用羊产业政策研究

绒毛用羊产业是我国畜牧业的重要组成部分，是广大农牧民赖以生存的主要产业。改革开放以来，我国出台了一系列政策措施鼓励绒毛用羊产业的发展。本章将对我国绒毛用羊产业政策的演变过程进行系统整理，并分析我国现行的绒毛用羊产业政策在执行过程中出现的问题，进而总结在可持续发展背景下绒毛用羊产业政策的发展趋势并提出完善现有产业政策的相关建议。

第一节　绒毛用羊产业政策演变

党的十一届三中全会以后，畜牧业发展进入了新的历史时期。随着国家畜牧业发展战略的调整，我国绒毛用羊产业得到了快速的发展。我国制定有专门的《中华人民共和国畜牧法》，该法明确规定国家支持畜牧业发展。如在畜禽遗传资源保护方面，规定了各级人民政府应当采取措施，将畜禽遗传资源保护经费列入财政预算；在畜禽良种培育方面，规定了国家扶持畜禽品种的选育和优良品种的推广使用，支持相关部门开展联合育种，建立畜禽良种繁育体系；在畜禽养殖生产方面，规定了国务院和省级人民政府要在财政预算内安排支持畜牧业发展的良种补贴、贴息补助等资金，支持畜禽养殖者购买优良畜禽、改善生产设施、扩大养殖规模，提高养殖效益等。但是绒毛用羊产业政策不仅在养殖与生产方面，还涉及草原生态环境保护、绒毛的质量管理、检验以及绒毛的对外贸易，因此本节将从技术研发政策、养殖与生产政策、绒毛质量管理政策、草原生态保护建设和对外贸易政策六个方面分别阐述相关政策的演变。

一、技术研发政策

（一）绒毛用羊良繁体系建设

我国绒毛用羊的育种工作新中国成立前几乎是空白。1949 年新中国成立后，政府非常重视绒毛用羊产业的发展，1950 年开始从国外引进产量高、品质好的绒毛用羊品种。以细毛羊为例，新中国成立初期国家组织收集分散的民间品种资源，兴办多座大型种羊场，从苏联引进斯达夫、阿斯卡尼、高加索等细毛羊品种，在东北、西北牧区建立了多个原种基地，开展细毛羊品种培育和大范围的杂交改良。在农业部领导下，1954年在巩乃斯种羊场培育出我国第一个毛肉兼用细毛羊品种——新疆细毛羊，结束了中国没有细毛羊品种的历史。随后全国又相继育成了东北细毛羊、内蒙古细毛羊、甘肃高山细毛羊等多个细毛羊新品种。改革开放后我国细毛羊育种进入澳美型阶段，引进以澳大利亚美利奴为主的高质量细毛羊品种，全面提高原有品种的毛产量和毛品质，"六五"期间，新疆、内蒙古、吉林科研人员联合成功育成中国美利奴羊，实现了细毛羊品种质的飞跃，使中国细毛羊开始进入世界优质细毛羊的行列，接着又开展培育中国美利奴羊毛密品系、多胎品系、体大毛质好品系、无角类型，以及建立中国美利奴羊品种结构新体系等研究工作，从育种理论、方法、技术到生产力水平各方面，均取得了很大进展。1994年农业部组织新疆、吉林开展跨省（自治区）联合育种，培育细毛型优质细毛羊，于2002年12月通过国家新品种审定，2003年2月正式命名为"新吉细毛羊"。随后，又在科技部、农业部的支持下，新疆、内蒙古、吉林、辽宁等省（自治区）借助科技部"863计划"及国家"西部开发科技行动"重大项目，相继开展了中国美利奴羊超细型细毛羊品种选育等进一步提高羊毛细度的育种工作，取得了一定的进展。2003年2月，新疆、内蒙古、吉林、甘肃四省（自治区）经农业部、新华通讯社等部门组织，在京举行"中国细毛羊产业论坛"，开展跨区合作，实行品种资源共享，调整品种结构，增加科技投入，解决我国细毛羊发展中的重大问题。

加强与国外的绵羊育种项目合作。1993年，中国与澳大利亚两国政府根据技术合作促进发展计划的协定，由新疆畜牧科学院承担实施了中国—澳大利亚绵羊研究项目[25]。该项目从绵羊育种、营养、繁殖、羊毛技术、草原、兽医、畜牧经济、推广等方面开展了应用研究，促进了绵羊生产技术措施改进、草地的改良与保护、寄生虫病的防治，而实用技术的推广也为项目推广点的牧民增加了经济收入。通过中澳绵羊研究中心，加强畜牧科学研究能力，提高种羊的品质及遗传性能，改善生产技术并进行推广。2008年4月，北京大学、新疆石河子大学以及新西兰梅西大学三所大学开展合作，在新疆石河子大学建立中国西部先进的绵羊育种研究教学中心，共同完成中国政府的资助项目，确定中国种羊非季节性产羊的基因标记。从细毛羊培育工作进展来看，我国细毛羊品种选育历经数十年，经过几代科研人员的艰辛努力和大量资金投入，西北、东北绒毛用羊主产区都已培育出适应当地气候环境、能够具备良好生产性能的绒毛用羊，已经实现国内自主生产的局面。

（二）绒毛用羊的现代产业技术体系建设

为了促进农业生产现代化发展，国家从2007年开始对重要的农产品（如水稻、小麦、玉米、生猪等）建立现代产业技术体系。现代农业产业技术体系按照优势农产

㉕ 中国-澳大利亚绵羊研究中心，http://www.xjaas.net/myzx/xmgk.htm。

品区域布局规划，依托具有创新优势的中央和地方科研资源，围绕产业发展需求，建设从生产到消费、从研发到市场各个环节紧密衔接、环环相扣、服务国家目标的体系。中央财政设立了现代农业产业技术体系建设专项资金用于体系的基本研发费和新增仪器设备购置费补助，对于体系建设依托单位隶属于地方的，地方财政也要相应分担部分仪器设备购置费。2008年正式启动国家绒毛用羊产业体系建设，这对绒毛用羊产业发展提供了有力的科技支撑。国家绒毛用羊现代产业技术体系主要解决绒毛用羊产业发展的两大技术研发问题：新品种（或品系）的选育技术研发和绒毛质量控制技术研发。以这两个技术为核心研发，展开绒毛用羊繁育技术、饲养管理技术、疫病防控技术、养殖和流通中的质量控制技术的研发活动。绒毛用羊产业技术体系的设置由产业技术研发中心和综合试验站两个层级构成。研发中心（由5个研究室组成）设1名首席科学家和20名岗位专家，在我国绒毛主产区设立共21个综合试验站，每个综合试验站设1名站长。综合实验室覆盖了从生产到流通的各个环节，并专门设置产业经济研究岗位，不仅对产业技术研发达到的经济效果和社会效益进行评估，还对产业政策及产业持续发展等问题进行研究。

新世纪以来，中央连续发布9个解决"三农问题"的1号文件。2012年第9个1号文件《关于加快推进农业科技创新持续增强农产品供给保障能力的若干意见》提出要"依靠科技创新驱动，引领支撑现代农业建设"。按照该文件精神，我国将"大力推进现代农业产业技术体系建设，完善以产业需求为导向、以农产品为单元、以产业链为主线、以综合试验站为基点的新型农业科技资源组合模式，充分发挥技术创新、试验示范、辐射带动的积极作用"。换言之，我国绒毛用羊产业也将按照这样的思路通过科技创新推动产业发展，尤其是根据绒毛用羊现代产业技术体系的建设，发挥其带动、示范和辐射的作用。

二、养殖与生产政策

（一）绒毛用羊良种保护与补贴政策

为了解决绵羊良种问题，政府不断加大对绒毛用羊良种的保护和补贴力度。国务院1994年发布《种畜禽管理条例》，明确规定畜禽品种资源实行国家、省（自治区、直辖市）二级保护。2000年8月农业部发布第130号公告，确定了全国78个畜禽品种为国家级畜禽资源保护品种，绵、山羊列入保护名录的共14个，其中内蒙古绒山羊（阿尔巴斯型、阿拉善型）、西藏山羊是重点保护品种。2006年6月农业部发布《畜禽遗传资源保种场保护区和基因库管理办法》，明确了保种场、保护区和基因库的认定条件，并要求其定期向畜牧主管部门报送有关群体规模数量、主要性状变化、保护与选育情况以及财政专项资金使用情况的工作报告。

为了加快品种改良，我国自2009年起对绵羊开始实施畜牧良种补贴政策，符合条件要求的农牧户购买优质种公羊可以获得800元/只的财政补贴，2011年将山羊亦纳入补贴范围。中央财政 2012 年继续安排资金，对绵羊、山羊优良品种实施良种补贴，这对于提高羊个体生产水平、增加养殖的经济效益、稳定绒毛用羊产业化发展、增加农牧民收入、促进经济社会发展具有十分重要的意义。《2012 年畜牧良种补贴项目实施指导意见》中提出，根据 2011 年补贴任务完成情况和种公羊生产供应情况，适当增减部分项目省 2012 年任务量。首先，扩大补贴实施范围，将辽宁、安徽、山东、河南、湖北、湖南、广西、贵州等省（自治区）纳入补贴实施范围；其次，增加补贴数量，良种种公羊补贴数量增加到 24.7 万只；最后，降低入选项目县的标准，在项目省（自治区）内能繁母羊存栏 2 万只以上的县（市）即可实施种公羊补贴政策。执行程序没有变化，仍由省级畜牧部门负责组织专家对种畜场进行评定，对种公畜进行鉴定，公布入选的种畜场名单，并会同财政部门组织项目县统一采购种公畜，签订合同；省级财政部门根据采购合同、销售发票与供种单位结算补贴资金；供种单位按照补贴后的优惠价格向养殖者提供种公畜。供种的种羊场应取得《种畜禽生产经营许可证》，基础设施完善，饲养管理规范，防疫措施健全；种公羊必须 1 岁以上，达到特级或一级，系谱清楚，佩戴耳标，具有种畜合格证明和检疫合格证明。从补贴标准上看，项目区内存栏能繁母羊 30 只以上的养殖户在购买良种公羊时，依然维持 800 元/只的补贴标准。

（二）畜牧养殖机械购置补贴政策

衡量农牧业发展现代化水平的重要标志之一是农牧业的机械化程度。中央财政自 1998 年就开始设立专项资金用于农业机械购置补贴，2000 年前该财政专项资金名称为"大中型拖拉机及配套农具更新补贴"，2001 年调整为"农业机械装备结构调整补助费"，2003 年又改为"新型农机具购置补贴"，每年为 2 000 万元。2004 年起，农业部、财政部共同启动实施了农机购置补贴政策，当年安排了补贴资金 0.7 亿元在 66 个县实施。2009 年，畜牧养殖机械被列为单独的门类。中央财政不断加大投入力度，补贴资金规模连年大幅度增长。现在该补贴实施范围扩大到全国所有农牧县和农场。为调动农牧民购买农牧业机械的积极性，提高农牧民购买和使用农牧业机械能力，促进农牧民增收，2012 年我国继续实施农牧民购置畜牧养殖机械补贴政策。农业部综合考虑各省（自治区、直辖市、兵团、农垦）情况，结合工作开展情况，确定资金控制规模，并且根据全国农业发展需要和国家产业政策确定全国补贴机具种类范围；各省（自治区、直辖市、兵团、农垦）农机化主管部门与同级财政部门科学合理地确定本辖区内项目实施县（场）投入规模，并且结合本地实际情况，合理确定具体的补贴机具品目范围。

我国主要牧区省份已经将绒毛用羊养殖机械纳入补贴名录，能够享受购置补贴的绒毛用羊养殖机械包括饲料（草）加工机械、畜牧饲养机械和畜产品采集加工机械，如青贮切碎机、铡草机、揉丝机、压块机、饲料粉碎机、饲料混合机、饲料破碎机、饲料搅拌机、颗粒饲料压制机、送料机、清粪机（车）、网围栏、水帘降温设备、剪羊毛机等。

绒毛用羊养殖机械购置补贴资金按照国家农机购置补贴政策有关规定实行定额补贴，一般按不超过本省（自治区、直辖市、兵团、农垦）市场平均价格 30％ 测算，单机补贴限额不超过 5 万元，对于 100 马力 * 以上大型拖拉机、高性能青饲料收获机、大型免耕播种机，单机补贴限额可提高到 12 万元，200 马力以上拖拉机单机补贴额可提高到 20 万元。

2012 年该补贴政策在部分省份开展操作方式创新试点。首先，试点地区可在保证资金安全、让农民得实惠、给企业创造公平竞争环境的前提下，继续开展资金结算级次下放，选择少数生产急需且有利于农机装备结构调整和布局优化的农机品目在省域内满足所有农民申购需求补贴等进行试点；其次，选择部分市县试点实行全价购机后凭发票领取补贴等；最后，提倡农机生产企业采取直销的方式直接配送农机产品，减少购机环节，实现供需对接。

（三）绒毛用羊的疫病防控政策

动物疫病一直是危害畜牧业发展的重要因素，绒毛用羊产业持续稳定发展也离不开疫病防控。我国 1998 年 1 月开始实施《中华人民共和国动物防疫法》，由国家畜牧兽医行政管理部门主管全国的动物防疫工作。2001 年，我国开始实行动物免疫标识制度，农业部出台了《动物免疫标识管理办法》，规定动物免疫标识包括免疫标识和免疫档案，并对猪、牛、羊佩戴免疫耳标。2006 年，国家发展和改革委员会、财政部、农业部、国家质量检验监督检疫总局、国家林业局等部门，针对我国基层动物防疫工作基础薄弱、应急反应机制不完善、防疫监督及屏障设施不健全、动物防疫技术手段落后、动物防疫法律体系不健全等问题，联合发布《全国动物防疫体系建设规划》（2004—2008 年），通过实施国家级项目、省级项目带动推进规划，通过建立国家级、省级口蹄疫等重大动物疫病实验室与经费保障，加快我国动物疫病防控体系建设。2010 年起该项工作正式更名为"国家动物疫病强制免疫计划"。

随着我国绒毛用羊产业的集约化和规模化发展，绒毛用羊及其产品流通渠道增多，使影响疫病传播流行的因素发生了变化；此外，我国对于国外病、新发病缺乏有效的监测手段和防范的配套措施；某些曾已经控制或基本控制的传染病重新抬头，呈现扩散蔓延之势。但是，我国兽医学基础研究比较薄弱，技术储备不足，防疫、检疫、诊断、检测手段与发达国家相比有较大差距，防疫、检疫信息网络系统不够健全，难以满足疫病防控的需求。因此，为应对绒毛用羊产业的进一步发展，必须在疫病防控政策上作出适当的调整，以适应当前的防控需求。

1. 动物疫病的控制、扑灭和净化计划将逐步实施

对动物疫病实施区域化管理有利于疫病的控制和净化，我国在四川、重庆、吉

---

* 马力为非许用计量单位，1 马力＝735.499W。

林、山东、辽宁和海南等 6 省（直辖市）开展无规定疫病示范区建设的经验也证实了这一点。未来我国将按动物分布稳步推进无规定疫病区的建设，如在中原、东北、西北、西南等牛羊优势养殖区，加强口蹄疫、布鲁氏菌病等牛羊疫病防治，对 A 型和亚洲 I 型口蹄疫在 2012—2020 年期间全国范围内要达到免疫无疫标准；对动物布鲁氏菌病，通过在全国采取定期检测、分区免疫、强制扑杀政策，进行净化。

2. 动物疫情监测和预警制度将加强

通过定期开展病原学、血清学、免疫和感染抗体等各种项目监测，可全面掌握重大动物疫病的免疫状况、感染状况，并对疫病的流行趋势做出科学的判断，从而采取合理措施，消除各种疫情隐患，为疫病控制提供重要的技术支撑；此外，通过免疫抗体监测可有效评估动物免疫效果，为科学免疫提供依据。由此可见，动物疫情监测和预警制度在动物疫病控制中占据重要地位。近年来，国家及各省区政府开展动物疫情监测和预警及相关基础设施建设，但由于技术力量和经费投入上的差距，各地发展并不一致，今后我国将在此方面加强人才和基础设施建设，以满足疫情监测和预警工作的需求。

3. 羊疫病防控技术研究将逐步得到重视

由于我国养羊业尤其是绒毛用羊多分布在边远、自然条件差、经济欠发达的地区，导致羊疫病相关的基础研究及防控技术研究相对落后，从事羊疫病防控研究的兽医工作者人数少，技术水平和设施设备条件滞后，疫病防控水平较低。随着科技的进步和养羊业的发展，养羊业从牧区转向农区和经济发达地区，规模化养殖逐渐增多，这种转变在疫病传播风险增加的同时也引起人们对羊病防控相关技术研究的重视。因此，羊疫病防控相关的基础和应用技术研究将逐渐得到支持，急需开展研究的方向应该是：①羊疫病疫苗的研制和产业化生产工艺技术的改进；②羊疫病诊断试剂尤其是可区别感染和免疫的诊断试剂研制；③羊疫病综合防控技术的集成与示范研究。在做好以上三个方面研究的同时，同时应加强培训，提高养殖者和兽医服务从业人员的业务水平。

4. 不同或同一产业体系岗位联合攻关的格局正在形成并将逐步完善

国家现代农业产业体系共涉及 50 个农产品，其中涉及畜牧业的体系有 9 个，分别是生猪、奶牛、肉牛、肉羊、绒毛羊、肉鸡、蛋鸡、水禽、兔产业技术体系，其中岗位设置遗传育种、繁殖、饲料营养、疫病防控、环境控制、畜产品加工流通、产品质量检测等研究性岗位。对同一个产业体系来说，不同的岗位相互联合才能解决生产中的实际问题。疫病防控工作不仅仅由疫病防控岗位单独完成，疫病传播与养殖环境控制关系密切，环境控制岗位在进行动物圈舍设计时应充分考虑疫病控制，只有两者互相配合，才能降低疫病的传播和流行。其次，产品质量检测应首先考虑动物产品的生物安全，如果生物安全不达标，这种产品即不合格。除了同一个体系内不同岗位的联合外，不同体系的疫病防控岗位也应联合开展工作，如口蹄疫可感染猪、牛、羊等所有的偶蹄动物，且不同物种之间可交叉传播，只有对同一区域的所有动物进行防控，才能达到疫病控制的要求和目标，最终实现无疫区建设。如果不同产业技术体系单独开展疫病防控，无疫区或生物安全隔离区建设将很难实现。目前，很多从事产业体系的科研人员已经认识到这点，开始了这种横向和纵向的联合工作，这种联合应该进一步加强和提倡。

三、绒毛质量管理政策

从绒毛质量监管情况来看，我国绒毛质量检验监管既是行业管理，又是行政执法范畴。我国绒毛质量监督管理是由中国纤维检验局负责的，绒毛质量国家标准是由该部门负责制定和组织修订。

（一）制定强制性绵羊毛质量标准

我国最早的绵羊毛国家标准是 1957 年制定的羊毛采购标准，1976 年国家标准局重新修订后在全国试行。该标准按照毛丛长度、油汗和品质特征将羊毛简单划分成特等、一等、二等、改良一等、改良二等，收购时人为确定各档的品质比差（即质量差价），收购羊毛按污毛量计价，以"手抖净货"为标准[26]。1993 年 4 月国家质量技术监督局发布由中国纤维检验局、农业部、商业部、纺织工业部和国家物价局共同提出的绵羊毛国家标准（GB 1523—1993），与 1976 年颁布的标准相比，这次的标准做了很大的改进：一是该标准将羊毛分为细羊毛（特等、一等、二等）、半细羊毛（特等、一等、二等）和改良毛（一等、二等）共 8 个等级，增加了特等、一等细羊毛和半细羊毛的档次，突出了优质羊毛的地位，有利于推行优毛优价；二是取消了原羊毛等级间的品质比差，这样可以充分利用市场机制决定各等级羊毛的价格、调节供需平衡，该标准的实施对发展和保护我国羊毛生产和贸易起了很大的作用。随着羊毛生产的不断发展，1993 的绵羊毛标准再次落伍，这个标准是以羊毛的长度为主要指标，而毛纺厂对羊毛的使用却需要工业标准，即以羊毛的细度为主要指标，这就增加了毛纺工业使用国毛的成本。我国加入 WTO 以后，国内羊毛市场要与国际惯例接轨，就必须对绵羊毛国家标准进行修改。2002 年 11 月 12~15 日由国家质量监督检疫总局立项，中国纤维检验局牵头，中国毛纺织行业协会、全国供销合作总社、国家质量检验检疫总局检验监管司、南京羊毛市场、江苏阳光毛纺集团、上海申一毛条有限公司、无锡协新集团有限公司、江苏省纤维检验局、新疆纤维检验局等召开了绵羊毛国家标准第一次修订会议。会议经研讨商定对国家标准的修改将分阶段进行：第一阶段确定修改原则，成立修改小组并制定出修订方案；第二阶段对修订的新方案进行论证试验；第三阶段将修订方案在行业内征求意见，最后审定报批。2005 年 9 月召开第 2 次会议，对技术要求、检验方法和检验规则继续修改，争取制订出能与国际标准相衔接的，并

---

[26]　绵羊毛的分类与等级规格，内蒙古畜牧科学，1974（2）。

能为绵羊毛生产者、管理者、使用者接受的标准。目前现行标准为 GB 1523—2013《绵羊毛》。

(二) 制定强制性山羊绒质量标准

我国山羊绒标准制定起步较晚，1992 年才制定了首个国家级羊绒质量标准 (GB/T 13830—1992)，山羊原绒按照含绒率、手扯长度作为考核指标，以最低者定等，品质特征作为参考指标。由于国内各行业监测标准和方法不同，造成检测数据差异较大。中国纤维检验局将其修订为强制性标准并于 2000 年发布实施 (GB 18267—2000《山羊绒》)。这次修订将平均直径、手扯长度作为考核指标，山羊原绒按特细型 ($<14.5\mu m$)、细型 ($14.5 \sim 16.0\mu m$) 和粗型 ($>16.0\mu m$) 进行分档，且依据长度的不同将特细型分为 2 个等级、细型分为 4 个等级、粗型分为 2 个等级。这在引导育种、提高品质、增强市场竞争力等方面具有重要的指导意义。该标准中将原绒净绒率作为计算依据，避免了因环境因素及掺杂使假等行为造成的山羊绒含量的不真实，为保护我国珍贵的山羊绒资源、维护公平交易起到了重要作用。随着畜牧业的发展变化和工业加工技术的提高，山羊绒的品质对产品风格的影响越来越突出，为保护山羊绒资源，适应山羊绒的生产、交易、加工、质量监督和进出口的需要，维护生产者、经营者、使用者各方利益，根据国家标委会任务计划 (20020451 - Q - 424)，中国纤维检验局牵头，由农业部、中国畜产品流通协会、内蒙古鄂尔多斯羊绒集团有限公司、内蒙古鹿王羊绒集团有限公司、北京雪莲羊绒股份有限公司、北京市东方叶杨纺织有限公司、北京出入境检验检疫局、内蒙古自治区纤维检验局组成修订小组，对 GB 18267—2000《山羊绒》进行了修订，2010 年 8 月已经完成标准审定。目前修改标准的最后方案尚未发布。

(三) 绒毛质量监督管理体系建设

我国的绒毛质量监督管理归属于国家质量技术监督局下设的中国纤维检验局及其认可的各级专业纤维检验机构。近年来，各绒毛主产区也都建立了相应的专业检验机构。从 1979 年起，中国纤维检验局就着手净毛计价的试点工作，并推行羊毛售前公证检验制度。但由于广大农牧民的绵羊饲养规模小，所生产羊毛的批量小，加上基层羊毛收购单位缺少检验设备，给收购阶段推行按净毛计价带来一定的困难。为了进一步搞活羊毛的流通，加强羊毛市场管理，认真执行绵羊毛国家标准，打击羊毛经营中的掺杂使假、哄抬价格、非法倒买等违法活动，保护农（牧）民、商业和加工企业三方面的合法利益，1987 年 5 月经国家计委、国家经委与农牧渔业部、纺织工业部、商业部、国家工商行政管理局、国家标准局共同研究，制定了《绵羊毛市场管理暂行办法》，该办法要求各级工商行政管理部门和专业纤维检验部门或由以上部门委托的单位，必须对进入流通领域的绵羊毛加强质量监督和管理。该办法还强调了绵羊毛国家标准是羊毛在流通中唯一的质量标准，同时还指出要加快绵羊毛按净毛计价试点工作，取得经验后，在全国范围推行。1993 年 4 月国家技术监督局、国家经贸委、国家计委、农业部、纺织工业部和商业部联合发布第一部《羊毛质量监督管理办法》。该办法规定，羊毛交易双方必须严格执行羊毛国家标准中有关分类分等、保证质量和净毛计价的规定；批量交易的，一律按净毛计价；禁止在羊毛中掺杂使假和其他有损羊毛质量的行为；凡进行羊毛批量交易的，实行公证检验制度，中国纤维检验局认可的专业纤维检验机构负责公证检验，出具的检验证书作为交易双方结价、索赔的质量凭证；羊毛交易的卖方应当将用于交易的羊毛按国家标准分类、分等、分级，机械打包，注明产地、类别、等级、批号、包号，并在售前向当地专业纤维检验机构申请公证检验。2003 年 6 月国家质量监督检验检疫总局出台了《毛绒纤维质量监督管理办法》，代替了《羊毛质量监督管理办法》，该管理办法规定实行毛绒纤维质量公证检验制度，即专业纤维检验机构按照国家标准和技术规范，对毛绒纤维的质量、数量进行检验并出具公证检验证书。同时该办法还规定了毛绒纤维经营者收购毛绒纤维及从事毛绒纤维加工活动时应尽的质量义务及违反相应规定所受的处罚。该管理办法的实施，加强了毛绒纤维质量监督管理，明确了质量责任，保护了毛绒纤维资源。

四、草原生态保护工程建设

我国是草原资源大国，有各类草原近 4 亿公顷，约占国土面积的 41.7%，草原是从事绒毛用羊养殖的重要自然资源。随着改革的深化和市场经济的发展，对土地的不合理的开发利用、超载过牧等加剧了草原生态系统的恶化，羊以其独特的生物学特性成为草原上与环境作用最为剧烈的畜种。

国家高度重视草原生态保护问题，出台了较多的法律法规文件。1982 年颁布实施《草原法》《草原防火条例》，强调依法加强草原建设、保护和管理。1987 年，国务院召开牧区工作会议进一步强调保护和建设草原，发展草业，逐步做到草畜平衡发展。1996 年通过的《中华人民共和国国民经济和社会发展"九五"计划和 2010 年远景目标纲要》明确提出加强草原建设，加快建设畜产品基地，促进畜牧业发展，并把依法保护和合理开发利用草原列为国土资源保护的重要内容。1999 年 1 月通过的《全国生态环境建设规划》，把草原区列入全国生态环境建设的重点地区。从 2000 年开始我国政府根据全国草原荒漠化趋势不断扩大的实际情况，组织实施了天然草原退牧还草、京津风沙源草地治理、西南岩溶地区石漠化草地治理等重大草原生态保护工程项目。2002 年 12 月中央正式批准了西部 11 个省份实施退牧还草政策，补助标准为：蒙甘宁西部荒漠草原，内蒙古东部退化草原，新疆北部退化草原按全年禁牧每亩每年补助饲料粮 5.5kg，季节性休牧按休牧 3 个月计算，每亩每年补助饲料粮 1.37kg，青藏高原东部江河源草原按此标准减半；饲料粮补助期限为 5 年。草原围栏建设按 16.5 元/亩计算，中央补助 70%，地方和个人承担 30%，不足部分由地方和个人筹资解决。

自 2008 年起，国家针对草原政策缺失和投入严重不足的实际情况，开展草原生态补偿机制问题研究，在部分地区开展草原生态补偿试点，在总结各地开展草原保护建设和发展现代草原畜牧业的经验基础上，提出促进牧区又好又快发展的一揽子政策建议，2011 年 9 月国家发展和改革委员会同农业部、财政部联合印发《关于完善退牧还草政策的意见》（简称《意见》）。《意见》提出，国家在内蒙古、新疆、西藏、青海、四川、甘肃、宁夏和云南 8 个主要草原牧区省（自治区）和新疆生产建设兵团投入中央财政资金 136 亿元，全面建立草原生态保护补助奖励机制。2012 年，补贴范围和补贴资金进一步扩大，补贴实施范围扩大到 13 个省（自治区），覆盖全部牧区半牧区县，补贴资金也提高到 150 亿元。草原生态保护补助奖励机制的主要内容包括：一是实施禁牧补助，对生存环境非常恶劣、草场严重退化、不宜放牧的草原，实行禁牧封育，中央财政按照每亩每年 6 元的测算标准对牧民给予禁牧补助，初步确定 5 年为一个补助周期；二是实施草畜平衡奖励，对禁牧区域以外的可利用草原，在核定合理载畜量的基础上，中央财政对未超载的牧民按照每亩每年 1.5 元的测算标准给予草畜平衡奖励；三是给予牧民生产性补贴，如牧草良种补贴（每年每亩 10 元）和每户牧民每年 500 元的生产资料综合补贴等。

五、市场流通政策

改革开放前绒毛产品由国家垄断经营。1957 年 3 月 19 日国务院发出《关于 1957 年预购主要农产品的批示》，规定对羊毛产品实行预购。1959 年以后，国家把羊毛列为二类物资实行指令性派购，国家主要委托供销社系统从农牧民、人民公社、生产队以及国有农场和国有种畜场将羊毛收购起来。基层供销社将分散的羊毛收上后，打成软包送到县供销社，再由后者将羊毛分拣后重新打成硬包，按国家分配计划发送到指定的国有用毛厂家。省级供销社一般负责全省的收购计划与调拨，保持与国家计划部门和外省羊毛用户的联系。国家对羊毛实行的这种"指令性派购"政策，收购价格与销售价格全部由国家制定，羊毛购销体制内部环节多、购销差价大，严重影响了广大农牧民和毛纺企业的利益。

改革开放以来，我国市场流通体制改革经历了"计划经济为主、市场调节为辅""有计划的商品经济""社会主义市场经济"三个阶段，绒毛市场流通体系也逐渐建立起来。改革开放初期，国家逐步恢复、发展农村集市贸易，调整和改革农副产品的购销体制，并对产品价格进行了调整和改革。从 1985 年开始，国家取消了对各羊毛主产区的指令性派购任务，实行国产羊毛放开经营，并开始探索发展批发市场。1986 年 4 月国家经贸委发出《关于改进羊毛和毛纺织品生产流通问题的通知》，要求"羊毛收购要坚持多渠道、少环节。对新疆、内蒙古、青海、甘肃四个主产区的羊毛实行'自产、自用、自销'"。由于当时市场管理跟不上，缺少相应的配套法规、政策与措施，因此爆发了持续 4 年之久的"羊毛大战"。1991 年国家计委针对羊毛大量积压，羊毛收购价格大幅度下跌情况，给羊毛主产区省份供销社一笔羊毛周转金，解决了部分羊毛收购资金和"打白条"的问题。经过这一系列的措施，1992年各主区省份都相继宣布放开羊毛经营，羊毛市场的开放程度越来越高。

1992年提出建立社会主义市场经济体制的目标后，我国商品市场发展迅速，商品价格逐步实现了政府定价体制向市场价格体制转轨。绒毛流通市场是连接生产者和毛纺加工企业的纽带，国毛放开经营后，我国形成了以广大农牧民和国有农场、小商贩、供销社或龙头企业、作为买家的毛纺企业为主体的交易市场。由于农牧民个体分散，没有建立起统一的销售合作组织，羊毛、羊绒经营收购者以小商贩为主，经营规模小、专业化程度比较低。作为买家的毛纺企业经常采用工牧直销的方式参与绒毛交易，毛纺企业直接从国有农场或农场的"核心群"收购绒毛。

借鉴澳大利亚等国家先进经验，我国也积极探索实践羊毛拍卖交易方式，推行建立经纪人组织，如羊毛生产者协会、羊毛专业拍卖市场等；制定拍卖羊毛等级技术标准；建立健全完善羊毛拍卖相关各项制度，制定羊毛拍卖交易条款，建立了羊毛质量索赔机制；在牧区重点提高羊毛质量，并对牧区技术人员进行培训，组织生产企业的技术人员到牧区开展羊毛分级员的培训，加强对羊毛售前规范化管理。羊毛拍卖交易形式实行羊毛客观检验和按净毛计价的现代化市场管理，体现优毛优价，可以引导农牧民提高羊毛质量；减少中间环节和费用，让利给农牧民和毛纺企业；对指导羊毛生产结构的调整，也产生了积极的影响。1992年我国建立了南京羊毛市场，通过吸取国外先进流通经验，结合多年工作实践，南京羊毛市场制定了一系列羊毛拍卖市场交易条款和竞买办法，推行净毛计价，优毛优价，公开公平竞价交易，同时还建立羊毛交易前抽样检测制度，把好羊毛质量关，以维护优质品牌国毛和市场的信誉。南京羊毛市场还充分利用自身的信息平台，开展了多项有利于毛纺原料流通的活动，已连续成功举办了21届国际羊毛交易信息交流会。市场还分别与澳大利亚羊毛创新公司（AWI）、澳大利亚羊毛交易所（AWEX）、澳大利亚羊毛检测局（AWTA）、新西兰羊毛局、乌拉圭羊毛秘书处、英国羊毛局、美国羊毛协会等全球各主要羊毛生产国的羊毛管理机构，以及澳大利亚联邦科学院、澳大利亚联邦大学（原巴拉瑞特大学）、科廷理工大学等教育科研机构长期开展各种交流活动。此外，南京羊毛市场还多次接待羊毛、驼毛、马海毛生产者，帮助他们沟通市场信息，充分利用市场迅捷、发达的信息平台功能，为中外业界的合作交流架起桥梁。江苏张家港羊毛交易市场也是我国较为知名的羊毛交易市场，该市场实行有偿服务（包括提供场地、组织交易、代办运输、仓储、检验、结算及咨询等），但并不以盈利为目的。张家港羊毛交易市场也已经多次组织国毛和进口羊毛的拍卖活动，对于建立健全正常的国产羊毛流通秩序、改革羊毛销售方式、促进工牧结合等方面发挥了重要的作用。近年来，随着国毛质量的下降以及企业直接进口羊毛数量的增加，张家港羊毛交易市场和南京羊毛市场的羊毛拍卖活动次数均明显减少，转而向市场提供价格和信息指导服务为主。

六、绒毛贸易政策

（一）绒毛进口政策

我国羊毛业在家庭联产承包责任制实施以后得到了很大发展，但羊毛生产量的增长却远远落后于毛纺织业的发展速度。毛纺行业对细羊毛特别是超细羊毛的需求逐渐增加，但是国内羊毛的品质远不能满足精纺工业的要求，导致出现供需结构不平衡，羊毛成了我国供需缺口最大的畜产品，我国成为了世界上最大的羊毛进口国，纺织用毛大部分依靠进口。出于对国内羊毛产业的保护，我国对羊毛和毛条采取限制进口政策，主要使用关税配额制进行管理。羊毛、毛条的进口税目、税则号列及适用税率每年由商务部负责公布。羊毛、毛条实施进口指定公司经营，进口经营按原外经贸部《货物进口指定经营管理办法》的有关规定执行。2003 年我国羊毛进口关税配额总量为 27.575 万 t，其中加工贸易 9.5 万 t；毛条进口关税配额总量为 7.625 万 t，其中加工贸易 3.4 万 t。2004—2012 年我国羊毛进口关税配额量每年均为 28.7 万 t，毛条进口关税配额量每年均为 8 万 t。配额数量内羊毛的进口关税税率为 1%，毛条进口关税税率为 3%，而配额之外的羊毛进口执行 38% 的税率。对于个别国家，按照双方达成的自由贸易协定执行。例如，2008 年 10 月 1 日中国新西兰达成的自由贸易协定正式实施，中方给予新西兰羊毛、毛条进口优惠政策：中方 2009—2017 年对应的配额数量范围内，给予新方原产羊毛、毛条进口零关税待遇。中方 2009 年给予新西兰羊毛进口配额数量为 2.50 万 t，到 2017 年上升到 3.693 6 万 t，毛条进口配额数量在2009 年为 450t，到 2017 年上升到 665t。

（二）绒毛出口政策

出口退税政策是国际贸易中对出口货物退还国内生产、流通环节已经缴纳的商品税的一种政策，也是我国绒毛用羊产业中最重要的出口政策。实施出口退税政策有助于出口国降低出口产品的成本，增强出口产品竞争力，出口退税政策还避免了商品跨国流通的重复征税，促进全球范围的商品自由流动和资源优化配置。1994 年 1 月 1日开始施行的《中华人民共和国增值税暂行条例》规定，纳税人出口商品的增值税税率为零，对于出口商品，不但在出口环节不征税，而且税务机关还要退还该商品在国内生产、流通环节已负担的税款，使出口商品以不含税的价格进入国际市场以便增强出口产品竞争力。2004 年 1 月 1 日起，国家出口退税政策作出重大调整，山羊绒（无毛绒）出口退税率由 13% 降为零，这有利于提高无毛绒出口单价，遏制不法企业套取退税，鼓励高附加值羊绒制品出口，限制羊绒资源性出口，缓解了山羊绒资源性出口与企业产成品出口之间的矛盾，使羊绒精深加工企业在原料方面取得优势，提高了羊绒精深加工企业在国际纺织市场上的竞争力。2007 年国家开始减免包括羊毛等出口农产品和纺织服装产品的出入境检验检疫费。2008 年开始我国纺织品的出口退税率不断提高，从 2009 年 4 月 1 日起，出口退税率提高到 16％，这说明了国家对纺织品出口企业的扶持，在一定程度上增加了绒毛产品的出口机会，为其提供更大的市场发展空间。

第二节　绒毛用羊产业政策存在的主要问题

近年来，绒毛用羊产业的财政投入力度逐年增加，技术研发、养殖与生产、草原生态保护补助奖励机制等产业政策的实施有助于稳定生产者信心，对绒毛产业发展具有一定的促进作用。但是总体看来，我国绒毛用羊产业政策往往是以国家农业支持政策出台为背景，以畜牧业管理法律法规为基础而实施的，从产业角度出发，相关政策缺乏系统性和针对性。随着草原生态环境约束的日益加大，现行产业政策在实施过程中也涌现出不少问题。

一、种公羊补贴政策覆盖范围小、补贴水平低

虽然为了解决绒毛用羊良种问题，政府不断加大对良种的保护和补贴力度，但是目前实行的种公羊补贴政策力度仍然非常小。表 6-1 对我国种公羊良种补贴政策实施情况进行了简单的总结对比。

表 6-1　2009—2012 年种公羊良种补贴政策情况对比

年份	补贴数量	补贴标准	补贴范围	项目县标准	补贴对象
2009	绵羊种公羊 7.5 万只	800 元/只	内蒙古、新疆、青海、河北、甘肃、黑龙江、吉林、宁夏、西藏	能繁母羊存栏 10 万只以上的县（市）	存栏能繁母羊 30 只以上的养殖户
2010	绵羊种公羊 7.5 万只	800 元/只	内蒙古、新疆、青海、河北、甘肃、黑龙江、吉林、宁夏、西藏	能繁母羊存栏 10 万只以上的县（市）	存栏能繁母羊 30 只以上的养殖户
2011	绵羊、山羊种公羊共计 16.25 万只	800 元/只	内蒙古、四川、云南、西藏、甘肃、青海、宁夏、新疆	能繁母羊存栏 5 万只以上的县（市）	存栏能繁母羊 30 只以上的养殖户
2012	绵羊、山羊种公羊共计 24.7 万只	800 元/只	内蒙古、四川、云南、西藏、甘肃、青海、宁夏、新疆、辽宁、安徽、山东、河南、湖北、湖南、广西、贵州	能繁母羊存栏 2 万只以上的县（市）	存栏能繁母羊 30 只以上的养殖户

资料来源：根据农业部 2009—2012 年畜牧良种补贴实施方案整理。

从补贴品种看，国家 2009 年起才将绵羊纳入畜牧良种补贴范围，山羊 2011 年才被纳入补贴范围，一般由各省省级畜牧部门负责组织专家对种羊场进行评定，对种公羊进行鉴定，目前各省通过鉴定的种公羊良种大多属于肉羊品种；从补贴标准看，自种公羊良种补贴政策开始实施以来，补贴标准就一直是 800 元/只，该标准远低于现在优质种公羊的 4 000～5 000 元的市场价格，而无论良种种公羊性能差别，采用相同的补贴标准也是不科学的，这严重制约了农牧户购买品种优秀但价格高昂的种公羊的积极性；从补贴范围看，该政策实施之初，仅在主要牧区省份实施，2012 年扩大到 16 个省份，但尚未实现全国覆盖；从补贴对象看，只有在项目县内存栏能繁母羊 30 只以上的养殖户购买良种公羊时才给予补贴，虽然项目县标准有所降低，但是不在项目区内或是能繁母羊存栏数量不足 30 只时购买种公羊依然不能获得补贴。

2012 年国家绒毛用羊产业体系产业经济研究团队在新疆、内蒙古、云南、山西、吉林、辽宁等地调研时了解到由于良种政策普及面小，能够得到该项补贴的养殖户非常少。部分畜牧主管部门和农牧户亦反映，自从实行种公羊良种补贴政策以来，纳入补贴范围的种公羊品种售价均有所上升，致使补贴政策的惠农效果有所降低。

二、畜牧养殖机械购置补贴政策对绒毛用羊养殖机械化水平提高作用不显著

畜牧业机械化是畜牧业现代化的重要标志。畜牧业机械化在绒毛用羊养殖过程中主要表现在牧草的割、搂、捆、运，剪羊毛、药浴、清理羊圈、草场建设和高产饲草料地的耕整地、播种、收获和灌溉及田间管理等方面。国家畜牧养殖机械购置补贴政策，目的是引导农牧民和畜牧业生产服务组织购置先进适用的畜牧业机械，提高畜牧业生产及加工整体装备水平。但是从近年来国家绒毛用羊产业技术体系产业经济团队在内蒙古、新疆等绒毛主产区的调研情况看，养殖户清理圈舍仍然使用铁锨、剪毛主要使用剪子等传统方式，调研地区的养殖户均没有购置清圈机械、药浴设备、剪毛机等养殖机械，绒毛用羊养殖机械化水平较低。畜牧养殖机械购置补贴政策的实施目前尚未大幅度提升我国绒毛用羊养殖机械化水平。这主要是有以下原因造成的：一是绒毛用羊养殖机械的购置补贴政策实施时间较短，政策宣传不到位，我国虽然 2004 年就开始实施农机购置补贴政策，但是畜牧饲养机械、畜产品采集加工机械设备 2010 年才开始纳入补贴范围，地处偏远的农牧民对农机购置补贴政策的意义、程序、机具种类不了解；二是纳入农机购置补贴目录的适合绒毛用羊养殖机械产品和企业数目并不多，补贴机械以大中型农机具为主，超越了收入偏低的农牧民的购买能力；三是部分农机企业售后服务、维修不到位，影响了农机作业效率和质量，也降低了农牧民的购买积极性。

三、草原生态保护政策增加了农牧户的养殖成本和管理难度

为了遏制伴随经济社会快速发展出现的生态环境恶化问题，我国已经实施基本草地保护制度，推行划区轮牧、休牧和禁牧制度，而且范围和强度不断扩大。禁牧对保护和改善生态环境，促进羊产业生产方式的改变产生了巨大的影响，随之而来的草畜矛盾也日益突出。

我国牧区和半牧区传统放牧时养羊所需饲料大部分依赖于羊的自由采食。禁牧等草原生态保护政策实施后，原来养羊可以免费使用的公用草原变为有偿使用饲草饲料，还需要投入大量资金修建圈舍，每年还需要进行相应的维护，人工成本亦会相应增加，而且禁牧导致的饲草料供需矛盾也会导致饲料价格上升，种种因素直接导致农牧民养羊成本升高。根据国家绒毛用羊产业技术体系产业经济研究团队 2012 年度调研情况，以户均养羊 50 只规模测算，棚圈建设一次性投入大约需要 20 000 元，按照现行政策，中央投资补助为 3 000 元，仅占棚圈投入 15%，如果考虑到未来圈舍的维修建设费用这一比例还要继续降低；完全舍饲养殖一只能繁母羊饲料费用大约是 500元/年，按照平均载畜量 30 亩/羊，禁牧补贴只有 180 元，大约占所耗费饲草料费用的 36%，如果再考虑人工费用、饲草料价格上升等因素，这一补贴标准所占的比例将会进一步降低；采取舍饲圈养需要一次性投入较多的资金用于基础设施建设和饲草料准备，就目前我国农牧民的收入水平而言，绝大多数农牧民难以承担。

舍饲养羊所需饲草料全靠养殖户人工提供，这不仅需要充足的饲料来源，还需要掌握饲料加工技术，满足养羊的需求。饲草料长期有效供给直接制约养羊业的发展，增加了农牧民的生产经营风险。舍饲管理技术难度远远高于传统的放牧管理技术。很多养羊户由于不懂舍饲技术，禁牧后只是简单地把羊圈在院里或圈里，沿用传统补饲的方法，不注意合理搭配，使得饲料营养不均衡，羊实际摄取的营养不能满足其生长发育的需要，导致羊产品质量下降，经济效益低。

四、部分地区禁牧政策不够合理，浪费饲草资源

禁牧等草原生态保护政策的实行带来了环境效益，但降低了农牧户的养殖效益，国家应该予以农牧户相应的补偿。我国禁牧政策已经在全国 27 个省、自治区、直辖市实行，但我国推行的草原生态保护补助奖励机制目前仅在 13 个省（自治区）实行，而且部分省份的实施方案尚停留在制定阶段，当地的农牧户还未领到相关补贴。从绒毛用羊产业技术体系产业经济团队的调研结果看，部分地区已经开始实行严格的全年全禁政策，但是对养殖户却没有任何补偿措施，随着 2012 年绒毛价格大幅度的下降，部分养殖户已经无力承担日益增加的成本压力，被迫退出绒毛用羊养殖。

我国部分地区禁牧政策中的时间限制也不够合理。目前，我国有部分地区采取全年全禁牧政策，还有部分地区采取季节性禁牧政策，每年设定一段时间禁牧，如内蒙古乌审旗将每年 4 月 1 日至 6 月 30 日定为禁牧时间。从绒毛用羊产业技术体系产业经济团队的在内蒙古、吉林、辽宁等地的调研情况看，由于近年来雨水较为充沛，牧草长势较好，每年春季牧草发芽返青季节禁牧，牧草生长量可提高 2～3 倍，但是进入夏季，草长到 40cm 以上后，羊只正常采食对草场产量不仅没负面影响，而且其排泄物还可以给草地增加肥力，增加草地产草量；如果牧草生长旺盛，不予以使用，反倒会影响下一年牧草产量。部分地区在禁牧政策执行过程中，较长的禁牧时间也产生了饲草资源浪费。

五、质量标准体系建设滞后影响绒毛纤维质量技术监督水平

羊毛、羊绒是毛纺工业的重要原料，特别是山羊绒，其原料及其产品是我国出口的优势资源。要提高国产绒毛竞争力，必须要有国际认可的标准。我国加入世贸组织已经多年，但是绵羊毛和山羊绒的质量标准仍然使用 1993 年和 2000 年制定的质量标准。以山羊绒标准为例，我国目前实行的 2000 年发布的 GB 18267—2000，该标准中认定山羊绒中直径在 $25\mu m$ 及以下的属于绒纤维，而直径大于 $25\mu m$ 属于粗毛，但另一部关于特种动物纤维与绵羊毛混合物含量的测定的标准（GB/T 16988—1998）却把山羊绒毛的分界直径规定为 $30\mu m$，标准之间存在一定的矛盾。我国绒毛生产技术水平落后，羊毛直接收购者以小经销商为主，滞后于现实的质量技术标准在国家层面没有执行和监管标准执行的行政或经济支持，造成污毛计价、无序竞争、掺杂掺假等现象时有出现，不执行国家标准混等混级打包、储存、销售的现象比较普遍。我国2002 年起就开始修订绒毛质量标准，直至 2014 年才正式颁布实施《绵羊毛》（GB 1523—2013）。

裘皮等级评价标准的缺失影响了保种的效果，资料表明，目前 7 个裘皮用羊品种中仅滩羊和中卫山羊有国家标准可依，贵德黑裘皮羊、岷县黑裘皮羊有地方标准可依，而其余 3 个品种则无标准可依。

六、绒毛用羊产业政策的认知度较低，影响政策执行效果

国家惠农政策的实施是我国经济发展的结果，相关产业政策的实施是为了提高牧民的生产积极性，促进绒毛用羊产业的发展。通过国家绒毛用羊产业技术体系产业经济团队近年来对新疆、内蒙古、云南、山西、吉林、辽宁等绒毛主产区农牧民问卷调研结果分析，农牧民对目前实施的各项补贴政策的认知度依然较低。参与调研的农牧户中，近一半不知道任何与绒毛用羊养殖有关的扶持政策（表 6-2）。

表 6-2　农牧民对绒毛用羊产业扶持政策的认知程度（％）

项目	不知道绒毛用羊产业扶持政策
全部养殖户	49.62
细毛羊	40.67
半细毛羊	40.00
绒山羊	63.87

数据来源：2012 年内蒙古、新疆、山西、吉林、辽宁、云南等地农牧户调查问卷。

通过访谈，我们发现农牧户对各项政策认知度偏低主要由以下原因造成：一是绒毛产业政策大多覆盖范围较小，部分被调研地区不在政策覆盖范围之内，导致农牧户对相关政策一无所知；二是当地政府对政策宣传力度不够，由于大部分政策覆盖面窄，部分地区的大部分农牧户没有获得补贴的资格，导致当地政府对政策宣传、执行不积极，农牧户无法获得相关信息；三是部分农牧户地处偏远，语言沟通等也存在一定难度，对相关政策不理解，还有的农牧户由于文化素质偏低，即使获得相关扶持资金，也不清楚自己获得了何种扶持，从而导致政策认知度较低。

第三节　绒毛用羊产业政策发展趋势

我国绒毛用羊的产业政策是在国家农业支持政策的框架内，根据畜牧业管理法律法规为基础实施的。改革开放伊始，我国就提出了开放牲畜市场，坚持收购畜产品的畜牧业发展政策。1987 年又提出了牧区实行以牧为主、草业先行、多种经营、全面发展的方针及保护和建设草原，逐步做到草畜平衡发展的对策。2011 年《全国畜牧业第十二个五年规划（2011—2015 年）》则提出了畜牧业要向资源节约型、技术密集型和环境友好型转变。随着畜牧业发展方式的转变，我国绒毛用羊产业政策主要体现出以下趋势：

一、产业政策的财政投入力度将不断加大

我国绒毛用羊产业广泛分布在新疆、内蒙古、西藏等少数民族聚居地区，绒毛用羊产业不仅要提供绒毛产品，还肩负着促进农牧民增收和稳定社会发展的双重任务。近年来，我国绒毛用羊产业面临的国内外环境发生了很大的变化。从国内方面看，随着工业化和城镇化的发展，资源、环境约束对绒毛用羊养殖的制约作用日益突出；从国际方面看，澳大利亚、新西兰等国家的羊毛进口量巨大，对国内绒毛生产产生了极大的影响，同时农产品贸易自由化的国际潮流又将我国以农牧户为主体的绒毛生产经营的市场风险扩大。但是我国绒毛用羊产业还处于不断向前发展的阶段，产业发展起点低、现代化水平程度不高。借鉴国外绒毛主产国及发达国家保护的实践，对弱势产

业进行保护是成功实现产业现代化的基本经验。随着国家惠农支农政策力度的加大，绒毛用羊产业政策的财政支持力度也将不断加大。

二、产业政策的制定将日益重视草原生态环境保护

草原资源是我国国民经济发展的重要物质基础，草原牧区省份提供了我国 80% 以上的羊毛和羊绒。根据《全国畜牧业发展第十二个五年规划（2011—2015 年)》的草原生态发展目标，2015 年，我国将初步实现草畜平衡，草原围栏面积达到 18 亿亩，40% 可利用草原实行禁牧休牧和划区轮牧，牲畜超载率降低 10 个百分点以上。在这一目标的要求下，我国绒毛用羊产业政策必须遵循草原生态环境保护这一重要前提，因此相关技术研发、生产养殖等产业政策将更加重视绒毛用羊产业和草原生态环境的协调、可持续发展。

三、产业政策的选择将日益遵循市场导向和国际贸易规则

我国绒毛用羊产业自 20 世纪 80 年代开始，经历了"计划经济为主、市场调节为辅""有计划的商品经济""社会主义市场经济"三个阶段。随着社会主义市场经济体制的建立与完善，羊毛市场的开放程度也越来越高。绒毛用羊相关产业政策的选择将更加注重发挥市场机制在资源配置中的基础性调节作用。进入新世纪，我国加入了世界贸易组织，我国在农业补贴政策的制定上必须要符合世界贸易组织的规则要求。就绒毛用羊产业政策而言，免于减让的技术研发、生态环境保护等"绿箱政策"将作为支持的主要手段，而价格支持、进出口限制等"黄箱政策"则需要用好用足。

四、产业政策的内容将日益关注保护生产者的利益

2004 年以来，中央每年的"1 号文件"全部事关"农业、农村、农民"问题，还出台了一系列惠农支农政策。政策性补贴由流通环节转向生产环节，对农民直接补贴逐步成为支持农业的重要方式。绒毛用羊产业政策中，良种补贴品种从绵羊扩大到山羊，实施范围不断扩大，已经惠及更多的农牧民；过去的草原生态保护建设主要侧重于围栏建设、植被恢复等，现行的草原生态保护补奖励政策则专门考虑草原封育后牧民生活问题，采取了多项直接针对农牧民的补贴政策，对农牧民的直接补贴项目、补贴力度持续增加。而且随着 2005 年牧业税全面取消，农牧民的负担也大幅减轻。由此可见，随着中国农业支持政策从补贴流通环节向生产环节、补贴消费者向生产者的全面转型，绒毛产业政策的内容也将日益关注生产者利益的保护。

第四节　绒毛用羊产业战略思考及对策建议

近年来，我国绒毛用羊产业发展的宏观环境有所恶化，国内羊肉价格居高不下，绒毛价格低迷；我国从澳大利亚、新西兰等羊毛进口量依然较为庞大，我国毛纺工业对国际市场依存度依然较高；绒毛用羊养殖与草原生态保护的矛盾日益显现。在我国现代畜牧业建设的关键时期，加快制定绒毛用羊产业发展战略，改革和完善现有产业政策意义重大。

一、绒毛用羊产业发展战略思考

我国是养羊大国，羊毛、羊绒产量位居世界第一，但是羊毛仍是我国供需缺口最大的畜产品，其产量和质量也直接影响着我国毛纺加工业的发展。目前，我国各级政府对于绒毛用羊的扶持政策较少，现有政策往往依托于国家总体的惠农政策执行，较少有针对性的产业政策。由于绒毛用羊养殖是我国北部、西部广大农牧民从事的主要产业之一，绒毛产业不仅要提供羊毛、羊绒等毛纺工业的原材料，还直接关系到农牧民的经济利益及边疆地区的社会经济稳定。在生态环境可持续发展的背景下，绒毛产业战略发展问题，应该统筹考虑，兼顾生态建设和经济发展两方面，因此在制订绒毛用羊产业发展战略时应注意以下三点：

第一，制定绒毛生产的长远规划，合理规划绒毛用羊养殖区域，细化细毛、半细毛、羊绒、毛（绒）肉兼用品种的发展比重。绒毛主产区政府应将绒毛用羊产业作为当地重点发展的产业纳入政府政策支持的范围内，将促进农牧民通过养殖绒毛用羊增加收入作为政府政策的目标，逐步实现绒毛生产按照市场需求生产、与环境协调适应的发展方式。

第二，加快转变绒毛用羊生产经营方式，实现草原资源的可持续利用和绒毛用羊产业的可持续发展。

第三，积极推动绒毛用羊产业链条延伸，从养殖、生产、流通与加工各个环节构建完整的政策支持体系，针对绒毛用羊产业各环节存在的具体问题，出台针对性政策措施，或者实施重点扶持项目。

二、完善我国绒毛用羊产业政策的对策建议

（一）实施绒毛用羊优良品种保护政策

绒毛用羊优良品种是我国绒毛产业发展的基础，我国细毛羊、半细毛羊优良品种是几代科研工作人员经历数十年辛勤努力培育的成果，历时长，人力、物力和财力耗费较多。由于肉羊养殖的冲击，"倒改"现象愈加严重，尤其是产毛性能好、产羔率

低的细毛羊品种受肉羊冲击最为明显，细毛羊倒改后，产羔率大幅提升，但是所产羊毛质量大幅下降，目前部分地区细毛羊优良品种已经面临品种消失的危机。为此建议实施绒毛优良品种保护政策，为绒毛用羊产业后续发展提供保障。首先，国家应当建设绒毛用羊优良品种的保护体系，将各地绒毛用羊的优良品种纳入保护体系之中；其次，合理规划绒毛用羊养殖区域布局，以综合试验站、种羊场等基层单位为主体实施保种补贴项目，按照种羊存栏数量、建设规模及科研实力等指标拨付保种经费，并鼓励各单位做好绒毛用羊核心群保护与扩繁工作；最后，加大资金投入鼓励各级繁育场（站）和周边农牧户开展联合经营等多种方式参与优质绒毛用羊核心种群保护工作。

（二）扩大种公羊补贴实施范围，提高良种补贴力度

培育与使用种用公羊是稳定羊毛、羊绒质量，避免品种退化的重要措施。2009年起我国新疆、内蒙古等8个牧区省份能繁母羊存栏30只以上的养殖户在购买良种公羊时给予800元/只的补贴，此后补贴范围逐年扩大，2012年则将辽宁、安徽、山东、河南、湖北、湖南、广西、贵州等省（自治区）也纳入补贴实施范围，补贴数量也逐年增加。但是补贴范围尚未实现全覆盖，而且800元/只的补贴标准远低于良种种公羊的市场价格。因此，建议继续扩大种用公羊补贴政策覆盖面，确保每个购置种用公羊的养殖户都能够得到补贴；其次还应该提高种用公羊的补贴标准，建议该补贴标准能够与种公羊的市场价格挂钩，如按照市场售价的30%～50%确定补贴水平，以提高养殖户购买优质种公羊的积极性；完善中央财政拨款与地方配套给付的机制，地方政府在财力充裕情况下，适当加大种用公羊补贴的配套力度。

（三）研究制定能繁母羊良种补贴政策

为了进一步调动养殖场（户）养殖积极性，促进养羊业健康发展，建议中央财政补贴资金并配套地方财政补贴资金对能繁母羊进行补贴。在补贴受益对象方面，应将所有繁育场（站）、规模养殖场（户）和小规模散养户均纳入补贴实施范围，实现全覆盖；在补贴品种方面，应当以绒毛用羊生产良种化为导向，对不同的绒毛用羊品种实施不同的补贴额度，即补贴标准与能繁母羊的品种挂钩，实现"优品优补"，以达到扩大良种使用范围的目的；在补贴标准方面，考虑目前肉羊养殖收益与绒毛用羊的收益差距，可以根据绒毛用羊能繁母羊在品种、生产性能等方面的差异，将良种能繁母羊补贴标准定在100～500元/只；在补贴资金筹集方面，可借鉴种公羊补贴的资金筹集方法，主要由中央财政承担，地方财政进行相应的配套出资。为此，还应做好实施地点与范围确定、能繁母羊存栏量调查核实和登记、能繁母羊品种鉴定和生产性能测定等方面的工作，然后在此基础上，从补贴申请程序、补贴资金发放、工作进度安排、相关保障措施等方面制定科学合理的政策实施方案，确保能繁母羊补贴政策的顺利开展和实施。

(四）适时出台绒毛支持价格政策，保护国内生产者利益

近年来，绒毛价格波动较大，尤其是 2012 年绒毛价格大幅下降，不仅给农牧户造成经济损失，更是降低农牧户绒毛生产积极性，也间接影响了下游加工产业的未来发展。因此尽快研究制定并适时出台绒毛价格支持措施，保护国内生产者降低损失，稳定绒毛产业发展。借鉴国内粮食最低收购价格政策和国外羊毛价格支持政策的经验，建议在政策操作方面采用差价补贴模式，即由政府部门根据绒毛生产成本和近年的市场价格制定合理的目标价格，如果当年市场价格高于目标价格，则养殖户按照市场价格销售羊毛（绒）；如果市场价格低于该目标价格时，政府亦不必花费较大财力全部收购并收储全部羊毛（绒），而是按照当前市场价格与目标价格的差价直接对养殖户进行补偿，从而保障养殖户的利益，维持养殖户生产积极性、防止绒毛产业萎缩。在制定绒毛差价补贴政策时，应注意将目标价格标准与绒毛质量挂钩，加大对优质绒毛的补贴力度，促进养殖户提高绒毛品质。

(五）加快建立健全绒毛流通市场及其配套机制

我国现行的羊毛、羊绒质量标准滞后，再加上固定、规范的绒毛交易场所匮乏，导致优毛优价的绒毛销售机制迟迟无法建立，严重损害了生产者、使用者的利益，因此建议加快绒毛流通市场建设，规范流通秩序，保障农牧户和毛纺加工企业的利益。首先，完善绒毛分类分级的国家标准，逐步建立绒毛"优质优价"的销售机制，协调加工企业与绒毛生产者之间的利益关系，实现"等级差价"收购，调动养殖户提高羊毛品质的积极性，促进养殖户增收。其次，推广机械剪毛、分级整理、检验打包等细羊毛现代化管理技术，提高羊毛、羊绒的等级质量。各地区可以根据产区羊群分布情况，加快标准剪毛棚、标准抓绒场所等基础设施建设，成立专业机械剪毛队，培育专业分级员队伍，促使绒毛专业分级员逐步具备质量监督的职能，并建立分级员操作与绒毛质量相关联的追溯体制，促进绒毛品质的提高。此外，在拍卖机制不健全的情况下，应尽量减少绒毛流通的中间环节，在绒毛主产区配套建立辐射性强的专业批发市场，在绒毛主产区积极推行工牧直交和牧工商联营，疏通绒毛流通渠道，推动绒毛用羊产销对接。

(六）继续加快推进草原生态保护建设

绒毛用羊产业的稳定持续发展，与我国草原建设与保护工作息息相关。受人口增长、超载放牧等影响，我国草原退化的问题比较突出，我国虽然已经投入了大量财力开展草原治理，但是草原退化的局面仍未得到根本转变，因此建议继续加快推进草原生态保护建设。首先，应按照"以草定畜""草畜平衡"等基本原则，认真落实禁牧、休牧、划区轮牧等具体措施，适合全年禁牧的地区就要坚决禁牧，适合季节性禁牧的地区要做到有计划地放开，适合轮牧的地区要明确轮牧的区域和时间，这样既能有效

地利用资源，又能缓解禁牧和发展养羊业之间的矛盾；其次，在草场质量退化严重、产草量下降较大的区域积极开展人工种草，政府应该在牧草草种、种草肥料、牧草收割机械设备等方面向农户提供更多的支持，以提高草原生产力和承载能力，缓解草畜矛盾；最后，扩大草原生态保护补助奖励政策的实施范围和财政投入力度。

（七）制定科学合理的羊毛进口战略

我国羊毛是目前供需缺口最大的畜产品，为了平衡这一缺口，每年需要进口一定数量的羊毛，但是大量进口势必造成对国际羊毛市场的过度依赖。虽然我国对进口羊毛已经采取关税配额制度进行管理，但是 2012 年羊毛进口关税配额依然高达 28.7万 t，毛条为 8 万 t，根据中国-新西兰自贸区规定，新西兰进口羊毛配额内关税已经降为 0。由于国外羊毛质优价廉，已经冲击了我国羊毛生产。为了应对澳大利亚、新西兰等国外羊毛对我国羊毛生产的影响，防止国外羊毛冲击国内市场，建议制定并实施科学合理的羊毛进口战略。

首先建议建立羊毛进口信息预警机制。当羊毛进口数量达到或超过国内承受的限度时，采用鼓励国内加工企业使用国毛，对直接采购国毛的企业实施生产奖励政策等措施降低羊毛过量进口对我国绒毛产业发展的不利影响。

其次，建议适当调整羊毛进口税率，逐步淘汰洗毛业。目前我国原毛进口关税1%，增值税为 13%，洗净毛和毛条的进口关税为 1% 和 3%，增值税为 17%，这种税制结构实际上是鼓励进口原毛，进而造成了对水源和环境破坏力强的洗毛和梳条环节被留在了国内，澳大利亚等发达国家已经将洗毛行业基本淘汰完毕，产能大部分转移至中国。因此，建议提高原毛进口税率，调低洗净毛和毛条进口税率等措施调整羊毛进口结构，逐步降低原毛的进口数量，淘汰洗毛业，减少对我国环境的破坏。

（八）建立促进绒毛用羊产业可持续发展的长效机制

我国是世界绒毛生产大国，而且绒毛生产还与边疆地区农牧民收入、社会稳定等密切相关，因此应该把绒毛用羊产业放在整个国民经济和社会发展的全局中统筹考虑，建立促进绒毛用羊产业可持续发展的长效机制。从我国绒毛用羊产业的发展现状来看，绒毛用羊养殖仍处于从传统向现代转变的过渡阶段，尚未从根本上摆脱粗放低效、靠天养畜的传统生产方式，超载过牧、草场退化等问题依然存在。从可持续发展的角度和我国绒毛用羊发展的实际情况出发，我国应按照"草畜平衡"和"科学养畜"的原则，不断完善绒毛用羊产业发展的支持政策，建立健全稳定的投入保障机制，正确处理好资源与环境、利用与保护的关系，使资源、环境、人口、技术等因素与绒毛用羊产业的发展相协调。

（九）加大政策宣传力度，提高政策实施效果

国家惠农政策的实施是我国经济发展的结果，各项补贴政策和奖励扶持政策的实

施有利于提高牧民的生产积极性，促进绒毛用羊产业的发展。从国家绒毛用羊技术体系产业经济团队近年来的调研结果看，牧民希望有更多补贴奖励政策，同时也希望政策执行程序能够简便易行，而且能够及时出台并能迅速落实。因此，提出如下建议：一是健全政策沟通系统，建立广泛的牧民利益表达组织，确立牧民利益代表，确保各级政府在制定政策时能够了解牧民的真正需求；二是加大政策宣传力度，宣传范围更广、渠道更多；三是提高政策执行效率，整合资源，精简机构，提高基层政府执行力度。

第七章　中国绒毛用羊产业可持续发展战略选择

绒毛用羊产业是我国畜牧业的重要组成部分，广泛分布于我国北方、西北、西南地区的牧区和半农半牧区，肩负着促进当地农牧民增收、稳定农牧区经济社会发展、为毛纺加工企业提供绒毛原料等多重重要任务。在资源约束日益严峻、全球经济一体化不断深化的新形势下，我国绒毛用羊产业走可持续发展道路已是必然选择。本章将首先分析我国绒毛用羊产业可持续发展的战略意义，然后借助 SWOT 分析的思路与方法，在分析我国绒毛用羊产业自身优势与劣势及其面临的机遇与挑战的基础上，提出我国绒毛用羊产业可持续发展的战略定位和战略重点，最后，提出我国绒毛用羊产业可持续发展的战略选择。

第一节　绒毛用羊产业可持续发展战略意义

在深入研究中国绒毛用羊产业发展历程及现状、世界绒毛用羊产业发展现状及特点、中国绒毛用羊产业政策等的基础上，制定并实施科学的中国绒毛用羊产业可持续发展战略，推动和促进中国绒毛用羊产业实现可持续发展，具有多方面重要战略意义。

一、有利于促进中国绒毛用羊产业的发展和繁荣

根据前文的研究可知，目前，中国绒毛用羊产业正面临着较为严峻的发展局面，绒毛用羊产业的养殖、生产管理、流通与加工、贸易等方面以及政府扶持政策均存在较多问题，导致中国绒毛用羊产业发展总体上较为缓慢。因此，在对中国绒毛用羊产业发展历程及现状、世界绒毛用羊产业发展现状及特点、中国绒毛用羊产业政策等进行深入研究的基础上，制定并实施科学的中国绒毛用羊产业可持续发展战略，有利于更好地解决中国绒毛用羊产业存在的诸多问题、扭转中国绒毛用羊产业面临的较为严峻的发展局面，从而促进中国绒毛产业的发展并逐步实现繁荣。

二、有利于推动中国绒毛用羊养殖地区
经济发展和农牧户收入增加

绒毛用羊产业是中国畜牧业的重要组成部分，是中国北方地区和西南地区的牧区、半农半牧区的重要支柱产业，也是当地的特色产业；中国绒毛用羊养殖地区也是少数民族集中居住的地区，养殖绒毛用羊是当地农牧户从事的主要生产经营活动之一，绒毛用羊养殖收入等牧业收入也是当地农牧户家庭收入的主要来源之一，羊毛、羊绒等畜产品也是当地农牧户的重要生活资料。2011 年中国牧区县和半牧区县的牧业人口数分别为 362.8 万和 1 325.6 万，牧区县和半牧区县农牧户家庭人均纯收入分别为 5 464.4 元和 5 361.4 元，其中，牧业收入分别占 65.50% 和 43.42%。因此，中国绒毛用羊产业的可持续发展，有利于推动中国绒毛用羊养殖地区经济社会的可持续发展，带动和促进农牧户收入水平的提高和生活条件的改善，对于繁荣民族地区经济和促进边疆地区长治久安具有非常重要的政治意义。

三、有利于促进中国毛纺工业的平稳健康发展

20 世纪 80 年代以来，虽然中国羊毛总产量整体上一直保持持续增长，但羊毛生产结构却不合理，羊毛产量的增加主要表现在半细羊毛及粗毛产量的增加上，毛纺工业主要需求的细羊毛产量仍不高，并且近年来，中国羊绒产量也出现了一定的波动。由于绒毛用羊产业仍存在着养殖与生产管理方式较为落后、养殖技术水平不高、优良品种缺乏、流通秩序混乱等多方面突出问题，导致羊毛质量总体上不高，部分地区羊绒质量近年来也有所下降。目前，国产羊毛只能满足毛纺工业 1/3 的原料用毛加工需求，其余 2/3 要依靠从澳大利亚、新西兰、阿根廷、乌拉圭、南非等羊毛主产国进口的羊毛。而受到气候变化、农牧户转产、羊毛价格波动等因素影响，1991年以来，澳大利亚、新西兰、阿根廷、乌拉圭、南非等羊毛主产国的毛用羊养殖规模和羊毛产量均呈现出持续下降的变化趋势，导致世界羊毛产量和供应量也均在持续下降。在这些背景下，制定并实施中国绒毛用羊产业可持续发展战略，可以促进国产羊毛和羊绒的产量与质量的稳定和提高，特别是促进中国羊毛生产结构的优化，这不仅有利于增强国产羊毛和羊绒的综合供给能力，更好地满足中国毛纺工业的原料加工需求，解决毛纺工业原料需求的国内供给不足问题，而且还可以使中国毛纺工业可以更好地应对其他羊毛主产国羊毛产量持续下降所导致的国际市场羊毛供给趋紧的不利局面，确保中国毛纺工业加工原料供给的长期稳定和毛纺工业的产业安全。因此，中国绒毛用羊产业的可持续发展，对于促进中国毛纺工业的平稳健康发展具有重要的战略意义。

四、有利于实现中国草原生态环境保护
与建设和绒毛用羊产业发展的协调

草原资源是绒毛用羊产业发展非常重要的物质基础和基本生产资料。但长期以来，中国绒毛用羊产业发展走的一直是通过绒毛用羊养殖规模的无序扩大和各种生产要素投入的无限增加来提高羊毛和羊绒产量的传统落后的养殖经营发展道路，无序养殖和超载放牧极易打破草原生态系统平衡，目前，中国部分地区因为绒毛用羊等草食畜牧品种无序养殖和超载放牧等原因而造成的草原退化、沙化、盐碱化、石漠化等草原生态环境破坏问题已经较为严重，草原生态系统一旦被破坏，不仅治理成本非常高，而且短时期内难以恢复。中国的现实国情以及资源要素稀缺性和生态环境压力也决定了绒毛用羊产业传统落后的养殖经营发展道路已经难以继续。因此，制定并实施中国绒毛用羊可持续发展战略，加快推进绒毛用羊的科学化、标准化、专业化和适度规模化养殖，尽快转变传统落后的绒毛用羊养殖经营发展方式，并且切实加强对草原生态环境破坏问题的治理，特别是加强对北方地区和西南地区脆弱草原生态环境的保护与建设，来为绒毛用羊产业的发展提供更加坚实的物质基础，这有利于同时促进草原植被的恢复与草原生态平衡和绒毛用羊产业的发展，从而实现草原生态环境保护与建设和绒毛用羊产业发展的协调。

五、有利于提高和增强中国绒毛用羊产业应对中国
扩大贸易开放带来的负面影响的能力

中国是绒毛用羊产业大国，羊绒产量一直位居世界第一，中国羊毛总产量也已经从 2011 年起超过澳大利亚位居世界第一，但中国却不是绒毛用羊产业强国，国产羊绒具有一定的国际竞争力，国产羊毛的国际竞争力则较弱。由于中国羊毛总产量中细羊毛等高品质羊毛的产量还不高、毛纺工业近年来保持较快发展速度等原因，毛纺工业原料用毛主要依赖进口羊毛，导致中国羊毛进出口贸易总体上一直处于逆差状态，澳大利亚、新西兰等国家是中国主要的羊毛进口来源国。2011 年中国羊毛进口总量达到了 32.21 万 t，其中，来自澳大利亚的羊毛进口量为 18.08 万 t，占中国全年羊毛进口总量的 54.56%[②]。加入 WTO 以来，中国已经对羊毛、羊毛条等实施了进口关税配额管理；中国和新西兰在 2008 年 4 月签署了《中华人民共和国政府与新西兰政府自由贸易协定》，并且该协定已于 2008 年 10 月 1 日开始生效；当前，中国还正在和澳大利亚就建立中澳自由贸易区进行双边贸易谈判，预计中澳自由贸易区建立后，目前实施的中澳羊毛及毛条进口关税配额政策一定会进行较大幅度的调整，而这必将

---

②　根据 UN Comtrade 数据库数据整理计算得到。

会对中国绒毛用羊产业特别是毛用羊产业的发展形成较大影响和冲击。因此，制定并实施中国绒毛用羊可持续发展战略，有利于提高和增强中国绒毛用羊产业的国际竞争力，这对于平抑羊毛和羊绒国际市场价格波动对中国国内市场价格的影响、应对中新自由贸易区建立以及今后中澳自由贸易区建立对中国绒毛用羊产业特别是毛用羊产业发展的影响和冲击等均具有重要的现实意义，有利于从整体上提高和增强中国绒毛用羊产业应对中国扩大贸易开放带来的负面影响的能力。

第二节　绒毛用羊产业可持续发展战略定位

我国绒毛用羊产业可持续发展面临着较为复杂的经济、社会及产业背景，关系到生态环境、农牧业增产、农牧民增收以及边疆民族地区居民生计和社会稳定。本节将借助 SWOT 分析的思路和方法深入分析绒毛用羊产业发展自身的优势和劣势，以及其面临的机遇与挑战，在此分析的基础上提出我国绒毛用羊产业可持续发展的战略定位，以便为绒毛用羊产业可持续发展提供可遵循的战略导向。

一、绒毛用羊产业可持续发展的 SWOT 分析

SWOT 分析法又称态势分析法，最早由哈佛商学院安德鲁斯教授于 1971 年在其《公司战略概念》一书中首次提出，是一种能够较客观而准确地分析和研究一个组织现实情况的战略分析方法，被广泛应用于企业、行业的发展战略和竞争策略的研究中。具体而言，SWOT 分析是将组织内部所具有的优势（Strengths）和劣势（Weaknesses）、由外部环境所形成的机遇（Opportunities）和威胁（Threats）四个方面综合起来进行分析，以寻找制定适合组织实际情况的经营战略和发展策略的方法。

表 7-1　我国绒毛用羊产业 SWOT 分析

	对产业发展有正向作用	对产业发展有负向作用
内部（组织）	优势（S） 绒毛原料具有优良特性； 养殖户具有悠久的养殖习惯和丰富的经验积累； 丰富而适宜的品种资源	劣势（W） 产业具有弱质性； 绒毛单产水平有限，且价格不景气； 人力资本水平不高
外部（环境）	机遇（O） 绒毛制成品具有广阔的消费前景； 毛纺织加工业的快速发展； 绒毛用羊养殖具有更加广泛的作用	威胁（T） 资源和环境约束，成本增加； 毛纺原料市场竞争压力； 肉羊养殖威胁

（一）优势

我国绒毛用羊养殖历史悠久，从其产业内部情况来看，产业发展优势主要包括以下方面：

1. 绒毛原料具有优良特性

绒毛原料是优良的天然动物纺织纤维，其复杂的蛋白质结构决定了其天然、健康、柔软等其他纺织原料无法比拟的优良特性和品质，这决定了绒毛原料独特的市场区隔，使其在市场竞争中能够占据一席之地。一般而言，羊毛原料质感柔软而富有弹性，身骨挺括、不板、不烂，有膘光感，颜色纯正，光泽自然柔和，抓捏松开后基本无折皱，有轻微折痕也可在短时间内褪去，很快恢复平整；羊绒原料更是纺织纤维中的极品，素有"软黄金"之称，自然卷曲度高，在纺纱织造中排列紧密，抱合力好，所以保暖性好，且羊绒纤维外表鳞片小而光滑，纤维中间有一空气层，因而其重量轻，手感滑糯，同时其纤维细度均匀、密度小，横截面多为规则的圆形，吸湿性强，可充分地吸收染料，不易褪色，使其光泽自然、柔和、纯正、艳丽，另外，羊绒面料在洗涤后不缩水，保型性好。绒毛原料因其质地、保暖、保型等方面的优良特性使得其成为纺织纤维中的佳品。

2. 养殖户具有悠久的养殖习惯和丰富的经验积累

绒毛用羊在我国具有非常悠久的养殖历史，养殖户早已将绒毛用羊养殖作为一种习惯，伴随其世世代代生产和生活。在这过程中，养殖户积累了较为丰富的养殖经验，他们能够准确地掌握绒毛用羊的生产特性、生活习性和种群繁育规律，能够进行较为科学地养殖饲喂和疾病防疫，能够较为熟练地进行圈舍设计和剪毛抓绒操作。多年的养殖习惯和丰富的养殖经验使养殖户对绒毛用羊产业产生了浓厚的热情，从物质条件、感情基础、技术水平等诸多方面都形成了较为稳定的养殖基础。根据产业经济科研团队2012年调研数据统计，2012年有94.94%的样本农牧户愿意继续从事绒毛用羊养殖，其中最主要的原因是养羊已经成为这些农牧户的生活习惯。

3. 我国具有适宜的绒毛用羊品种资源

我国绒毛用羊主要包括细毛羊、半细毛羊和绒山羊，其中细毛羊品种主要包括新疆细毛羊、中国美利奴、军垦细毛羊、敖汉细毛羊、鄂尔多斯细毛羊、新吉细毛羊、东北细毛羊、甘肃高山细毛羊等，主要分布在新疆、内蒙古、吉林、青海、甘肃等地区；半细毛羊品种主要包括云南半细毛羊、凉山半细毛羊、东北半细毛羊、青海半细毛羊等，主要分布在我国贵州、云南、四川、青海和东北等地区；绒山羊主要有辽宁绒山羊、内蒙古绒山羊、晋岚绒山羊以及一些地方品种，主要分布于辽宁、内蒙古、陕北、河北和山西等地。这些绒毛用羊品种各具绒毛品质、绒毛产量、生产速度、抗逆性等诸多方面的优良品性，且均较为适合当地的气候资源条件，是自然选择、优胜劣汰的结果，为各地畜牧业发展、牧民增收都做出了重要贡献。

（二）劣势

我国绒毛用羊产业也具有其自身的劣势，近年来尤为凸显，主要包括以下方面：

1. 绒毛用羊产业具有弱质性

绒毛用羊产业属于传统农业，是自然再生产与经济再生产的结合，同时承担着自然风险和市场风险。在当前条件下，我国绒毛用羊产业收益周期长，产业基础设施薄弱，大部分农牧户还是靠天养畜，对自然资源依赖性较强，缺乏抵御自然风险的能力，同时，我国绒毛用羊养殖面临"小农户、大市场"的经营局面和市场环境，养殖户组织化水平较低，缺乏定价、议价能力，抵御市场风险的能力较弱，所以，自然条件或市场条件的任何风吹草动都会严重影响养殖户的利益甚至产业整体状况，其产业发展具有先天弱质性。

2. 绒毛单产水平有限，且价格不景气

绒毛产出水平主要取决于品种特性，近年来，我国绒毛用羊品种保护、改良、选育成果并不乐观，部分地区甚至出现了品种倒改、退化的现象，使得我国绒毛用羊绒毛单产水平不高，提升乏力。根据《全国农产品成本收益资料汇编（2012）》，2011年，各地区本种绵羊平均羊毛产出水平1.33kg/只，改良绵羊平均羊毛产出水平为2.20kg/只，山羊平均羊绒产出水平为0.35kg/只；从绒毛价格来看，近年来我国绒毛价格一直较为低迷，根据农业部主要畜产品价格监测数据，2010年我国绵羊毛平均价格为9.55元/kg，已经低于1994年9.64元/kg的平均水平，从2011—2012年国家绒毛用羊产业技术体系产业经济科研团队调研数据来看，我国绒毛价格近两年亦呈现了明显的下降态势。绒毛单产水平有限、绒毛价格不景气，这直接影响了绒毛的经济效益，导致从养殖户层面来讲，绒毛用羊的毛用经济价值取向受到严峻挑战。

3. 人力资本水平不高

人是生产力发展的第一要素，对于绒毛用羊产业而言，是决定和影响绒毛用羊产业发展的最具能动性的生产要素。然而，从我国绒毛用羊养殖从业者情况来看，目前从事绒毛用羊养殖的基本都是农村闲散劳动力，以50岁以上老人和守家妇女为主，加之绒毛用羊养殖主要分布在教育科技发展水平相对落后的边远地区，养殖户受教育程度普遍较低，接受教育和再教育的机会相对较少，人资资本水平总体不高。根据国家绒毛用羊产业技术体系产业经济科研团队2012年调研数据，仅有2.53%的农牧民具有大专及以上的学历，44.56%的农牧民仅完成了9年制义务教育，还有45.32%的农牧民文化教育停留在小学或以下水平。人力资本水平不高导致农牧民对新技术的学习速度慢，理解程度差，不善于解决养殖环节存在的各种问题，即使对他们开展相关技术培训，也难以促使他们扎实地掌握养殖技术。

（三）机遇

从绒毛用羊产业发展的外部环境来看，其面临着一些有利于产业发展的机遇，主要包括以下方面：

1. 绒毛制成品具有广阔的消费前景

近年来，国民经济快速增长，物质条件不断丰富，城乡居民收入水平不断提高，消费者对服装等纺织品的需要不再仅仅是防寒保暖等基本功能，更加追求产品的质量、质地和其所彰显的品位与气质，绒毛制成品因其柔软、保暖、贴身的优良特性而能满足消费者更高的要求，因而广受欢迎。根据国家绒毛用羊产业技术体系产业经济科研团队 2013 年初绒毛制成品消费调研数据统计，调研地区有 31.13% 的城乡居民近三年来消费羊毛制品的数量较过去有所增加，而羊绒制品消费数量增加的城乡居民所占比例为 17.5%。随着人们消费能力的不断提高，健康、自然消费观念与日俱增，绒毛制品能够更大程度地满足消费者对品质和品位的追求，尤其是欧美等传统的绒毛制品消费国，具有较大的消费潜力，绒毛制成品具有广阔的消费前景。

2. 我国具有充足的毛纺加工能力

毛纺织加工业一直我国纺织加工业的重要组成部分，有着不可或缺的重要地位。近年来，随着绒毛制成品的广受欢迎和全球毛纺织加工业向东南亚地区及我国的转移，我国毛纺工业加大了结构调整的步伐，在市场配置资源的作用下产业集中度进一步提高，企业经营机制得到进一步转变，行业技术进步明显加快，国际竞争力不断提高，毛纺加工业逐步从低水平的粗放型发展模式向注重内涵的集约化模式方向转变，已经能够生产毛条、毛纱线、呢绒、毛毯、羊毛被、地毯、绒毛针织服装、毡制品等各类、各种质量水平的绒毛产成品与半成品，总体上具备了较为充足的毛纺加工能力。据统计，目前中国净毛加工能力达到 40 万 t，约占全世界羊毛加工量近 40%，同时，中国羊绒加工产业不仅加工国产羊绒，每年还从蒙古国等进口 3 000t 羊绒进行加工，已经集中了全世界 93% 的羊绒原料，中国已成为世界上最大的绒毛制品加工中心。充足的毛纺织加工能力将对绒毛原料产生较大的需求和消耗，进而将对绒毛用羊产业产生重大的拉动作用。

3. 绒毛用羊养殖具有更加广泛的作用

对我国而言，绒毛用羊产业除了为纺织企业提供绒毛纺织原料之外，更加肩负着促进牧业增效、农牧民增收和牧区社会发展的重要任务，就当前情况来看，这一任务更为突出。我国绒毛用羊产业广泛分布在新疆、内蒙古、西藏等边疆地区以及部分内陆农牧区，这些地区以少数民族聚居地居多，工业化、城镇化、信息化、现代化发展水平相对落后，劳动力就业渠道较窄，绒毛用羊养殖是当地大部分居民主要甚至是唯一的经济来源，是他们赖以生产和生活的基础，因此，绒毛用羊产业关系农牧民的基本生计，关系到当地社会的长治久安和经济建设的快速发展。

(四) 挑战与威胁

从绒毛用羊产业发展的外部环境来看，其同时也面临着一些挑战与威胁，主要包括以下方面：

1. 资源环境约束

绒毛用羊属于草食家畜，其生物学特性和生活习性决定了其需要牧草、秸秆等草料资源的充足供给，对自然的依赖程度较大，而我国绒毛用羊广泛分布的地区以草原、草山、草坡以及灌木丛林为主，生态系统相对单纯和脆弱，近些年来，我国北部及西北地区由于超载养殖、无序放牧和自然气候变化等原因使得生态环境日益严峻，草原退化、沙化、盐碱化以及山区植被破坏等问题较为严重。为了有效治理草原及山区生态环境恶化问题，各地均出台并实施了严格的草原禁牧政策或封山禁牧政策，同时推广和实施细毛羊、绒山羊等畜牧品种的舍饲或半舍饲养殖。随着草原禁牧政策或封山禁牧政策的实施和执行，绒毛用羊放牧用地受到限制，饲草料不够充足，饲养成本大幅上升，严重挤压了养殖户的利润空间，部分地区饲养量明显下降，绒毛用羊养殖面临较为严重的资源和环境约束。

2. 其他毛纺原料竞争压力

绒毛用羊产业的主要应用方向之一是为毛纺加工业提供绒毛原料，近年来，随着其他纺织原料的快速兴起和纺织技术的快速发展，其他纺织原料对我国绒毛原料造成的竞争压力日渐严峻。从数量来看，在我国纺织原料的总体构成中，绒毛原料只占据较小的部分，尤其近些年来我国棉花、麻类等其他天然纺织纤维产量大幅提高，人工纺织纤维更是得到空前发展，绒毛原料只是略有增加，使得目前人工纺织原料已占据我国纺织原料的半壁江山，同时从价格来看，非绒毛原料尤其是合成纺织原料价格普遍较低，具有明显的价格优势，这也在一定程度上促成了我国绒毛价格一直比较低迷，同时影响了我国绒毛原料的市场需求。

3. 进口澳毛冲击

我国是世界上绒毛原料需求量最大的国家，虽然从羊毛产量来看，自 2011 年起我国羊毛产量已超过澳大利亚成为世界第一羊毛生产大国，但羊毛依然是我国供需缺口最大的畜产品之一，每年要进口大量羊毛，主要来源国是澳大利亚。澳毛与我国国产羊毛相比具有品质优良、价格低廉的特点，竞争优势较为明显，很多毛纺加工企业更加偏好澳毛而拒绝国毛，导致进口澳毛在很大程度上对我国国产羊毛造成了冲击，削弱了我国国毛原料的市场份额，对产业发展造成不利影响。

4. 肉羊养殖的冲击

从 20 世纪 90 年代中旬开始，全世界范围内绵山羊养殖更多地向肉用方向转移，我国也呈现出了相同的转变趋势。近些年来，我国羊肉供给总体趋紧，羊肉价格一直高位运行且涨势明显，新一轮的羊肉价格上涨始于 2007 年，目前已超过 60～75 元/kg 的高位，居普通肉类价格之首，较高的羊肉价格使得肉羊养殖效益较好，进而导致部分绒毛用羊养殖户选择转产，开始"弃毛弃绒从肉"，这在很大程度上对绒毛用羊的养殖造成了冲击。可以预见，在未来的一段时间内，绵山羊的生长特性和繁育规律决定羊肉供给短期内难以明显提高，而人们对羊肉的消费需求呈现不断增加的态势，因此，肉羊养殖的冲击还将持续。

二、绒毛用羊产业可持续发展的战略定位

综合考虑以上因素，绒毛用羊产业不仅要为我国毛纺加工业提供绒毛原料，更肩负着边疆民族地区农牧业增产、农牧民增收以及边疆地区社会经济发展的重要任务，绒毛用羊产业需要实现可持续发展，要树立与之相适应的民生观念、生态观念、市场观念和产业发展观念，要充分利用其优势和机会，克服其自身的劣势和面临的挑战。未来我国绒毛用羊产业发展的战略定位是：以与自然生态和谐发展为前提条件，以为毛纺加工业提供优质绒毛原料为目标，以保障养殖户基本经济利益为落脚点，以实现我国绒毛用羊产业的可持续发展。这个战略定位有以下三个要点：

(一)强调与自然生态和谐发展

与自然生态和谐发展是绒毛用羊产业可持续发展的首要要求，绒毛用羊属于草食家畜，对自然依赖程度较大，其离不开与自然生态的能量交互。与自然生态和谐发展要求既不能造成生态环境的恶化，亦不能造成绒毛用羊产业发展的严重受阻，因此，要兼顾自然生态规律和绒毛用羊生长特性，尊重自然、保护生态，深入研究草原生态系统中绒毛用羊与自然独有的能量交互方式，使绒毛用羊产业的发展既能满足当代利益，亦不损害后代的资源基础，努力实现"风吹草低见牛羊"的和谐景象。

(二)为毛纺加工业提供优质绒毛原料

绒毛用羊产业的主要应用方向之一是为毛纺加工业提供绒毛原料，绒毛原料自然、柔软、保暖的优良特性使其在市场竞争中形成了独特性，与其他纺织纤维相比，产量相对较少且质地优良，绒毛制成品价格相对较高，这决定了其应该放弃低端市场。近些年的生产实践也已经证实，绒毛品质下降和低端的产品市场不利于绒毛用羊产业的发展，容易受到其他纺织纤维以及国外优质绒毛原料的排挤和冲击，因此，绒毛用羊产业要充分利用绒毛原料的区隔优势，充分释放绒毛及其制成品的优良特性，以为毛纺加工业提供优质的细羊毛、半细毛、山羊绒、裘皮毛、地毯毛等不同类别的绒毛原料为目标，促进毛纺加工业走精品路线，以此培育稳定的绒毛原料需求市场。

(三)保障养殖户基本经济利益

绒毛用羊养殖户在绒毛用羊养殖过程中必须获得基本经济利益，这是市场经济条件下每一个"经济人"的理性追求。绒毛用羊养殖户基本经济利益是通过绒毛用羊养殖能够取得基本的经济回报，其途径一是直接货币回报，即养殖户通过将绒毛及活畜参与市场交易而得到的直接货币回报，二是间接物质回报，即养殖户可以用简单加工的绒毛及肉产品满足自己基本的物质生活需要，是一种间接利益。近年来，由于绒毛

价格不振、绒毛用羊养殖效益受到肉羊养殖冲击等因素的影响，绒毛用羊养殖户的利益受到严重影响，进而影响了绒毛用羊养殖户的养殖积极性，所以，要将维护和保障养殖户基本利益作为产业发展的落脚点，以保障绒毛用羊养殖户的生产热情，保障绒毛用羊产业的健康发展。

第三节　绒毛用羊产业可持续发展战略重点

以绒毛用羊产业发展与生态环境保护、社会经济发展相协调为原则，根据绒毛用羊产业可持续发展的战略定位，在充分研究绒毛用羊产业发展各环节目前存在的主要问题基础上，我国绒毛用羊产业可持续发展战略重点主要有以下七个方面。

一、加快推进绒毛质量保障体系建设

羊毛、羊绒的质量是绒毛用羊产业生命力的保证，是毛纺加工业健康发展和提高农牧民养殖收益的重要因素。受气候条件、饲养管理、羊毛剪后整理（剪毛、除边、分级、打包包装、储运）等因素影响，我国绒毛存在细度偏粗、长度和强度不足、净毛率低、缺陷毛较多等质量问题。其中比较突出的现象是：①品种退化造成的绒毛产品质量下滑，如在毛肉比价的影响下，一些生产区养殖户放弃了对原有细毛羊选育的提高，甚至出现了大面积的"倒改"，致使细羊毛细度变粗，质量急剧下降；绒山羊的单产水平和羊绒品质不可兼得，一些地区在品种选育时偏向提高绒山羊单产水平，羊绒质量下降，羊绒细度增粗。②饲养、管理不善等原因造成绒毛受污染、次毛或次绒含量高，如不同品种混养引起的色毛、粗腔毛等；不可洗涤标记绒毛或异性纤维的混入；剪毛抓绒场所不标准、分级不规范、包装不统一等现象导致的绒毛受到污染，降低了绒毛产品的质量。较低的绒毛质量对整个绒毛产业链上的每一个环节来说都是致命的伤害，既浪费了生产羊毛、羊绒的资源，造成对生态环境的破坏，又降低了绒毛用羊养殖户的收入，还使加工企业为获得高质量的绒毛产品而加大对国外绒毛的进口。面对我国羊毛、羊绒质量下降的不利局面，必须依托资源优势，围绕市场发展方向，加快推进我国绒毛质量保障体系建设，改善我国绒毛用羊的品质，提高我国羊毛、羊绒的质量，增强我国国产羊毛、羊绒的市场竞争力。

二、加快推进绒毛用羊标准化、规模化生产体系建设

标准化、规模化是畜牧业现代化生产的手段，是衡量畜牧业生产水平的重要依据。我国绒毛用羊生产是以家庭为基本经营单位，生产规模较小、饲养管理和经营方式比较粗放，标准化水平较低。有些绒毛用羊产区由于受自身条件的限制没有开展标准化、规模化养殖，有些产区即使开展了标准化、规模化养殖建设，也在养殖设施、

生产规范、防疫制度、粪污处理等方面存在一定问题。绒毛用羊传统落后的养殖方式，使绒毛产品质量存在安全隐患，低水平、小规模的饲养方式带来环境污染日趋加重，低标准化的生产方式导致不能充分有效地利用当地资源和无法采用先进实用的综合配套技术。市场需要大规模统一规格、统一标准、统一质量、且对生态环境影响最小的羊绒、羊毛，因此加快推进绒毛用羊标准化、规模化生产体系建设，有利于增强绒毛用羊产业的综合生产能力，有利于加快绒毛用羊生产方式转变，有利于提高绒毛用羊生产效率和生产水平，有利于绒毛用羊粪污的集中有效处理和资源化利用，实现绒毛用羊产业与环境协调发展。

三、加快推进绒毛用羊饲草料产业体系建设

饲草饲料是发展现代绒毛用羊产业的基础。多年来，许多地区掠夺式地利用天然草原，对草原重用轻养，放牧过度，长期超载，使天然草场退化、沙化严重。传统放牧为主的养羊方式，由于天然草场的退化，没有常年均衡的优质饲草保障与供应，其直接后果是"夏肥、秋壮、冬消瘦、春死亡"。靠天养羊，养殖规模和养殖收益受天气、自然灾害等条件影响明显，小灾小减产，大灾大减产，养羊生产始终处于被动局面。近几年，随着各地生态保护政策力度的加大，实施禁牧政策、休牧政策和草畜平衡等政策，对绒毛用羊产业发展尤其是绒山羊生产受到一定的影响。如果农牧户养殖绒毛用羊完全采取舍饲方式，没有价格合理来源充足的饲草料，将面临更高的生产成本，农牧户的生产积极性会受挫。所以，要合理开发养殖地区的饲草料资源，逐步建立与绒毛用羊养殖规模相适应的科学的饲草供应体系，降低天然草地资源压力，不断改变传统绒毛用羊养殖方式，实现科学养殖。

四、加快推进现代绒毛流通体系建设

流通是连接羊绒、羊毛生产与加工的桥梁，规范有序的羊毛、羊绒流通体制，能够充分运用市场机制，反映市场供求规律，可以让农牧民生产出的优质羊绒、羊毛卖出好的价格。我国现行绒毛流通渠道主要采取"农牧户—个体商贩—集散地—加工企业"的方式，农牧户销售绒毛主要是通过商贩上门收购完成，然后再经收购商贩销售给加工企业。各地也曾试图使用拍卖等交易方式销售细羊毛，但由于产量较低、拍卖环节复杂、费用较高等原因纷纷停止采用拍卖销售；羊毛（绒）储备体系的缺失，导致国内羊毛（绒）价格不稳定；羊毛、羊绒的收购中污毛（绒）计价，混级销售等现象，难以对生产优质绒毛用羊的生产者形成有效的经济刺激；绒毛交易方式单一、销售渠道不通畅造成流通秩序混乱。因此，必须要加快推进现代绒毛流通体系建设，发展更多的绒毛交易方式，构建更完善的销售渠道，形成规范的羊毛、羊绒流通市场秩序，这样不仅有利于羊毛、羊绒生产、分级、整理、检验、评定等工作，而且能够提

高毛纺企业对国产羊毛的信心，更有利于实现绒毛"优质优价"。

五、加快推进绒毛用羊现代服务体系建设

完善的现代社会化服务体系是绒毛用羊产业可持续发展的重要保障。对于生产经营分散，抵抗风险能力较低的绒毛用羊业来说，社会化服务显得尤为重要。不仅生产过程中需要良种、饲料、疫病防治等方面的优质服务，同时也需要信息、资金、信贷、销售、技术培训等产前和产后服务。目前，绒毛用羊的社会化服务供应与养殖户的服务需求不相适应，养殖户需要配套的全程服务，但目前绒毛用羊相关社会服务组织受自身和客观条件制约，服务功能一般较弱，无法为养殖户提供全程配套，养殖户需要的许多服务仍然以自我满足为主。有些地区的家畜繁育改良站、草原站和兽医站等技术服务部门由于经费紧张而放松了对绒毛用羊饲养管理和培育工作的技术指导。各级养羊协会、合作社在羊毛生产、销售中起到了一定作用，但覆盖的养羊户数量有限，合作层次不高，功能较为单一。绒毛用羊社会化服务体系不完备、服务结构单一、门类不全等现状对绒毛用羊产业化经营产生制约，因此要加快推进绒毛用羊现代服务体系建设，提高对绒毛用羊产业的服务功能。

六、加快推进毛纺加工业自主品牌建设

品牌建设是提高毛纺加工业综合生产能力和产品市场竞争力的重要手段。虽然我国是世界主要的绒毛加工品出口国，但我国绒毛制品出口主要还是一种低水平数量型增长，缺乏品牌和价格优势，只是依靠廉价的劳动力资源和优势生产资源赚取外汇。目前国内毛纺企业处于增值环节较低的劳动密集型加工阶段，大部分出口产品是以为外商企业贴牌生产为主，自主品牌非常少。与国外相比，同样的原料，国外的绒毛加工制成品档次高，再加上他们品牌的高附加值，国内毛纺企业与国外毛纺企业利润差距就很大。许多企业在国际市场销售中利润的来源只是加工费和出口退税，来自产品本身实现的价值非常低，出现这种情况的重要原因之一是我国大多数毛纺加工企业没有品牌优势，尤其是缺乏自主品牌，许多企业还没有真正学会如何在市场上运用品牌这个无形资产提升产品的价值。因此，要加快推进毛纺加工业自主品牌建设，提高毛纺加工企业的生产效益。

七、加快推进绒毛用羊产业政策扶持体系建设

绒毛用羊产业存在较大的自然风险和市场风险，而养殖户承受风险能力非常低，其发展离不开国家资金扶持和政策引导；另外，我国绒毛用羊主产区大多分布在边疆少数民族地区和经济落后且生态脆弱的地区，这些地区财力薄弱，交通不便，农牧民

贫困现象严重；绒毛用羊产业的发展不仅关系到边疆稳定、生态和谐，更是关系到农牧民如何脱贫的问题，这就决定了更加需要各级政府的扶持和政策的支持。目前，政府针对绒毛用羊的扶持政策相对较少，对绒毛用羊产业发展的扶持力度较弱，良种补贴政策还未实现全覆盖，补贴标准偏低，对于收入偏低的农牧户而言，无法调动其购买积极性；颁布草畜平衡奖励办法在具体实施时存在时滞，导致农牧户由于缺乏资金扶助及资源限制，被迫缩减养殖规模或转产；有些地方政府热衷于大力扶持经济效益明显的肉羊、肉牛等品种，对于绒毛用羊产业的有效扶持较少。绒毛用羊产业是最具特色的传统产业和基础产业，绒毛用羊产业的发展对畜牧业增效、农牧民增收和农牧区发展意义重大。为了实现绒毛用羊产业可持续发展，必须加快推进绒毛用羊产业政策扶持体系建设，形成扶持绒毛用羊产业的长效机制。

第四节　绒毛用羊产业可持续发展战略选择

结合绒毛用羊产业可持续发展的战略定位和战略重点，综合考虑目前绒毛用羊产业发展面临的主要问题以及世界与我国绒毛用羊产业发展的总体趋势，提出我国绒毛用羊产业可持续发展的战略选择。

一、进一步加大品种保护、选育和改良力度，不断提高绒毛用羊生产性能和产品品质

（一）积极保护绒毛用羊优良品种

绒毛用羊优良品种是我国绒毛产业可持续发展的基础，近些年来，部分地区绒毛用羊的单产和品质出现了退化现象，几十年的育种成果受到威胁，严重影响了绒毛用羊的产出和效益。为此，要加强对已有育种成果的保护力度，保护我国优良绒毛用羊品种的品种特性。

1. 加强对种群繁育环节进行监管

种群繁育环节是优良品种得以保持的关键因素，近年来，部分养殖户保种意识不足，种群繁育较为随意，近亲繁殖现象较为严重，这是导致品种退化、倒改的主要原因之一。对养殖户种群繁育环节进行监管，要从制度设计、人员安排、设备配备、资金准备等方面进行全面统筹，及时对养殖户绒毛用羊的生产性能进行鉴定，指导养殖户科学繁育畜群，借鉴部分地区种公羊村内、组内定期轮换的制度，减少和避免近亲繁殖现象的发生，提高畜群繁育的科学性。

2. 提高种公羊良种补贴力度，保障优秀种公羊的覆盖面和使用率

2009年起我国新疆、内蒙古等8个牧区省份已开始实施绵羊种公羊补贴政策，能繁母羊存栏30只以上的养殖户在购买良种绵羊种公羊时可获得800元/只的补贴，2011年起对养殖户购进山羊种公羊也实施此项补贴，且补贴范围逐年扩大，2012年

已将辽宁、安徽、山东、河南、湖北、湖南、广西、贵州等省（自治区）也纳入补贴实施范围，补贴数量也逐年增加。但是该项政策有待进一步完善，目前来看，补贴范围尚未实现全面覆盖，而且 800 元/只的补贴标准远低于良种种公羊的市场价格，养殖户没有充足的财力和动力购进优秀种公羊。因此，应逐步扩大种公羊补贴政策覆盖面，确保每个购置种公羊的养殖户都能够得到补贴，同时还要大力提高种用公羊的补贴标准，建议该补贴标准能够与种公羊的市场价格挂钩，比如按照市场售价的 30%~50% 确定补贴水平，以提高养殖户购买优质种公羊的积极性。

3. 实施能繁母羊补贴政策

为了保护绒毛用羊优良品种，还应实施能繁母羊补贴政策，即安排中央财政补贴资金并配套地方财政补贴资金对能繁母羊进行补贴。在补贴受益对象方面，应将所有绒毛用羊繁育场（站）、规模养殖场（户）和小规模散养户均纳入补贴实施范围，实现全覆盖；在补贴品种方面，应当以绒毛用羊生产良种化为导向，对不同的绒毛用羊品种实施不同的补贴额度，即补贴标准与能繁母羊的品种挂钩，实现"优品优补"，以达到扩大良种使用范围的目的；在补贴标准方面，考虑目前肉羊养殖收益与绒毛用羊的收益差距，可以根据绒毛用羊能繁母羊在品种、生产性能等方面的差异，结合当地农牧业收入水平，合理制定补贴标准；在补贴资金筹集方面，可借鉴种公羊补贴的资金筹集方法，主要由中央财政承担，地方财政进行相应的配套出资。为此，还应做好实施地点与范围确定、能繁母羊存栏量调查核实和登记、能繁母羊品种鉴定和生产性能测定等方面的工作，然后在此基础上，从补贴申请程序、补贴资金发放、工作进度安排、相关保障措施等方面制定科学合理的政策实施方案，确保能繁母羊补贴政策的顺利开展和实施。

（二）加强绒毛用羊品种选育和改良工作

品种选育与改良工作是绒毛用羊产业可持续发展的重要环节，具有较强的社会效益和外部经济特征，因其时间长，见效慢，对资金、技术、设备等条件要求较高，养殖户较难完成，为此应以政府相关部门为主体进行绒毛用羊品种的选育和改良，同时加大对此项事业的支持力度，以确保品种选育和改良工作能持续开展。

1. 科学制定育种方向和品种标准

任何一个绒毛用羊品种都应该有明确的选育方向和品种标准，制定选育目标和方案不能偏离品种选育方向，否则，不但品种选育工作难以推进，原有品种的品种特性也难以保持甚至丢失。制定选育方向和品种标准应综合考虑当地自然气候条件、原有品种品性以及市场需求等方面。对于细毛羊和绒山羊，建议在部分细毛羊主产区（如新疆、内蒙古、吉林等地的细毛羊产区）和部分绒山羊主产区（如内蒙古、新疆、甘肃、西藏等地的绒山羊产区）发展超细羊毛和超细羊绒，不断提高绒毛品质，其他地区则根据自然气候、市场需求等客观条件兼顾绒毛品质改善和绒毛产量提高；对于半细毛羊，可以兼顾其产毛和肉用的双重性能，提高产出能力。

2. 积极做好绒毛用羊优良品种繁育体系建设

经过多年努力，我国在绒毛用羊育种和改良方面已经初步形成种羊场、改良站、扩繁站三级繁育体系，要进一步发挥这三级繁育体系的作用，同时要积极发挥绒毛用羊主产区、综合试验站的示范、指导和鉴定职能，进一步规范和加强品种的选育和改良工作，还要积极将育种成果应用于生产一线，要积极开发优良品种的推广途径，不断完善优良品种推广体系，鼓励农牧户广泛采用绒毛用羊优良品种，淘汰落后品种，不断更新和提高生产能力。

3. 加大对绒毛用羊品种选育和改良工作的科研支持力度

品种选育和改良工作周期长、见效慢，工作条件较为艰苦和单调，要不断加大对品种选育和改良科研工作的经费投入，保障科研工作经费充足供给，积极实施绒毛用羊各类品种的科技攻关项目，增加科研基础设施的建设和设备的购置投入，提高技术人员尤其是基层工作人员的基本待遇，鼓励科研人员积极开展科研工作，并不断吸引高级人才进入绒毛用羊科研产业从业。

二、改"靠天养畜"为"建设养羊"，转变传统落后 生产方式，减少对自然资源的被动依赖

（一）积极推进农牧户绒毛用羊标准化生产

标准化生产是现代畜牧业的基本要求，它要求农牧户在生产经营过程中应做到畜禽良种化、养殖设施化、生产规范化、防疫制度化和粪污无害化。为进一步实现"建设养羊"，减少对自然资源的被动依赖，促进绒毛产业发展方式的转变，应积极推进农牧户绒毛用羊的标准化生产方式。首先要积极帮助养殖户加强基础设施建设，提高其设施水平，如启动绒毛用羊标准化建设项目或给予农牧户标准化圈舍修建补贴，对农牧户购进设备进行扶持，修建乡村级大型药浴设施等，以满足农牧户"建设养羊"的硬件需求；其次要加强标准化生产技术指导，要按照标准化生产的要求，帮助农牧户解决标准化生产发展过程中遇到的技术难题，比如圈舍卫生、温度、通风方面的具体措施，羊只日常饲养管理、防疫卫生技术，以及生产母羊、羔羊、育肥羊及淘汰羊等不同饲养阶段日粮的营养配比等；同时要做好标准化示范工作，要善于鼓励养殖基础好、积极性高的农牧户创建标准化示范场并予以资金扶持，积极发挥示范场、户的模范带动作用。

（二）积极开发饲草料资源

目前我国绒毛用羊养殖的饲草料资源主要来自天然野生牧草和农副产品及作物秸秆。因受季节、气候影响较大，饲草料资源相对紧张的局面日益显现，对自然生态造成较大压力。发展"建设养羊"，要积极开发饲草料资源，从对自然资源的被动依赖向主动开发转变。我国具有丰富的饲草料资源，除了广阔的草原之外，还有大面积的

草山、草坡和林间草场，以及每年生产大量的、但利用率较低的农副产品及秸秆。为充分利用和开发我国的饲草料资源，可以从以下方面入手，其一，要引导养殖户积极利用农作物秸秆、草山草坡和林间草场等饲草资源，积极进行收割、存储，减少这些饲草资源的浪费，同时减轻对草原资源的过度依赖，进一步改变夏秋饲草相对过剩、冬春饲草严重缺乏的局面；其二，结合羊只采食性广的特性，科学搭配日粮饲喂比例，将干、粗饲料和精饲料按照有关饲养标准进行搭配，科学地满足羊只每日的营养需求，减轻对某些草料品种的过度需求；其三，在大力开发现有饲料饲草资源的前提下，鼓励积极种植优质牧草，建立稳产高产的人工草料基地，推动牧草事业的快速发展，为绒毛用羊产业提供稳定的草料资源供给。

（三）积极做好草场建设和保护工作

绒毛用羊产业的可持续发展，与我国草场建设与保护工作息息相关，草场建设和保护为包括绒毛用羊产业可持续发展提供有力的资源支撑。近些年来，由于气候变暖、管理和使用不当、载畜量大等原因导致我国草场整体退化，载畜能力明显下降，西部草场尤其明显。做好草场建设和保护工作，首先应建立科学的草场管理机制，使草场建设和保护有章可循，要认真、科学地落实国家"草畜平衡"、禁牧和休牧政策，既不对绒毛用羊养殖造成严重影响，又能达到生态保护的政策目标；其次要加大对草地生态环境的治理和保养，对部分地区出现的草地退化、草地石漠化和荒漠化等草地生态问题加快治理，逐步恢复草场植被，减少这部分地区的载畜量；再次，继续加大草场建设力度，推广人工、飞播等种草技术，并在牧草草种、种草肥料、牧草收割机械设备等方面向农户提供更多的支持，以提高草场生产力和承载能力。

三、不断提高绒毛用羊产业人力资本水平

（一）加强现有从业人员技能的提升和新人的引进，提高绒毛用羊产业人力资本素质

人力资本是绒毛用羊产业可持续发展的第一要素，提高我国绒毛用羊产业人力资本水平，一方面，要立足现有绒毛用羊产业从业人员，以推进绒毛用羊产业发展为契机，积极借助广播、电视和网络等可能的现代化教育技术手段，采用开办网站、专家讲座、技术人员驻村以及现场培训等多种方式，对绒毛用羊产业从业人员广泛进行品种繁育、疾病防治、饲养管理等产业经营方面的知识与技能培训，解决他们在生产实践中可能遇到的诸多困难，提高他们的综合业务能力，把每一个养殖户都培养成养殖能手，同时应当加大市场信息的宣传力度，培养农牧民的市场意识、质量意识，促使他们逐渐改善产品品质、逐步提高经营和抵御市场风险的能力；同时，在绒毛用羊产业发展过程中，针对目前人才队伍建设不合理、新型人才缺乏的现状，各级政府应积极制定优惠政策引进各方面的优秀人才，为引进人才提供良好的工作条件和环境，积极为绒毛用羊的发展补充新鲜血液，使专业技术人员和新型劳动者不断到绒毛用羊产

业中从业。

（二）建立和加强绒毛用羊产业发展的人才支撑体系

绒毛用羊产业发展所需人才涉及品种繁育、饲草料营养、毛纺加工、市场开拓等多个环节，要提高绒毛用羊产业人力资本水平，需要有专业的、较为完善的人才支撑体系。目前，我国人才培养教育、科研创新等工作主要集中于各大高校和科研院所，所以，一方面要加强与各大高校和科研院所的合作，充分利用现有绒毛用羊养殖各个环节的生产建设基地，依托科研院所和各大高校，不断培养能够为绒毛用羊产业服务的从业人员；同时，要充分发挥国家于 2008 年正式启动的国家绒毛用羊产业技术体系的作用，这一体系由产业技术研发中心和综合试验站两个层级构成，其中研发中心由 5 个研究室组成，设 1 名首席科学家和 20 名岗位专家，综合试验站共 21 个，位于不同的绒毛主产区，每个综合试验站设站长 1 名。这一体系集中了目前我国绒毛用羊产业较为全面的人才队伍，包括绒毛用羊繁育、饲养管理、疫病防控、养殖和流通中的质量控制以及产业经济等各个环节，如果能够不断地发展壮大和全面启动，预期能够为我国绒毛用羊产业发展提供系统的人才支撑。

四、积极推动绒毛用羊养殖专业合作社发展，提高养殖户组织化水平

我国绒毛用羊产业主要以农牧户分散养殖为主，组织化水平普遍较低，抵御风险的能力普遍较弱。就目前来讲，发展绒毛用羊养殖专业合作社是提高绒毛用羊养殖户组织化水平的重要方式。

（一）政府部门应加强对养殖专业合作社的法律宣传和政策引导

就目前我国绒毛用羊养殖户来讲，接受新事物的意识不强，对于合作社这样一种新型经营模式的接受亦需要一个过程，所以，政府应该加强对专业合作社的法律宣传和政策引导，让养殖户了解合作社的作用、有关政策和典型经验，增强养殖户的市场意识、合作意识，促进农牧户自发联合，在养殖技术、生产与销售等方面逐步加深合作，促进专业合作社的不断推进。

（二）相关部门对合作社成立和经营提供必要的指导

合作社要规范经营，保证会员的利益，相关部门应该帮助合作社建立规范的章程、管理制度以及利益分配机制等，逐步形成完善的运作机制，要加强对合作社管理人及成员的培训，提高其经营管理能力，同时鼓励养殖大户、基层农村干部、绒毛收购商贩、羊毛加工企业等"能人"发起创办绒毛用羊养殖合作社，尤其注重发挥养殖大户的带动作用，发挥绒毛收购商贩在销售方面的优势。

（三）政府还应加大对合作社资金的扶持力度

专业合作社在建社之初以及后续的经营过程中往往需要坚实的资金基础，需要设立合作社发展基金，合作社社员也需要一定的资金支持。所以，政府部门应该针对合作社资金需求的特点在资金信贷方面为合作社及社员提供优惠，为他们提供信贷政策支持，鼓励相关金融部门在担保方式、授信额度、贷款利率等方面开发适合合作社特点的信贷产品，保障养殖专业合作社的正常运转。

五、加快建立健全绒毛流通市场及其配套机制

（一）规范流通市场秩序

我国羊毛、羊绒销售渠道单一，从事羊毛、羊绒流通的以小商贩为主，经营规模小、专业化程度比较低，而且绒毛流通缺少固定、规范的交易场所，流通秩序不规范，这一现状严重损害了生产者、使用者的利益，因此应进一步规范流通市场秩序，拓展绒毛流通渠道，保障农牧户和毛纺加工企业的利益。首先，完善绒毛分类分级的国家标准，逐步建立绒毛"优质优价"的销售机制，协调加工企业与绒毛生产者之间的利益关系，实现"等级差价"收购，调动养殖户提高羊毛品质的积极性，促进养殖户增收；其次，推广机械剪毛、分级整理、检验打包等绒毛现代化管理技术，提高绒毛的等级质量，各地区可以根据产区羊群分布情况，合理布点建立标准剪毛棚、标准抓绒场所，成立专业机械剪毛队，培育专业分级员队伍，促使绒毛专业分级员逐步具备质量监督的职能，并建立分级员操作与绒毛质量相关联的追溯体制，促进绒毛品质的提高；最后，在拍卖机制不健全的情况下，应尽量减少绒毛流通的中间环节，在绒毛主产区积极推行工牧直交和牧工商联营，疏通绒毛流通渠道，推动绒毛用羊产销对接。

（二）在主产区建立绒毛收储中心

在主产区建立绒毛收储中心是现阶段保证养殖户绒毛销售渠道、稳定市场价格、保障养殖户和加工企业基本利益的重要措施，建议在内蒙古、新疆、吉林、辽宁、甘肃、河北、陕西、山西、黑龙江等省（自治区）建立绒毛收储中心，收储规模以当地绒毛产量的60％为上限，以各地绒毛生产成本价格为收储的最低保护价（具体操作遵循优质优价）。这样，通过在主产区建设国家毛绒收储中心对绒毛实行收储，一方面在毛绒价格低迷的情况下，能够稳定绒毛收购，保障农牧民的生产生活，保证绒毛用羊养殖行业不出现大的波动，保护养殖户的经济利益；另一方面绒毛收储中心可以为毛纺加工业提供充足的绒毛原料，减少毛纺加工业因季节性绒毛原料供应不足而停产的风险，保证毛纺加工业的正常运转。

（三）在主销区或主产区建立高起点绒毛交易市场

为进一步提高我国绒毛原料市场竞争力，提高绒毛交易水平，建议国家在毛纺织工业发达地区或绒毛主产区建设高起点绒毛交易市场。一方面，要在相关部门的支持下，健全各项法规政策，推行绒毛市场准入制度，制定市场准入标准，提高进场交易羊毛、羊绒的质量要求，同时完善场内羊毛、羊绒交易条款、管理办法，并加大执法力度，设立较为全面的资金结算、绒毛质检和交易管理等部门，进一步提升绒毛交易水平；同时，要强调高起点绒毛交易市场的辐射功能，将养殖户、流动商贩、毛纺加工业均纳入其辐射范围，充分发挥绒毛交易的辐射带动作用。

六、加强绒毛市场的信息发布，建立羊毛进口信息预警机制

我国是目前世界上绒毛原料需求量最大的国家，而羊毛是目前我国供需缺口最大的畜产品之一，为了平衡这一缺口，每年需要进口较大数量的羊毛以满足毛纺加工业的原料需求，但是无限制大量进口势必会造成对国际羊毛市场的过度依赖，不利于我国羊毛产业和毛纺加工业的长远发展。目前，我国对进口羊毛已经采取关税配额制度进行管理，2012 年羊毛进口关税配额高达 28.7 万 t，毛条为 8 万 t，根据中国-新西兰自贸区规定，新西兰进口羊毛配额内关税已经降为 0，羊毛进口条件较为宽松。在这样的背景下，一方面，要加强绒毛市场的信息发布，使毛纺加工业和养殖户能够及时了解我国绒毛原料的供求状况及价格信息，以便及时对生产经营进行安排和调整；同时，为应对澳大利亚、新西兰等国外羊毛对我国羊毛生产的影响，防止国外羊毛冲击国内市场，应当建立羊毛进口信息预警机制，建议事先结合我国绒毛原料需求和绒毛用羊生产情况确定羊毛进口警戒线，当国外羊毛大量涌进并达到一定规模时，及时采取紧急保护措施，如鼓励国内加工企业使用国毛，对直接采购国毛的企业实施生产奖励政策等，以保证国内生产不受大的冲击，还要紧密跟踪国际羊毛市场供给变化、价格波动和市场结构变化，促进国内毛纺加工企业实施统一的进口战略，规避澳毛等其他国家羊毛在羊毛定价权上的垄断。

七、加强自主创新和品牌建设，提高毛纺 加工业的附加值和竞争能力

毛纺加工企业是上游绒毛用羊产业直至终端绒毛制成品消费整个链条的关键环节，其对绒毛原料的旺盛需求会直接拉动绒毛用羊产业的健康发展，是绒毛用羊产业的动力核心。但近些年来，我国毛纺加工业多集中在较为低端的加工制造环节，较多依赖国外技术和订单需求，以致毛纺织加工企业普遍开工不足，产能没能得到充分利用，对我国绒毛原料的需求较为低迷。为不断实现转型升级，优化产业结构，提高毛

纺加工业的附加值和竞争力，我国纺织工业应不断从加工制造向设计生产和品牌建设转变。一方面，强调自主创新，通过不断完善行业科技创新机制，强化产业基础科学研究，提高企业自主创新意识和能力，加强纺织标准体系建设，不断提高产品质量和设计水平，创新产品款式，提高产品竞争力；另一方面，要加强自主品牌建设，建议制定品牌发展战略，提高品牌在研发、设计、生产、销售、物流、服务以及宣传推广各环节的整合能力，同时充分开发品牌无形资产，支持有实力的企业积极推进品牌国际化，形成国际化品牌，同时鼓励企业积极开展品牌推广宣传活动，扩大市场知名度和美誉度，还要加强知识产权保护，引导企业积极进行国内外商标注册、专利申请，为企业品牌寻求法律保护。

八、深化国际合作，积极扩大内需，不断开拓国内国际绒毛制成品消费市场

近些年来，受宏观经济总体形势等因素的影响，绒毛制成品终端消费市场较为疲软，但绒毛制成品因其柔软、天然、保暖等优良特性决定其具有广阔的消费前景。目前，从国际看，国际市场将从金融危机中缓慢复苏，纺织品服装市场需求继续保持增长态势，消费更加趋于理性，美、欧、日三大发达经济体依然是我国绒毛制成品出口的主要市场，新兴经济体的需求潜力也将进一步释放，这将有利于我国毛纺织工业开拓多元化市场；从国内看，随着人们收入水平、生活水平和生活质量的不断提高，消费者更加倾向健康、自然的消费理念，更加注重消费的品位与质量，绒毛制成品因其优良特性和和优良品质能够满足消费者日益升级的消费需求，消费群体将不断扩大。所以，一方面要进一步深化国际合作，继续培育美、欧、日等较为发达的消费市场，同时不断开拓新兴的国际市场，还要积极探索广阔的国内消费空间，进一步挖掘我国国内巨大的消费潜力，不断促进国际、国内绒毛制成品消费市场的繁荣与发展。

九、建议从宏观层面重视绒毛用羊产业，出台相关措施推动绒毛用羊产业可持续发展

（一）对我国绒毛用羊产业进行规划布局

我国绒毛用羊品种多样，分布广泛。建议在全国范围内，按照"突出区域特色，发挥比较优势，促进产业集聚，提高竞争能力"的原则，根据不同区域的自然生态条件和绒毛用羊生长特性，以及市场对绒毛原料的需求情况，并结合绒毛用羊产业发展的可能方向，对我国绒毛用羊产业进行区域规划，建议建立以新疆、内蒙古、吉林、甘肃、青海、辽宁等省（自治区）的部分地区为主的细毛羊优势产业带，建立以内蒙古、新疆、辽宁、河北、山西、青海、西藏等省（自治区）的部分地区为主的绒山羊优势产业带，建立以云南、四川、西藏、青海和贵州等省（自治区）的部分地区为主

的半细毛产业带，以进一步改善绒毛产品结构，提高优势产区供给率，提高区域竞争优势。

（二）完善绒毛用羊产业政策扶持体系

我国绒毛用羊产业具有先天弱质性，产业较为传统，发展水平相对滞后，自从20世纪90年代以来，我国绒毛用羊产业一直处于低迷状态，近年来部分地区甚至出现了生产萎缩和绒毛滞销的局面，绒毛用羊产业受到挑战。在这样的背景下，重视绒毛产业发展，制定有利于绒毛用羊产业发展的产业政策，完善产业政策支持体系已经刻不容缓。首先，建议政府尤其是主产区各级政府从制度上重视绒毛用羊产业，在市场法则和国际贸易规则的框架下明确政策导向，将绒毛用羊产业纳入政府扶持政策范围，把促进绒毛用羊产业发展、绒毛用羊产业增效、农牧民通过养殖绒毛用羊增产增收作为政府政策的目标之一；其次，在制定绒毛用羊产业政策时充分借鉴生猪等其他重要畜牧品种较为成熟的政策经验，强调政策的长远性和长效性，保证政策能够稳定地发挥指导、保障、扶持作用；最后，应系统出台有针对性的政策措施，进一步完善良种补贴、养殖机械购置补贴等各项补贴政策，不断提高绒毛用羊养殖基础设施水平，提高综合生产能力；及时修订质量标准，完善绒毛质检监察制度，规范绒毛流通秩序；加强绒毛进出口管理，在充分利用国际市场基础上保障我国绒毛用羊的基本利益；加强财政、金融、教育、政策性保险等社会服务体系的建设，加强饲料配方、兽医兽药、医疗防疫等方面的支持和监管，推进绒毛用羊产业现代服务体系的建设与完善。

参考文献

边丽亚，徐明 . 2003. 羊毛衫消费偏好研究［J］. 中国纺织，4（1）：14 - 17.

陈颖，万融 . 2003. 羊毛衫产品的感性消费与感性品牌的打造［J］. 针织工业，8（4）：53 - 56.

程国强 . 2011. 中国农业补贴制度设计与政策选择［M］. 北京：中国发展出版社 .

楚晓，叶得明，陈秉谱 . 2005. 中国羊毛生产现状与市场分析［J］. 甘肃农业大学学报（5）.

崔岳玲 . 2003. 羊毛行业市场分析及羊毛企业产品策略研究［D］. 上海：东华大学 .

邓蓉，张存根，王伟 . 2005. 中国畜牧业发展研究［M］. 北京：中国农业出版社 .

冯凯慧，肖海峰 . 2013. 我国羊毛交易模式对比分析［J］. 内蒙古社会科学（1）.

郭东生 . 2003. 对我国羊绒业及其产品市场变化的分析研究［J］. 山东纺织经济（2）.

郭宏宝 . 2009. 中国财政农业补贴：政策效果与机制设计［M］. 成都：西南财经大学出版社 .

国家统计局 . 2012. 中国统计年鉴 2012［M］. 北京：中国统计出版社 .

胡斌清 . 2008. 湖南省农产品流通发展战略研究［D］. 长沙：湖南农业大学 .

黄圆圆 . 2008 - 10 - 31. 羊绒行业有望迎来发展的春天［N］. 全球羊毛衫网 .

贾兴国 . 2006. 第三届养羊业发展大会论文集［C］. 兰州：［出版者不详］.

李平，赵玉田 . 2005. 澳大利亚羊毛流通体系及对我国羊毛流通的启示［J］. 中国畜牧杂志（1）.

李欣欣 . 2010 - 08 - 09. 立法制度保障　城乡均等发展［N］. 农民日报 .

李芸 . 2011. 新西兰羊毛产业发展经验及启示［J］. 世界农业（1）.

李芝兰 . 2010. 内蒙古羊绒产业发展战略研究［D］. 呼和浩特：内蒙古农业大学 .

梁春年，牛春娥，王宏博，等 . 2006. 世界羊毛生产贸易现状及我国相关对策研究［J］. 家畜生态学报（3）.

廖云 . 2009. 羊毛衫顾客评价标准和满意度分析［D］. 杭州：浙江理工大学 .

刘慧 . 2010. 中国羊毛贸易发展情况分析［J］. 农业展望（6）.

刘莉 . 2010. 焕然一新的中国国际羊绒交易会［J］. 中国纤检（20）：86.

刘玉梅，乌敦 . 2007. 深化羊毛流通体制改革，促进羊毛科学化管理［J］. 畜牧与饲料科学（4）.

马宁 . 2011. 中国绒山羊研究［M］. 北京：中国农业出版社 .

满达，阿勇嘎，赖美霞，等 . 2009. 羊毛的生产、进口及其存在的问题［J］. 畜牧与饲料科学（6）.

孟杨 . 2008. 羊毛及羊毛服装的消费取向［J］. 纺织服装周刊（3）：10 - 12.

邱杨，王荣伟 . 2003. 澳大利亚羊毛产业振兴及对我国的启示［J］. 亚太经济（3）.

三吉满智子 . 2006. 服装造型学·理论篇［M］. 北京：中国纺织出版社 .

瑟日革琳 . 2005. 蒙古国草原畜牧业经济研究［D］. 北京：中央民族大学 .

史瑞芝 . 1989. 羊毛拍卖的启示和思考［J］. 新疆畜牧业（2）.

孙虹，苏祝清 . 2008. 中国服装消费结构的变化对羊毛产业链的影响［J］. 毛纺科技（3）：61 - 63.

田文亮 . 2001. 绵羊毛国家标准几个问题探讨［J］. 中国纤检（12）.

田文亮 . 2006. 现行山羊绒国家标准几个问题探讨［J］. 中国纤检（12）.

王立晶，王训该.2005.澳大利亚羊毛产业研究和发展动向［J］.纺织导报（5）：68-73.

王丽娜.2004.世界羊毛生产与贸易的经济分析［D］.杭州：浙江大学.

王维红，顾庆良.2010.澳大利亚羊毛生产和流通体制及对我国的启示［J］.中国市场（23）.

王秀荣.2008.浅析毛纺产品开发新趋势［J］.纺织导报（5）.

王瑛.2009.基于品牌视角的羊绒产业健康发展路径探析［J］.黑龙江对外经贸（8）：47-49.

夏合群.2010.中国羊绒产业出口贸易的发展阶段及特征分析［J］.内蒙古社会科学，31（2）.

谢方明.2009.毛纺织产品的发展趋势［J］.毛纺科技（8）：19-21，56-60.

许海清.2008.从羊绒制品消费特点的变化谈企业的营销策略创新［J］.经济论坛（20）：90-92.

薛凤蕊，乔光华.2008.世界羊绒产业的发展趋势［J］.世界农业（6）：38-40.

杨桂芬.2005.世界毛纺织行业的现状与发展［J］.毛纺科技（10）：12-14.

杨建青.2009.国际羊毛市场状况与中国细毛羊发展分析［J］.农业展望（2）.

姚穆.1994.世界毛纺织工业的发展［J］.西北纺织工学院学报（11）：316-319.

游丽.2008.澳大利亚羊毛产品战略研究［J］.商业文化（1）：167-169.

于国庆，等.2010.国外细毛羊产业发展的主要经验［J］.现代农业科技（14）.

于树海.1995.世界纺织纤维消费将增长［J］.质量监督与检验（3）：34-36.

于新东.2010.肉羊养殖场废弃物的处理［J］.养殖技术顾问（1）：37.

战英杰.2011.中国羊毛生产和外贸格局及其影响因素分析［D］.北京：中国农业科学院.

张立中，贾玉山.2009.羊绒市场分析与中国羊绒产业发展战略［J］.北京工商大学学报：社会科学版，24（6）：117-121.

张雯丽，翟雪玲.2012.进出口贸易对我国羊毛产业发展的影响［J］.中国畜牧杂志（7）.

张艳花，田可川，张廷虎，等.2010.羊毛供求趋势及我国毛用羊产业发展的思考［J］.中国畜牧杂志（16）：27-29，37.

张志新，毛莉莉.2008.西安市女装羊绒衫消费行为的调查与分析［J］.针织工业（2）：29-31.

章友鹤.2010.美国针织服装市场新变化［J］.纺织服装周刊（6）：31-33.

赵兴泉，等.2010.澳新韩三国农业生态文明建设的实践及其对我省的启示［J］.浙江现代农业（4）.

中国纺织工业联合会.2012.中国纺织工业发展报告2011—2012［M］.北京：中国纺织出版社.

中国畜牧业年鉴编辑委员会.2012.中国畜牧业年鉴2012［M］.北京：中国农业出版社.

周建华.2010.关于我国山羊绒产业发展的思考［J］.农业经济问题（2010年增刊）：31-35.

周向阳.2012.中国绒毛样产业发展分析与政策研究［D］.北京：中国农业大学.

周向阳，等.2011.澳新美羊毛价格政策及对我国的启迪［J］.经济问题探索（10）.

左艳艳，李金侠.2011.华北地区中老年针织毛衫消费需求分析［J］.纺织科技进展（6）：90-93.

XU Haiqing.2010.Study of the Innovation of Cashmere Enterprises' Marketing Strategy Based on the Factors Influencing Consumers' Choice of CashmereProducts［EB/OL］.2010 Summit Znternational Marketing Science and Management Technology Conference.

The Austrilian Wool Market an introduction for prospective participants，Austrilian Wool Exchange Ltd 2013［EB/OL］.http：//www.awex.com.au.